中等职业教育创新规划教材

# 计算机应用基础

## （Windows 7+Office 2010）

主　审：谭建伟　孙中升

主　编：郑东营　盛新海

副主编：丛欣铎　潘光生　周国玲

電子工業出版社

Publishing House of Electronics Industry

北京·BEIJING

## 内容简介

本书根据教育部颁布的《中等职业学校计算机应用基础教学大纲》编写而成，贯彻“以就业为导向、以培养学生技能为目标的职业教育理念”，课程内容选取时以工作任务为引领，以职业能力培养为目标，采用任务驱动方式组织教学。本书内容主要包括：计算机基础知识、操作系统 Windows 7、文字处理软件 Word 2010、电子表格处理软件 Excel 2010、演示文稿制作软件 PowerPoint 2010、互联网的应用、多媒体技术应用。

本书内容充实，讲解深入浅出，既可作为职业学校计算机应用基础课程的教材，又可作为初学者掌握计算机相关知识的自学用书。



**图书在版编目（CIP）数据**

计算机应用基础：Windows 7+Office 2010 / 郑东营，盛新海主编. —北京：电子工业出版社，2018.12

ISBN 978-7-121-34122-9

Ⅰ. ①计… Ⅱ. ①郑… ②盛… Ⅲ. ①Windows 操作系统—中等专业学校—教材②办公自动化—应用软件—中等专业学校—教材 Ⅳ. ①TP316.7②TP317.1

中国版本图书馆 CIP 数据核字（2018）第 083045 号

策划编辑：柯　彤
责任编辑：裴　杰
印　　刷：三河市龙林印务有限公司
装　　订：三河市龙林印务有限公司
出版发行：电子工业出版社
　　　　　北京市海淀区万寿路 173 信箱　邮编　100036
开　　本：787×1 092　1/16　印张：15.75　字数：403.2 千字
版　　次：2018 年 12 月第 1 版
印　　次：2021 年 7 月第 8 次印刷
定　　价：35.00 元

凡所购买电子工业出版社图书有缺损问题，请向购买书店调换。若书店售缺，请与本社发行部联系，联系及邮购电话：（010）88254888，88258888。

质量投诉请发邮件至 zlts@phei.com.cn，盗版侵权举报请发邮件至 dbqq@phei.com.cn。

本书咨询联系方式：（010）88254576。

# 前　言

根据教育部《关于全面推进素质教育、深化中等职业学校教育教学改革的意见》，为了推进中等职业教育课程改革，提升中等职业教育教学水平和教育质量，充分发挥中等职业教育在提升国民素质和民族创新能力中的重要作用，培养与社会主义现代化建设相适应，具有综合职业能力，在生产、服务、技术和管理第一线工作的高素质劳动者和技能人才，配合教育部教学大纲和山东省版课程标准，编者编写了本书。

在编写本书过程中，编者坚持育人为本，把学生职业生涯发展作为出发点和落脚点，以就业为导向，以培养学生技能为目标，全面提升学生应用计算机的水平，为中等职业学校各专业课程的学习打好文化基础。

本书在内容编排上以课程教学目标为依据，联系学习、工作、生活实际，采用主题引导、任务驱动的编排方式，将所有知识点分解并归纳为若干个主题，然后以每个主题为核心设计出相应的任务实例，再以任务实例为主体，以相关知识介绍为辅助组织教学过程，使学生掌握计算机应用基础的知识与技能。本书中的任务和案例经过精心挑选和组织，体现实际生产、生活中计算机的典型应用，强调学生动手操作和主动探究，在实践中学习和总结计算机的操作方法和相关概念，着力提升学生的综合信息素养。

为适应计算机技术的发展，本书对教学软件进行了全面的升级换代，以 Windows 7 操作系统为平台，包含了最新的计算机基础知识、Office 2010、Internet、多媒体软件等。

由于编者经验有限，加之时间仓促，书中错误在所难免，不当之处，敬请专家和读者批评指正。

编　者

# 目　　录

# “我要买计算机”

## ——计算机基础知识

现代社会是信息化社会，信息化社会是以计算机的广泛使用为特征，计算机的使用已经普及到人类社会生产、生活的各个领域，融入人们的学习和工作中，计算机正在改变着人们的生产生活方式。因此，了解计算机基础知识、掌握基本应用操作是信息化社会人们所必须具备的技能。本模块主要从计算机基础知识入手，讲述计算机的组成、安装、选购，以及计算机的工作原理、使用安全等内容。

### 任务描述

李鹏是中职计算机专业的一名在校生，春节期间打算为爷爷组装一台台式计算机，希望退休后的爷爷能更好地了解信息化社会，找到新的生活乐趣。但是，爷爷对计算机几乎一窍不通，为帮助他尽快了解、掌握计算机的相关知识，李鹏制订了一个计划，具体安排如下。

- 初步认识计算机，了解计算机的基础知识。
- 熟悉计算机的系统组成，能组装计算机，学会常见设备的使用和日常简单维护。
- 会识别计算机的主要硬件及品牌，学会选购计算机。
- 了解计算机的工作原理、数制和编码。
- 了解计算机病毒的定义和信息安全的基本知识。

扫一扫，学微课

▲ 了解计算机的诞生及发展过程

# 任务 1

# 解读计算机基础知识

## 任务描述

李鹏向爷爷介绍了计算机的基础知识。

✧ 计算机的发展史。

✧ 计算机的分类。

✧ 计算机主要应用领域。

## 技术方案

本任务要求大家了解计算机的基础知识，要点如下。

### 1．计算机的发展历史

第 1 代：电子管计算机（1946—1958 年）。

第 2 代：晶体管计算机（1958—1964 年）。

第 3 代：集成电路计算机（1964—1970 年）。

第 4 代：大规模/超大规模集成电路计算机（1970 年至今）。

### 2．计算机分类

1）按设计目的划分，计算机可分为通用计算机和专用计算机。

2）按性能划分，计算机可分为巨型计算机、大中型主机、小型计算机、微型计算机。

### 3．计算机主要应用领域

1）科学计算。

2）信息管理。

3）过程控制。

4）辅助设计。

5）人工智能。

6）多媒体应用。

## 任务实现

### 1．计算机的发展历史

根据计算机所采用的物理器件不同，计算机的发展可划分为 4 个时代：电子管时代、晶体管时代、集成电路时代和大规模集成电路时代。

第 1 代：电子管计算机（1946—1958 年）。

硬件方面，逻辑元件采用的是真空电子管，主存储器采用汞延迟线、阴极射线示波管静电存储器、磁鼓、磁芯；外存储器采用的是磁带。软件方面采用的是机器语言、汇编语言。应用领域以军事和科学计算为主。

特点：体积大、功耗高、可靠性差，速度慢（一般为每秒数千次至数万次）、价格昂贵，但为以后的计算机发展奠定了基础。

第 2 代：晶体管计算机（1958—1964 年）。

硬件方面，逻辑元件采用晶体管。软件方面出现了操作系统、高级语言及其编译程序。应用领域以科学计算和事务处理为主，并开始进入工业控制领域。

特点：体积缩小、能耗降低、可靠性提高、运算速度提高（一般为每秒数 10 万次，可高达 300 万次），性能比第 1 代计算机有很大的提高。

第 3 代：集成电路计算机（1964—1970 年）。

硬件方面，逻辑元件采用中、小规模集成电路（MSI、SSI），主存储器仍采用磁芯。软件方面出现了分时操作系统以及结构化、规模化程序设计方法。应用领域开始进入文字处理和图形图像处理领域。

特点：速度更快（一般为每秒数百万次至数千万次），而且可靠性有了显著提高，价格进一步下降，产品走向了通用化、系列化和标准化等。

第 4 代：大规模/超大规模集成电路计算机（1970 年至今）。

硬件方面，逻辑元件采用大规模和超大规模集成电路（LSI 和 VLSI）。软件方面出现了数据库管理系统、网络管理系统和面向对象语言等。应用领域从科学计算、事务管理、过程控制逐步走向家庭。

特点：1971 年世界上第一台微处理器在美国硅谷诞生，开创了微型计算机的新时代。

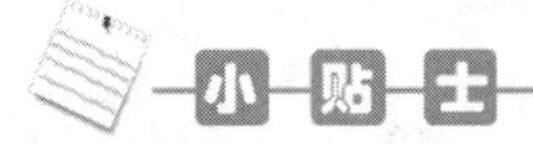


1946 年，世界上第一台电子数字计算机（ENIAC）在美国诞生。这台计算机共由 18000 多个电子管组成，占地 170m²，总质量为 30t，耗电 140kW，每秒能进行 5000 次加法、300 次乘法运算。

### 2. 计算机分类

（1）按设计目的划分

通用计算机：用于解决各类问题而设计的计算机。通用计算机既可以进行科学计算、工程计算，又可用于数据处理和工业控制等。它是一种用途广泛、结构复杂的计算机。

专用计算机：为某种特定目的而设计的计算机。例如，用于数控机床、轧钢控制、银行存款等的计算机。专用计算机针对性强、效率高、结构比通用计算机简单。

（2）按性能划分

1）巨型计算机：人们通常把最快、最大、最昂贵的计算机称为巨型机（超级计算机）。巨型机一般用在国防和尖端科学领域。目前，巨型机主要用于战略武器（如核武器和反导弹武器）的设计、空间技术、石油勘探、长期天气预报以及社会模拟等领域。世界上只有少数几个国家能生产巨型机，著名巨型机有美国的克雷系列（Cray-1、Cray-2、Cray-3、Cray-4 等），我国自行研制的银河-I（每秒运算 1 亿次以上）、银河-II（每秒运算 10 亿次以上）和银河-III（每秒运算 100 亿次以上）。现在世界上运行速度最快的巨型机已达到每秒万亿次浮点运算。

2）大中型主机：大中型主机包括大型机和中型机，价格比较贵，运算速度没有巨型机那样快，一般只有大中型企事业单位才有必要配置和管理它。以大型主机和其他外部设备为主，并且配备众多的终端，组成一个计算机中心，才能充分发挥大型主机的作用。美国 IBM 公司生产的 IBM360、IBM370、IBM9000 系列，就是国际上有代表性的大型主机。

3）小型计算机：小型计算机一般为中小型企事业单位或某一部门所用，如高等院校的计算机中心都以一台小型机为主机，配以几十台甚至上百台终端机，以满足大量学生学习程序设计课程的需要。当然，其运算速度和存储容量都比不上大型主机。美国 DEC 公司生产的 VAX 系列机、IBM 公司生产的 AS/400 机，以及我国生产的太极系列机都是小型计算机的代表。

4）微型计算机：即个人计算机（PC），是第四代计算机时期出现的一个新机种。它虽然问世较晚，却发展迅猛，初学者接触和认识计算机，多数是从 PC 开始的。PC 的特点是轻、小、价廉、易用。在过去 20 多年中，PC 使用的 CPU 芯片平均每两年集成度增加一倍，处理速度提高一倍，价格却降低一半。随着芯片性能的提高，PC 的功能越来越强大。今天，PC 的应用已遍及各个领域：从工厂的生产控制到政府的办公自动化，从商店的数据处理到个人的学习娱乐，几乎无处不在，无所不用。目前，PC 占整个计算机装机量的 95%以上。

### 3. 计算机主要应用领域

计算机的应用已渗透到社会的各个领域，日益改变着人们传统的工作、学习和生活方式，推动着社会的发展，其主要应用领域有以下几方面。

1）科学计算：科学计算是微机最早的应用领域，指利用微机来完成科学研究和工程技术中提出的数值计算问题。它可以解决人工无法完成的各种科学计算，如工程设计、地震预测、气象预报、火箭发射等方面的问题。

2）信息管理：信息管理是以数据库管理系统为基础的，辅助管理者提高决策水平，改善运营策略的微机计算。信息管理包括数据的采集、存储、加工、分类、排序、检索和发布等一系列工作，是微机应用的主导方向。

3）过程控制：过程控制是指利用微机实时采集、分析数据，按最优值迅速对控制对象进行自动调节或控制。它已在机械、冶金、石油、化工、电力等领域得到广泛应用。

4）辅助设计：①计算机辅助设计（Computer Aided Design，CAD）是利用计算机系统辅助设计人员进行工程或产品设计，以实现最佳设计效果的一种技术。它已应用于飞机设计、船舶设计、建筑设计、机械设计、大规模集成电路设计等方面。

②计算机辅助制造（Computer Aided Manufacturing，CAM）是利用计算机系统进行产品加工控制，输入信息是零件工艺路线和工程内容，输出信息是刀具运动轨迹。将CAD和CAM技术集成，可实现设计产品生产自动化。③计算机辅助教学（Computer Aided Instruction，CAI）是利用计算机系统进行课堂教学。它能动态演示实验原理或操作过程，使教学内容生动形象，提高教学质量。

5）人工智能（Artificial Intelligence，AI）：人工智能是指计算机模拟人类某些智力行为的理论和技术，诸如感知、判断、理解、学习、问题的求解、图像识别等。它是计算机应用新领域，在医疗诊断、模式识别、智能检索、语言翻译、机器人等方面已有显著成效。

6）多媒体应用：随着电子技术特别是通信和计算机技术的发展，文本、音频、视频、动画、图形和图像等各种媒体综合构成了“多媒体”。它在医疗、教育、商业、银行、保险、行政管理、军事和出版等领域发展很快。



# 任务2 微型计算机的安装

## 任务描述

李鹏教爷爷安装计算机。

✧ 熟悉计算机的系统组成。
✧ 了解计算机有哪些配件，学会组装计算机硬件。
✧ 学会计算机的软件安装。
✧ 掌握常见办公设备的使用与维护。

## 技术方案

✧ 结合实物和图示掌握计算机的系统组成，了解其有哪些配件。
✧ 通过演示操作掌握计算机的硬件组装和软件的安装方法。
✧ 通过演示掌握常见办公设备的使用与维护。

## 任务实现

### 1. 计算机的配件

通常情况下，一台个人计算机是由 CPU、内存、主板、显卡、网卡、声卡、硬盘、光驱、软驱、显示器、键盘、鼠标、机箱、电源、音箱等基本部件组成的。用户还可根据自己的需要配置话筒、摄像头、打印机、扫描仪、调制解调器等部件，如图 1-1 和图 1-2 所示。

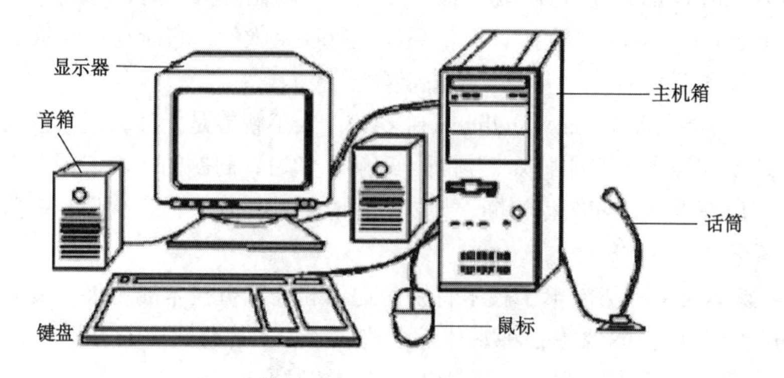


图 1-1　计算机配件

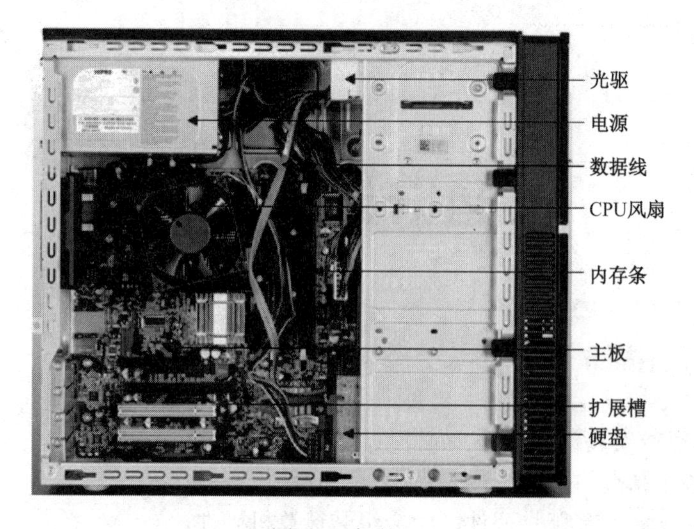


图 1-2　机箱

### 2. 计算机系统组成

计算机由硬件系统和软件系统组成。

硬件系统：指构成计算机的电子线路、电子元器件和机械装置等物理设备，它包括计算机的主机及外部设备。计算机硬件系统主要由运算器、控制器、存储器、输入设备和输出设备 5 部分组成。

软件系统：指程序及有关程序的技术文档资料，包括计算机本身运行所需要的系统软件、各种应用程序和用户文件等。软件是用来指挥计算机具体工作的程序和数据，是整个计算机的灵魂。

计算机系统的组成如图 1-3 所示。

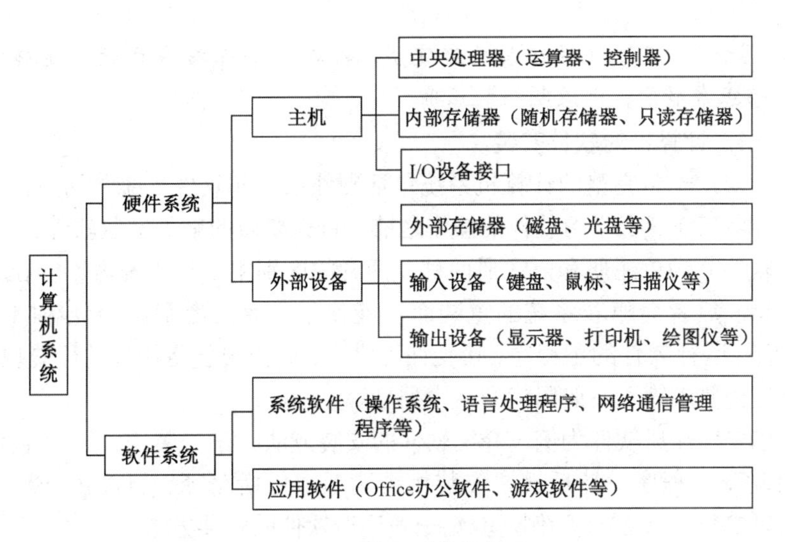


图 1-3　计算机系统的组成

### 3．计算机的硬件组装

在了解了计算机的基本知识之后，就可以动手组装计算机了，如图 1-4 所示。通过本节的学习，用户可以掌握组装计算机的操作方法。

图 1-4　组装计算机

用户先要准备好组装计算机时需要的配件，再按照下面的步骤组装计算机。

**01** 打开机箱的箱盖，将主板安装在机箱底板上。

**02** 安装电源。

**03** 安装所需的CPU 及散热风扇。

**04** 将内存条插入主板内存插槽。

**05** 安装显卡，根据显卡总线选择合适的插槽（如果显卡为集成显卡，则此步可以跳过）。

**06** 安装声卡（如果声卡为集成声卡，则此步可以跳过）。

**07** 安装驱动器，主要针对硬盘、光驱和软驱进行安装。

**08** 检查各连接线是否都已经安装到位，之后盖上机箱盖。

**09** 安装输入设备，即连接键盘、鼠标与主机一体化。

**10** 安装输出设备，即安装显示器。

**11** 至此，一般硬件的组装已经完成。检查各个连接线之后，连接电源，若显示器能够正常显示，则表明组装正确。

### 4. 计算机的软件安装

众所周知，一台完整的计算机系统包括硬件系统和软件系统，用户需要借助软件来完成各项工作。在学习软件的操作之前，首先要做的就是安装软件。

安装软件分为免注册和需注册两种，两者的区别主要在于前者不会在系统中加入注册信息，后者会随着系统的重装而不能使用，而前者则不会受影响。安装过程大致如下：运行软件的主程序、接受许可协议、选择安装路径和进行安装等。有些收费软件还会要求输入注册码或产品序列号等。

下面以安装注册软件为例，介绍软件的安装方法。在安装需注册的软件时，首先应该启动安装程序，然后设置安装相关选项，包括路径、组件和个性设置等。

下面以安装飞信 2011 为例，介绍一般注册软件的安装方法。

**01** 飞信软件下载完成之后，双击下载的安装文件，弹出安全警告对话框，单击“运行”按钮，如图 1-5 所示。

**02** 弹出“安装向导”对话框，这里单击“自定义安装”按钮，如图 1-6 所示。

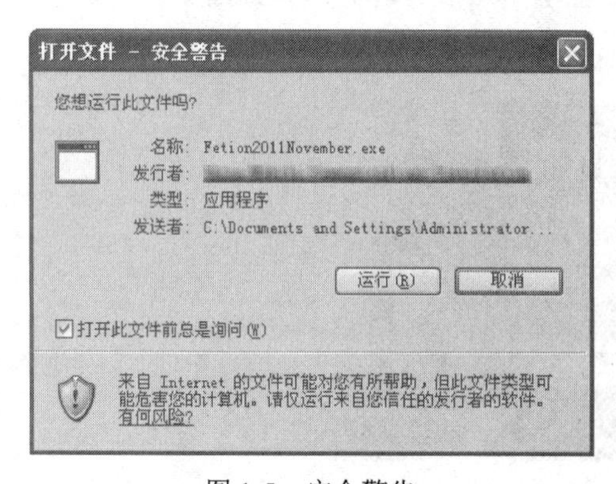


图 1-5　安全警告

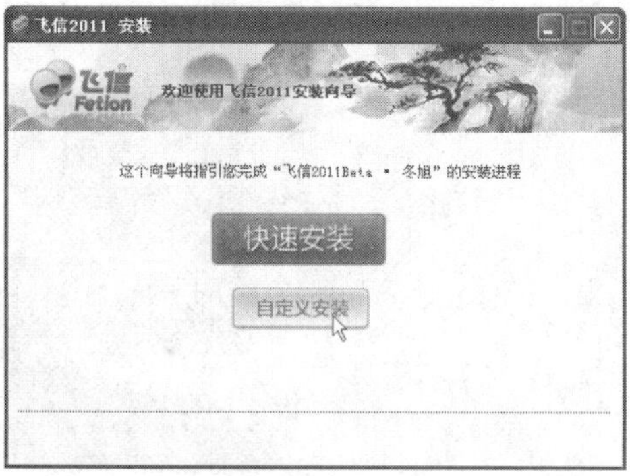

图 1-6　安装向导

**03** 弹出“选择安装位置”对话框，选择程序安装目录，设置快捷方式选项，单击“下一步”按钮，如图 1-7 所示。

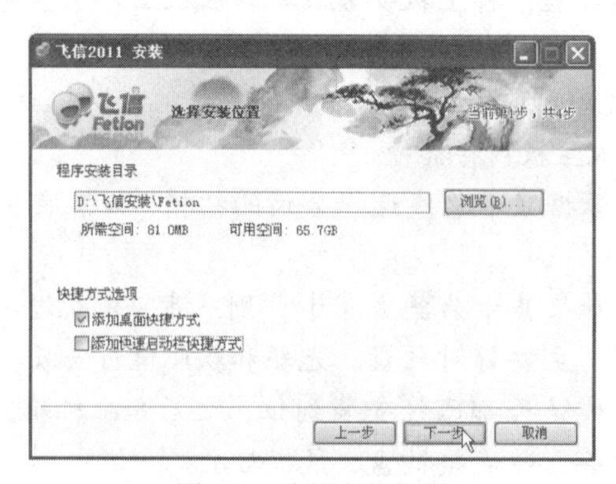


图 1-7　选择安装位置

**04** 弹出“选择个人文件夹”对话框，用户可以根据需要进行选择，单击“安装”按钮，系统将自动进行软件安装并显示安装的进度。

**05** 弹出“安装完成”对话框，在该对话框中，用户可以根据需要进行选择，单击“完成”按钮，如图 1-8 所示。

图 1-8　安装完成

### 5. 常见办公设备的使用与维护

打印机是计算机办公中重要的输出设备之一。通过打印机，用户可以将在计算机中编辑好的文档、图片等数据资料打印到纸上，从而方便用户对资料进行长期存档或做其他操作。

（1）打印机的安装

一般而言，计算机使用的是 EPP 或 USB 接口的打印机。如果是 USB 接口的打印机，可以使用其提供的 USB 数据线与计算机 USB 接口相连，再接通电源即可。如果连接打印机之后，计算机没有检测到新硬件，则可以按照如下方法安装打印机的驱动程序。

**01** 单击“开始”按钮，从弹出的菜单中选择“设备和打印机”选项，打开“设备和打印机”窗口，然后单击“添加打印机”按钮，如图 1-9 所示。

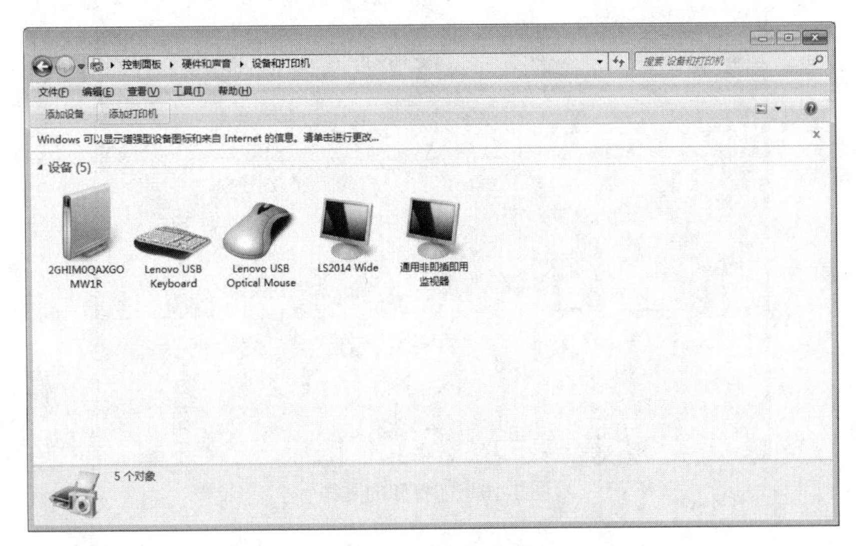


图 1-9　添加打印机

**02** 弹出“添加打印机向导”对话框，单击“下一步”按钮。选中“连接到此计算机的本地打印机”单选按钮，如果打印机没有连接在本地计算机上，而是连接在其他计算机上(本地计算机通过网络可以使用其他计算机上的打印机)，则选择“网络打印机或连接到其他计算机的打印机”选项。

**03** 单击“下一步”按钮。选择默认端口，如果安装多台打印机，则用户需要创建多个端口。单击“下一步”按钮，在“厂商”列表框中选择打印机的厂商名称，在“打印机”列表框中选择打印机的驱动程序型号。如果有打印机的驱动光盘，则可以单击“从磁盘安装”按钮，从弹出的对话框中选择驱动程序即可。

**04** 单击“下一步”按钮，在弹出的“命名打印机”对话框中输入打印机的名称，如这里输入“我的打印机”，单击“下一步”按钮。

**05** 单击“下一步”按钮，弹出“打印机共享”对话框，这里选中“不共享这台打印机”单选按钮。

**06** 单击“下一步”按钮，弹出“打印测试页”对话框，选中“否”单选按钮。单击“下一步”按钮，完成添加打印机操作。

**07** 单击“完成”按钮，系统开始自动复制文件。

**08** 添加打印机操作完成之后，用户即可看到添加的打印机，随后即可打印文件。

（2）打印文档

下面以打印编辑好的Word文档为例介绍打印操作过程，具体操作步骤如下。

**01** 启动Word程序并编辑好一个文档，选择“文件”→“打印”选项，即可弹出“打印”对话框，如图1-10和图1-11所示。

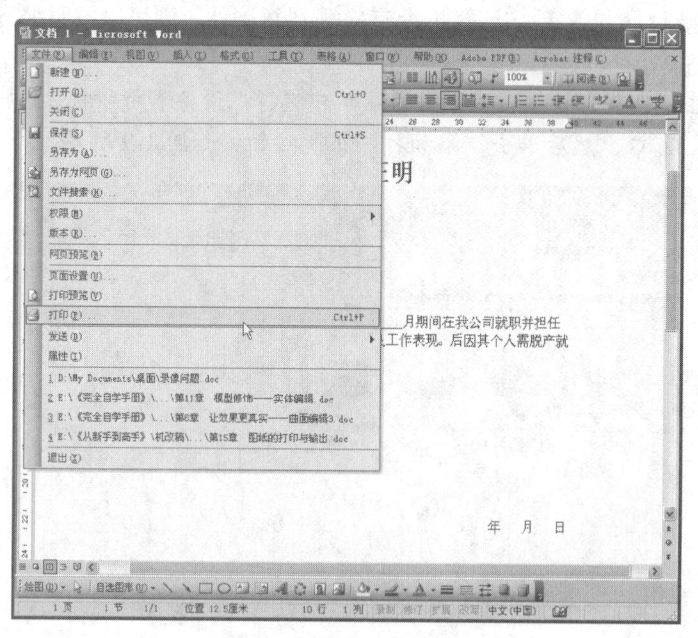


图1-10 需打印的文档

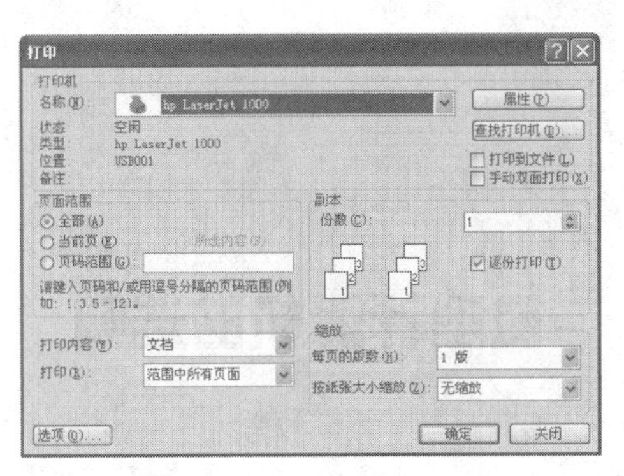

图 1-11　“打印”对话框

**02** 在“打印机”选项组中，单击“名称”右侧的下拉按钮，在弹出的下拉列表中选择一个需要执行打印输出的打印机，单击“属性”按钮，在弹出的对话框中可以设置所选打印机的一些属性，单击“确定”按钮，即可开始打印。

**03** 在通知区域将自动跳出一个打印机图标，该图标就是打印管理器图标，双击即可打开打印管理器窗口，如果选择“文档”→“暂停”选项，即可暂停文稿的打印，如图 1-12 所示。选择“文档”→“继续”选项，即可继续文稿的打印工作。

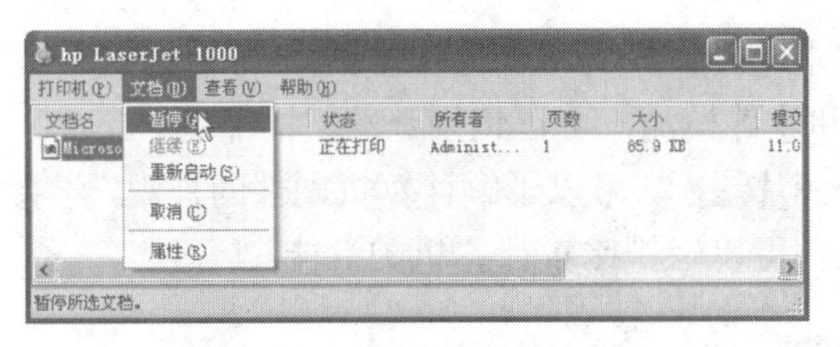

图 1-12　文档打印管理器

（3）打印机的后期维护

打印机的类型很多，如针式打印机、喷墨打印机及激光打印机等。但是，无论用户使用哪种类型的打印机，都必须注意以下几点。

1）不要将打印机放在地上，放置要平稳，以免打印机晃动而影响打印质量、增加噪声，甚至损坏打印机。

2）不使用打印机时，要将打印机盖上，以防灰尘或其他脏东西进入，影响机械性能和打印质量。

3）不要将任何东西放置在打印机上，尤其是液体。

4）在拔插电源线或信号线前，应先关闭打印机电源，以免电流过大损坏打印机。

5）不使用质量太差的纸张，如太薄、有纸屑的纸张。

6）关闭打印机开关之后再清洗打印机，并用干净的软布进行擦拭。

任务3

# 微型计算机的选购

## 任务描述

李鹏带爷爷去计算机商城体验选购计算机的方法。

✧ 了解购买计算机的方案，会合理安排预算。

✧ 学会识别计算机的品牌，会识别计算机的主要硬件。

✧ 了解比较计算机性能的方法。

## 技术方案

✧ 根据具体需求选择计算机，合理安排预算。

✧ 通过 Logo 和软件检测，可以识别计算机的品牌。

✧ 通过实物和图片展示，可以了解计算机硬件的外观，学会识别计算机的硬件。

✧ 借助相关软件可以轻松比较计算机的性能。

## 任务实现

### 1. 购买计算机的预算

确定购机预算是购机方案的重要一步，购机的预算根据不同用途、不同时期以及当时的市场行情会有所不同，因此确定预算应该根据当时的具体情况而定。

购买计算机之前，首先必须明确拟购计算机的用途，做到有的放矢，只有明确用途，才能建立正确的选购思路；其次，思考应该购买品牌机还是兼容机、台式机还是笔记本式计算机。

购买什么样的计算机首先应该由用户购买计算机的用途来决定，价钱并不是最重要的因素。盲目地追求高档豪华配置而不能充分地发挥其强大的性能实际上是一种浪费，为了省钱而去购买性能过于低下的计算机则会导致无法满足使用需要。确定配置的正确观点是够用、好用并且保证质量。

### 2. 计算机品牌识别

1）看 Logo。一般计算机都有 Logo，如果不知道计算机 Logo 含义，则可以在网络上进行搜索。常见计算机品牌如图 1-13 所示。

图 1-13　常见的计算机品牌

2）在没有品牌 Logo 的情况下，可以下载鲁大师等专业硬件检测软件。安装后，打开鲁大师，切换到硬件检测页面，即可看到计算机的品牌信息，如图 1-14 所示。

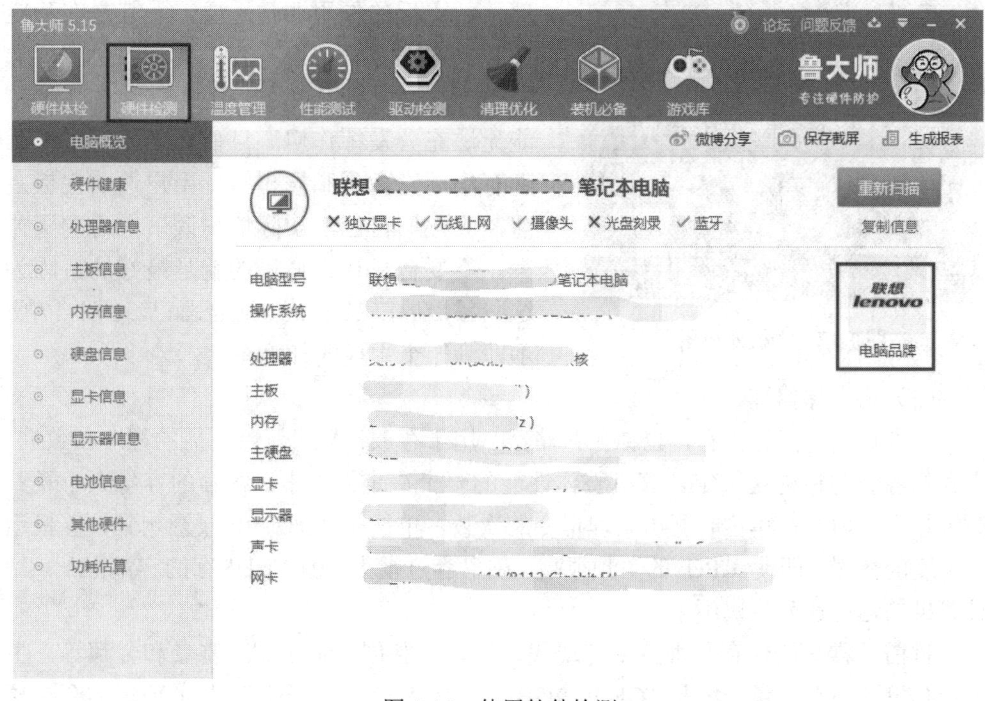


图 1-14　使用软件检测

### 3. 计算机配件识别

（1）中央处理器

中央处理器（Central Process Unit，CPU）是一台计算机的运算核心和控制核心。计算机中所有的操作都由 CPU 负责读取指令，对指令译码并执行指令。CPU 的种类决定了计算机所使用的操作系统和相应的软件，CPU 的型号往往决定了一台计算机的档次。图 1-15 和图 1-16 所示均为 CPU 的外观图。

图 1-15　CPU 外观图（1）

图 1-16　CPU 外观图（2）

（2）主板

主板又称系统板或母板，是计算机系统中极为重要的部件。如果把 CPU 比做计算机的“心脏”，主板便是计算机的“躯干”。主板采用了开放式结构，大都有6～8 个扩展插槽，供计算机外围设备的控制卡（适配器）进行插接。作为计算机的基础部件，主板的作用非常重要，尤其是在稳定性和兼容性方面，更不容忽视。如果主板选择不当，则其他插在主板上的部件的性能可能无法充分发挥作用。目前，主流的主板品牌有华硕、微星和技嘉等，用户选购主板之前，应根据自己的实际情况谨慎考虑购买方案。不要盲目认为最贵的就是最好的，因为这些昂贵的产品不见得适合自己。图 1-17 所示即为一个主板的外观图。

图 1-17　主板外观图

（3）内存储器

内存储器（简称内存，也称主存储器）用于存放计算机运行所需的程序和数据。内存的容量与性能是决定计算机整体性能的一个决定性因素。内存的容量大小及其时钟频率（内存在单位时间内处理指令的次数，单位是 MHz）直接影响到计算机运行速度的快慢，即使 CPU 的主频很高，硬盘容量很大，但如果内存的容量很小，则计算机的运行速度也快不了。

目前，常见的内存品牌主要有现代、三星、胜创、金士顿、富豪和金邦等，主流计算机的内存容量一般是 1GB 或 2GB。图 1-18 所示为一款容量为 2GB 的金士顿 DDR3 1333 内存的外观图。

（4）硬盘

硬盘是计算机最重要的外部存储器之一，由一个或多个铝制或者玻璃制的碟片组成。这些碟片外覆盖有铁磁性材料。绝大多数硬盘是固定硬盘，被永久性地密封、固定在硬盘驱动器中。由于硬盘的盘片和硬盘的驱动器是密封在一起的，所以通常所说的硬盘或硬盘驱动器是一种物品。

与软盘相比，硬盘具有性能好、速度快、容量大的优点。硬盘将驱动器和硬盘片封装在一起，固定在主机箱内，一般不可移动。硬盘最重要的指标是硬盘容量，其容量大小决定了可存储信息的多少。目前，常见的硬盘品牌主要有迈拓、希捷、西部数据、三星、日立和富士通等，图 1-19 所示为硬盘外观图。

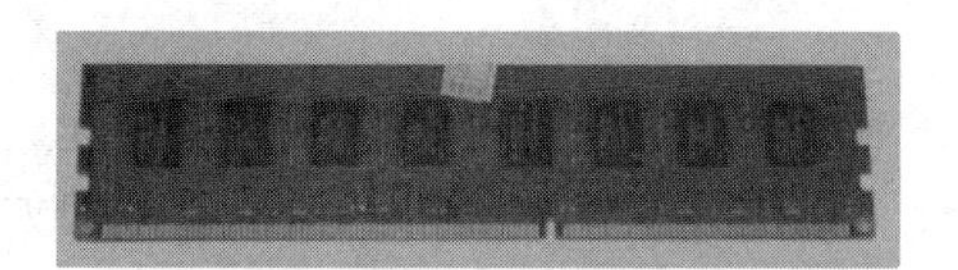

图 1-18　内存外观图

图 1-19　硬盘外观图

（5）电源

主机电源是一种安装在主机箱内的封闭式独立部件，它的作用是将交流电通过一个开关电源变压器转换为 5V、−5V、+12V、−12V、+3.3V 等稳定的直流电，以供应主机箱内主板、硬盘、各种适配器扩展卡等系统部件使用。

在用户装机时，电源的重要性常常会被用户遗忘，尤其是新手选配计算机时，甚至对电源的品质毫不在意。事实上，这存在很多危害，同时为不法商贩留下了可乘之机。随着 DIY 配件的价格越来越透明，攒机商为了赚钱，更多的是在机箱、电源、显示器等周边配件上留出利润，如果用户一味追求低价格，就极有可能被不良商家调换成品质不好的“黑电源”。

（6）显示器

显示器是计算机重要的输出设备，也是计算机的“脸面”。计算机操作的各种状态、结果，编辑的文本、程序、图形等都是在显示器上显示出来的。显示器、键盘和鼠标是人和计算机“对话”的主要设备。

显示器主要分为 CRT（阴极射线管）显示器和液晶显示器两种，如图 1-20 和图 1-21 所示。台式计算机、笔记本式计算机和掌上型计算机现在一般采用了液晶显示器。

目前，液晶显示器的技术已经很成熟，它的应用也从笔记本式计算机转移到了台式计算机上，成为新的热点。目前，著名的显示器品牌制造商主要有飞利浦、三星、LG、索尼、日立、现代、明基、爱国者等。

图 1-20　CRT 显示器外观图

图 1-21　液晶显示器外观图

（7）键盘和鼠标

键盘是计算机系统中最基本的输入设备，用户给计算机下达的各种命令、程序和数据都可以通过键盘输入到计算机中。

常见的键盘主要有机械式和电容式两类，现在的键盘大多是电容式键盘。键盘如果按其外形来划分，又有普通标准键盘和人体工学键盘两类；按其接口来划分，又有 AT 接口（大口）、PS/2 接口（小口）、USB 接口等种类的键盘。标准键盘的外观如图 1-22 所示。

鼠标用于确定光标在屏幕上的位置，在应用软件的支持下，鼠标可以快速、方便地完成某些特定的功能。鼠标已成为计算机的标准输入设备，鼠标的外观如图 1-23 所示。

图 1-22　键盘外观图

图 1-23　鼠标外观图

（8）光驱

光驱是对光盘上存储的信息进行读/写操作的设备，光驱由光盘驱动部件和光盘转速控制电路、读写光头和读写电路、聚焦控制、寻道控制、接口电路等部分组成，其机理比较复杂。图 1-24 所示为光驱的外观图。光驱最主要的性能指标是读盘速度，一般用 X 倍速表示。这是因为第一代光驱的读盘速率为 150B/s，称为单倍速光驱，而以后的光驱读盘速率一般为单倍速光驱的若干倍。例如，50X 光驱的最高读盘速率为 50×150KB/s=7500KB/s。

图 1-24　光驱外观图

（9）显卡和声卡

显卡也称图形加速卡，它是计算机内主要的板卡之一，其基本作用是控制计算机的图形输出。

一般来说，二维图形图像的输出是必备的。在此基础上将部分或全部的三维图像处理功能纳入显示芯片，由这种芯片做成的显示卡就是通常所说的“3D 显示卡”。有些显示卡以附加卡的形式安装在计算机主板的扩展槽中，有些则集成在主板的芯片上。图 1-25 所示即为太阳花 7300GT 显示卡。

声卡（也称音频卡）是多媒体计算机的必要部件，是计算机进行声音处理的适配器。图 1-26 所示即为一块 PCI 声卡。

图 1-25　太阳花 7300GT 显示卡外观图

图 1-26　PCI 声卡外观图

声卡是多媒体计算机中用来处理声音的接口卡。声卡可以把来自话筒、收/录音机、激光唱机等设备的语音、音乐等声音变成数字信号交给计算机处理，并以文件形式存盘，还可以把数字信号还原成真实的声音输出。目前，大部分主板上集成了声卡，一般不需要再另外配备独立的声卡，除非是计算机对音质有比较高的要求。

声卡主要有以下 3 个基本功能。

1）音乐合成发音功能。

2）混音器（Mixer）功能和数字声音效果处理器（DSP）功能。

3）模拟声音信号的输入和输出功能。

（10）其他外部设备

打印机作为各种计算机的最主要输出设备之一，是使用计算机办公中不可缺少的一个组成部分，打印机主要有针式打印机、喷墨打印机、激光打印机和多功能一体机，各自发挥其优点，满足各行业用户的不同需求。

### 4．计算机性能比较

安装鲁大师，选择性能测试，即可看到测试结果，如图 1-27 所示。

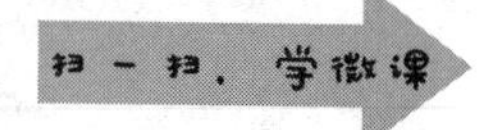

图 1-27　性能测试



任务 4

# 进制和编码

## 任务描述

李鹏的爷爷对计算机是如何工作的始终感觉很神奇，所以李鹏决定从以下几个方面给爷爷介绍。

✧ 计算机的工作原理。

✧ 二进制、八进制和十六进制的概念及转换。

✧ 计算机中的编码规则。

## 技术方案

✧ 通过冯·诺依曼原理，介绍计算机的工作过程。

✧ 通过介绍二进制、八进制、十六进制和计算机的编码规则，了解计算机是如何把外界信息转化为数据流的。

## 任务实现

### 1．计算机的工作原理

（1）冯·诺依曼原理

“存储程序控制”原理是 1946 年由美籍匈牙利数学家冯·诺依曼提出的，所以又称为“冯·诺依曼原理”。该原理确立了现代计算机的基本组成的工作方式，直到现在，计算机的设计与制造依然沿袭“冯·诺依曼”体系结构。

（2）“存储程序控制”原理的基本内容

1）采用二进制形式表示数据和指令。

2）将程序（数据和指令序列）预先存放在主存储器中（程序存储），使计算机在工作时能够自动高速地从存储器中取出指令，并加以执行（程序控制）。

3）由运算器、控制器、存储器、输入设备、输出设备五大基本部件组成计算机硬件体系结构。

（3）计算机工作过程

计算机工作过程如图 1-28 所示。

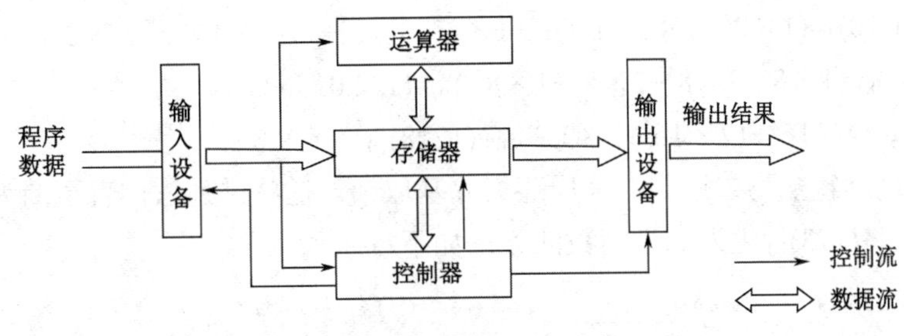


图 1-28 计算机工作过程

第一步：将程序和数据通过输入设备送入存储器。

第二步：启动运行后，计算机从存储器中取出程序指令送到控制器中去识别，分析该指令要做什么事。

第三步：控制器根据指令的含义发出相应的命令（如加法、减法），将存储单元中存放的操作数据取出送往运算器进行运算，再把运算结果送回到存储器指定的单元中。

第四步：当运算任务完成后，即可根据指令将结果通过输出设备输出。

## 2. 进制

在日常生活中，人们使用最多的是十进制数，但计算机中还广泛使用了二进制数、八进制数和十六进制数，它们的特点很相似，都是按进位的方式进行计数，不同位上的数字（即使数字相同）表示不同的值。

（1）各种数制

十进制：

十个符号（0、1、2、3、4、5、6、7、8、9）；

逢十进一。

二进制：

两个符号（0、1）；

逢二进一。

八进制：

八个符号（0、1、2、3、4、5、6、7）；

逢八进一。

十六进制：

十六个符号（0、1、2、3、4、5、6、7、8、9、A、B、C、D、E、F）；

逢十六进一。

（2）数制转换

1）二、八、十六进制转换为十进制：二进制、八进制、十六进制转换成十进制时，只要将它们按权展开，求出各加权系数的和，便得到相应进制数对应的十进制数。

例如：

$(10110110)_2=(1\times2^7+0\times2^6+1\times2^5+1\times2^4+0\times2^3+1\times2^2+1\times2^1+0\times2^0)_{10}=(182)_{10}$

$(172.01)_8=(1\times8^2+7\times8^1+2\times8^0+1\times8^{-2})_{10}=(122.015625)_{10}$

$(4C2)_{16}=(4\times16^2+12\times16^1+2\times16^0)_{10}=(1218)_{10}$

2）十进制转换为二进制：采用连续除基取余，逆序排列法，直至商为 0。

例如，将$(173)_{10}$化为二进制数的方法如下：

| 除数 | 被除数 | | 余数 | | |
|---|---|---|---|---|---|
| 2 | 173 | ……余 | 1 | $k_0$ | 低位 |
| 2 | 86 | ……余 | 0 | $k_1$ | ↑ |
| 2 | 43 | ……余 | 1 | $k_2$ | |
| 2 | 21 | ……余 | 1 | $k_3$ | 逆序排列 |
| 2 | 10 | ……余 | 0 | $k_4$ | |
| 2 | 5 | ……余 | 1 | $k_5$ | |
| 2 | 2 | ……余 | 0 | $k_6$ | |
| 2 | 1 | ……余 | 1 | $k_7$ | 高位 |
| | 0 | | | | |

$(173)_{10}=(10101101)_2$

3）二～八进制转换：三位二进制数与一位八进制数对应，方法如下。

整数和小数分别转换。

整数：从小数点左第一位开始，每三位一组。

小数：从小数点右第一位开始，每三位一组，不足补零。

例如，将二进制数 $(11100101.11101011)_2$ 转换成八进制数。

$$(11100101.11101011)_2=(345.726)_8$$

思考：八进制数如何转换为二进制数？

把每一位八进制数对应转换为一个三位二进制数即可。

例如，将八进制数$(745.361)_8$转换成二进制数为

$$(745.361)_8=(111100101.011110001)_2$$

4）二～十六进制转换：二进制数转换为十六进制数的方法是，整数部分从低位开始，每四位二进制数为一组，最后不足四位的，在高位加 0 补足四位为止，也可以不补 0；小数部分从高位开始，每四位二进制数为一组，最后不足四位的，必须在低位加 0 补足四位，然后用对应的十六进制数来代替，再按顺序写出对应的十六进

制数。

例如，将二进制数$(0101\ 1110.1011\ 0100)_2$转换成十六进制数为

$$(0101\ 1110.1011\ 0100)_2=(5E.B4)_{16}$$

例如，将二进制数$(10011111011.111011)_2$转换成十六进制数为

$$(10011111011.111011)_2=(4FB.EC)_{16}$$

十六进制数转换成二进制数的方法是，将每位十六进制数用四位二进制数来代替，再按原来的顺序排列起来即可。

例如，将十六进制数$(8FA.C6)_{16}$转换成二进制数。

$$(8FA.C6)_{16}=(1000\ 1111\ 1010.1100\ 0100)_2$$

例如，将十六进制数$(3BE5.97D)_{16}$转换成二进制数为

$$(3BE5.97D)_{16}=(11101111100101.100101111101)_2$$

（3）计算机中的编码

计算机编码是指计算机内部代表字母或数字的方式。计算机既可以处理数字信息和文字信息，又可以处理图形、声音、图像等信息。然而，由于计算机中采用二进制，所以这些信息在计算机内部必须以二进制编码的形式表示。也就是说，一切输入到计算机中的数据都是由 0 和 1 两个数字进行组合的。

1）美国信息交换标准代码（American Standard Code for Information Interchange，ASCII）：基于罗马字母表的一套计算机编码系统，它主要用于显示现代英语和其他西欧语言。它是现今最通用的单字节编码系统，并等同于国际标准 ISO 646。7 位二进制数表示一个字符，最高位为 0。可以表示常用字符 128 个，编码从 0 到 127。

普通字符：0～9，编码为 48～57；A～Z，编码为 65～90；a～z，编码为 97～122。

控制字符：编码为 0～31 及 127，如 CR（回车）、LF（换行）、FF（换页）、DEL（删除）、BS（退格）。

2）汉字交换码：GB 2312—1980，全称为《信息交换用汉字编码字符集　基本集》，由原中国国家标准总局发布，1981 年 5 月 1 日实施，是中国国家标准的简体中文字符集。它所收录的汉字已经覆盖 99.75%的使用频率，基本满足了汉字的计算机处理需要，在中国内地和新加坡获得广泛使用。

其收录了简化汉字及一般符号、序号、数字、拉丁字母、日文假名、希腊字母、俄文字母、汉语拼音符号、汉语注音字母，共 7445 个图形字符。其中，包括 6763 个汉字，其中一级汉字 3755 个，二级汉字 3008 个；以及包含拉丁字母、希腊字母、日文平假名及片假名字母、俄语西里尔字母在内的 682 个全角字符。

GB 2312—1980 中对所收汉字进行了“分区”处理，每区含有 94 个汉字/符号。这种表示方式也称为区位码。使用区位码方法输入汉字时，必须知道汉字对应的区位代码，优点是无重码，且输入码与内部编码的转换方便。

▲ 计算机网络的安全威胁

# 任务5

# 计算机使用中的安全问题

## 任务描述

李鹏爷爷的计算机刚刚使用了不长时间，屏幕就出现了莫名其妙的提示，并伴有尖叫。经过检查发现，原来是没有安装杀毒软件，造成了计算机中毒。所以，李鹏给爷爷介绍了信息安全的相关知识。

✧ 信息安全的基本要求。
✧ 计算机病毒的定义、特点、危害、分类及防范措施。
✧ 网络安全的法律法规。

## 技术方案

✧ 通过信息安全的5个目标，了解什么是信息安全。
✧ 结合实例了解计算机病毒。
✧ 介绍我国目前有关网络安全的法律法规。

## 任务实现

### 1. 信息安全的基本要求

信息安全主要包括以下 5 方面的内容，保证信息的保密性、真实性、完整性、未授权复制和所寄生系统的安全性。信息安全本身包括的范围很大，其中包括如何防范商业企业机密泄露、防范青少年对不良信息的浏览、个人信息的泄露等。网络环境下的信息安全体系是保证信息安全的关键，包括计算机安全操作系统、各种安全协议、安全机制（数字签名、消息认证、数据加密等），直至安全系统，如 UniNAC、DLP 等，只要存在安全漏洞便可以威胁全局安全。信息安全是指信息系统（包括硬件、软件、数据、人、物理环境及其基础设施）受到保护，不受偶然的或者恶意的原因而遭到破坏、更改、泄露，系统连续可靠正常地运行，信息服务不中断，最终实现业务连续性。

所有的信息安全技术都是为了达到一定的安全目标，其核心包括保密性、完整性、可用性、可控性和不可否认性 5 个安全目标。

**保密性**是指阻止非授权的主体阅读信息。它是信息安全一诞生就具有的特性，也是信息安全主要的研究内容之一。更通俗地讲，就是说未授权的用户不能够获取敏感信息。对于纸质文档信息，我们只需要保护好文件，不被非授权者接触即可。而对于计算机及网络环境中的信息，不仅要制止非授权者对信息的阅读，也要阻止授权者将其访问的信息传递给非授权者，以致信息被泄漏。

**完整性**是指防止信息被未经授权的篡改。它用于使信息保持原始的状态，使信息保持其真实性。如果这些信息被蓄意地修改、插入、删除等，形成了虚假信息，将带来严重的后果。

**可用性**是指授权主体在需要信息时能及时得到服务的能力。可用性是在信息安全保护阶段对信息安全提出的新要求，也是在网络化空间中必须满足的一项信息安全要求。

**可控性**是指对信息和信息系统实施安全监控管理，防止非法利用信息和信息系统。

**不可否认性**是指在网络环境中，信息交换的双方不能否认其在交换过程中发送信息或接收信息的行为。

信息安全的保密性、完整性和可用性主要强调对非授权主体的控制。而对授权主体的不正当行为如何控制呢?信息安全的可控性和不可否认性恰恰是通过对授权主体的控制，实现对保密性、完整性和可用性的有效补充的，主要强调授权用户只能在授权范围内进行合法的访问，并对其行为进行监督和审查。

除了上述信息安全的目标之外，还有信息安全的可审计性、可鉴别性等。信息安全的可审计性是指信息系统的行为人不能否认自己的信息处理行为。与不可否认性的信息交换过程中行为可认定性相比，可审计性的含义更宽泛一些。信息安全的可见鉴别性是指信息的接收者能对信息的发送者的身份进行判定。它也是一个与不可否认性相关的概念。

为了达到信息安全的目标，各种信息安全技术的使用必须遵守一些基本原则。

**最小化原则：**受保护的敏感信息只能在一定范围内被共享，履行工作职责和职能的安全主体，在法律和相关安全策略允许的前提下，为满足工作需要，仅被授予其访问信息的适当权限。敏感信息的知情权一定要加以限制，是在“满足工作需要”前提下的一种限制性开放。可以将最小化原则细分为知所必需和用所必需的原则。

**分权制衡原则：**在信息系统中，对所有权限应该进行适当划分，使每个授权主体只能拥有其中的一部分权限，使它们之间相互制约、相互监督，共同保证信息系统的安全。如果一个授权主体分配的权限过大，无人监督和制约，就隐含了“滥用权力”、“一言九鼎”的安全隐患。

**安全隔离原则：**隔离和控制是实现信息安全的基本方法，而隔离是进行控制的基础。信息安全的一个基本策略就是将信息的主体与客体分离，按照一定的安全策略，在可控和安全的前提下实施主体对客体的访问。

在这些基本原则的基础上，人们在生产实践过程中还总结出了一些实施原则，它们是基本原则的具体体现和扩展，包括：整体保护原则、谁主管谁负责原则、适度保护的等级化原则、分域保护原则、动态保护原则、多级保护原则、深度保护原则和信息流向原则等。

### 2. 认识计算机病毒

计算机病毒是编制者在计算机程序中插入的破坏计算机功能或者数据的代码，能影响计算机使用，能自我复制的一组计算机指令或者程序代码。计算机病毒是一个程序、一段可执行码，就像生物病毒一样，具有自我繁殖、互相传染以及激活再生等生物病毒特征。计算机病毒有独特的复制能力，它们能够快速蔓延，又常常难以根除。它们能把自身附着在各种类型的文件上，当文件被复制或从一个用户传送到另一个用户时，它们就随同文件一起蔓延开来。

1）计算机病毒具有传播性、隐蔽性、感染性、潜伏性、可激发性、破坏性。

2）计算机病毒的生命周期：开发期→传染期→潜伏期→发作期→发现期→消化期→消亡期。

3）计算机病毒种类繁多且复杂，按照不同的方式、计算机病毒的特点及特性，有多种不同的分类方法。同时，根据不同的分类方法，同一种计算机病毒也可以属于不同的计算机病毒种类。

① 根据病毒存在的媒体划分为以下几类。

- 网络病毒——通过计算机网络传播感染网络中的可执行文件。
- 文件病毒——感染计算机中的文件（如 COM、EXE、DOC 等）。
- 引导型病毒——感染启动扇区（Boot）和硬盘的系统引导扇区（MBR）。

② 根据病毒的传染方式划分为以下几类。

- 引导区型病毒主要通过移动磁盘在操作系统中传播，感染引导区，蔓延到硬盘，并能感染到硬盘中的“主引导记录”。
- 文件型病毒是文件感染者，也称为“寄生病毒”。它运行在计算机存储器中，通常感染 COM、EXE、SYS 等类型的文件。
- 混合型病毒具有引导区型病毒和文件型病毒两者的特点。
- 宏病毒是指用 BASIC 语言编写的病毒程序并寄存在 Office 文档的宏代码中。宏病毒会影响对文档的各种操作。

4）病毒征兆如下。

① 屏幕上出现不应有的特殊字符或图像、字符无规则变化或脱落、静止、滚动、雪花、跳动、小球亮点、莫名其妙的信息提示等。

② 发出尖叫、蜂鸣音或非正常奏乐等。

③ 经常无故死机，随机地发生重新启动或无法正常启动、运行速度明显下降、内存空间变小、磁盘驱动器以及其他设备无缘无故地变成无效设备等。

④ 磁盘标号被自动改写、出现异常文件、出现固定的坏扇区、可用磁盘空间变小、文件无故变大、文件失踪或被改乱、可执行文件变得无法运行等。

⑤ 打印异常、打印速度明显降低、不能打印、不能打印汉字与图形等或打印时出现乱码。

⑥ 收到来历不明的电子邮件、自动链接到陌生的网站、自动发送电子邮件等。

▲ 网络安全的法律规范

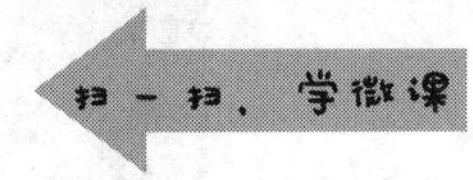


5）保护措施如下。

① 不使用来历不明的程序或数据。

② 尽量不用U盘进行系统引导。

③ 不轻易打开来历不明的电子邮件。

④ 使用新的计算机系统或软件时，先杀毒后使用。

⑤ 备份系统和参数，建立系统的应急计划。

⑥ 安装杀毒软件。

⑦ 分类管理数据。

**3. 网络安全的法律法规**

我国现行的信息网络法律体系框架分为四个层面。

1）一般性法律规定，如宪法、国家安全法、国家秘密法、治安管理处罚条例、著作权法、专利法等。这些法律法规并没有专门对网络行为进行规定，但是它所规范和约束的对象中包括了危害信息网络安全的行为。

2）规范和惩罚网络犯罪的法律，这类法律包括《中华人民共和国刑法》《全国人大常委会关于维护互联网安全的决定》等。其中，刑法也是一般性法律规定。这里将其独立出来，作为规范和惩罚网络犯罪的法律规定。

3）直接针对计算机信息网络安全的特别规定。这类法律法规主要有《中华人民共和国计算机信息系统安全保护条例》《中华人民共和国计算机信息网络国际联网管理暂行规定》《计算机信息网络国际联网安全保护管理办法》《中华人民共和国计算机软件保护条例》《中华人民共和国网络安全法》等。

4）具体规范信息网络安全技术信息网络安全管理等方面的规定。这一类法律主要有：《商用密码管理条例》《计算机信息系统安全专用产品检测和销售许可证管理办法》《计算机病毒防治管理办法》《计算机信息系统保密管理暂行规定》《计算机信息系统国际联网保密管理规定》《电子出版物管理规定》《金融机构计算机信息系统安全保护工作暂行规定》等。

# 模块 2 “我的系统坏了”

## ——操作系统 Windows 7

操作系统是帮助用户管理计算机软硬件资源的系统软件，它为用户提供了方便直观的计算机操作界面。Windows 7 是微软公司发布的操作系统，与以前的版本相比，其启动更快，兼容性更强，具有许多新的特性和优点。本模块将学习 Windows 7 的基本操作和文件管理的方法。

### 任务描述

李鹏给爷爷购买的计算机安装了 Windows 7 操作系统，但是爷爷对于什么是操作系统完全没有概念，所以李鹏准备从以下几个方面为其介绍操作系统。

- 操作系统的概念及发展状况。
- 认识 Windows 7 操作系统。
- 文件和文件夹的管理。

## 任务 1 深入了解 Windows 7

### 任务描述

李鹏的爷爷不了解操作系统，所以李鹏先向爷爷了介绍了操作系统的概念和发

▲ 初识 Windows 7 操作系统

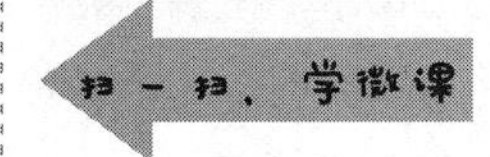




展，然后通过体验安装 Windows 7 操作系统，切实感受它的功能。

## 技术方案

本任务要求大家了解操作系统的概念和发展状况，掌握 Windows 7 安装、启动和退出的方法。

## 任务实现

### 1. 操作系统的概念及发展状况

操作系统（Operating System，OS）是管理和控制计算机硬件与软件资源的计算机程序，是直接运行在“裸机”上的最基本的系统软件，任何其他软件都必须在操作系统的支持下才能运行。

操作系统是用户和计算机的接口，也是计算机硬件和其他软件的接口。操作系统的功能包括管理计算机系统的硬件、软件及数据资源，控制程序运行，改善人机界面，为其他应用软件提供支持，让计算机系统所有资源最大限度地发挥作用，提供各种形式的用户界面，使用户有一个好的工作环境，为其他软件的开发提供必要的服务和相应的接口等。实际上，用户是不用接触操作系统的，操作系统管理着计算机硬件资源，同时按照应用程序的资源请求分配资源，如划分 CPU 时间、内存空间的开辟、调用打印机等。

从 1946 年诞生第一台电子计算机以来，它的每一代进化都以减少成本、缩小体积、降低功耗、增大容量和提高性能为目标，随着计算机硬件的发展，也加速了操作系统的形成和发展。

（1）早期的操作系统

最初的计算机并没有操作系统，人们通过各种操作按钮来控制计算机，后来出现了汇编语言，操作人员通过有孔的纸带将程序输入计算机进行编译。这些将语言内置的计算机只能由操作人员自己编写程序来运行，不利于设备、程序的共用。为了解决这种问题，就出现了操作系统，这样很好地实现了程序的共用，以及对计算机硬件资源的管理。

随着计算技术和大规模集成电路的发展，微型计算机迅速发展起来。从 20 世纪 70 年代中期开始出现了计算机操作系统。

（2）DOS 操作系统

计算机操作系统的发展经历了两个阶段。第一个阶段为单用户、单任务的操作系统，其中值得一提的是 MS-DOS，它是在 IBM-PC 及其兼容机上运行的操作系统，是 1980 年基于 8086 微处理器而设计的单用户操作系统。后来，微软公司获得了该操作系统的专利权，配备在 IBM-PC 上，并命名为 PC-DOS。1981 年，微软的 MS-DOS 1.0 与 IBM 的 PC 面世，这是第一个实际应用的 16 位操作系统。微型计算机从此进入了一个新的纪元。1987 年，微软发布 MS-DOS 3.3，已是非常成熟可靠的 DOS 版本，微软取得了个人操作系统的霸主地位。

从 1981 年问世至今，DOS 经历了 7 次大的版本升级，从 1.0 到现在的 7.0，不断地改进和完善。但是，DOS 系统的单用户、单任务、字符界面和 16 位的大格局没有变化，因此它对于内存的管理也局限在 640KB 的范围内。

（3）操作系统新时代

计算机操作系统发展的第二个阶段是多用户多道作业和分时系统。其典型代表有 UNIX、XENIX、OS/2 以及 Windows 操作系统。

Windows 是 Microsoft 公司在 1985 年 11 月发布的第一代窗口式多任务系统，它使 PC 开始进入了所谓的图形用户界面时代。1995 年，Microsoft 公司推出了 Windows 95。在此之前的 Windows 都是由 DOS 引导的，也就是说它们还不是一个完全独立的系统，而 Windows 95 是一个完全独立的系统，并在很多方面做了进一步的改进，还集成了网络功能和即插即用功能，是一个全新的 32 位操作系统。1998 年，Microsoft 公司推出了 Windows 95 的改进版—Windows 98，Windows 98 的一个最大特点就是把微软的 Internet 浏览器技术整合到了 Windows 95 中，使得访问 Internet 资源就像访问本地硬盘一样方便，从而更好地满足了人们越来越多的访问 Internet 资源的需要。

从微软 1985 年推出 Windows 1.0 以来，Windows 系统从最初运行在 DOS 下的 Windows 3.x，到现在风靡全球的 Windows 7/10，几乎成了操作系统的代名词。

（4）大型机与嵌入式系统使用多样化的操作系统

在服务器方面，Linux、UNIX 和 Windows Server 占据了市场的大部分份额。在超级计算机方面，Linux 取代 UNIX 成为第一大操作系统，截止到 2012 年 6 月，世界超级计算机 500 强排名中基于 Linux 的超级计算机占据了 462 个席位，比例高达 92%。随着智能手机的发展，Android 和 iOS 已经成为目前最流行的两大手机操作系统。

### 2．安装操作系统

系统安装介质一般分为光盘、U 盘和硬盘 3 种。U 盘或者光盘安装过程类似。通常分为两大类，一类是安装版，一类是 GHOST 版。

现以 U 盘为例，介绍 Windows 7 操作系统的安装。

（1）系统安装前准备

1）系统安装前，需将系统安装介质准备好（U 盘或者光盘）。将系统介质插入计算机 USB 口或者光驱。

2）重新启动计算机，按 F12 键，进入快速启动界面。（注：不同计算机的快速启动项不同，Lenovo 计算机多数为 F12 键。如何进入快速启动界面，因不同的计算机会有不同的选择。）

3）在快速启动界面中，不要选择 UEFI 启动，因为 Windows 7 操作系统对 UEFI 模式的兼容并不是很好。

（2）Windows 系统安装

1）在 PC 或者笔记本计算机上选择 U 盘或者光盘优先启动后，会进入到系统安装界面。

2）单击“下一步”按钮，开始安装 Windows 操作系统。

3）选择接受许可协议。

4）此处选择“自定义（高级）”安装，如图 2-1 所示。

5）格式化 Windows 系统分区。

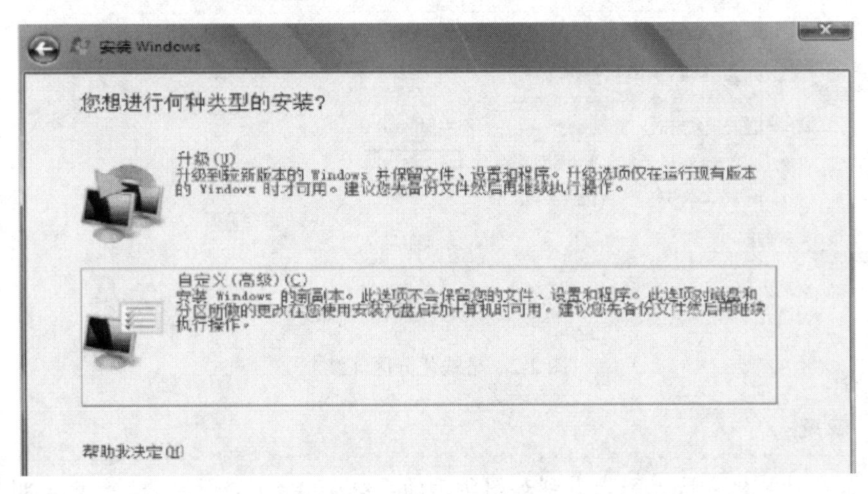


图 2-1　自定义安装

**注意**

Windows 7 操作系统中有一个 100MB 的系统引导分区。安装系统时需要对这个引导分区和系统分区进行格式化，如图 2-2 所示。引导分区是计算机上的第一个分区，系统分区是计算机上的第二个分区。

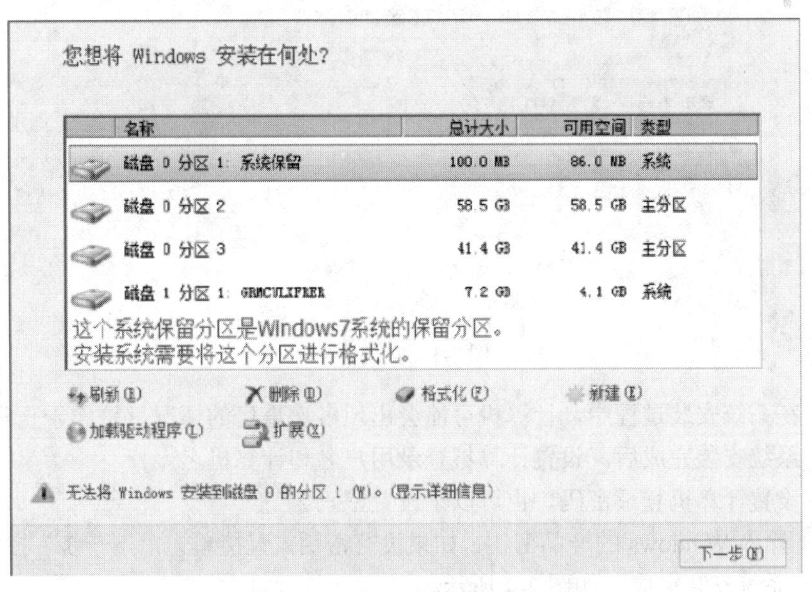


图 2-2　格式化分区

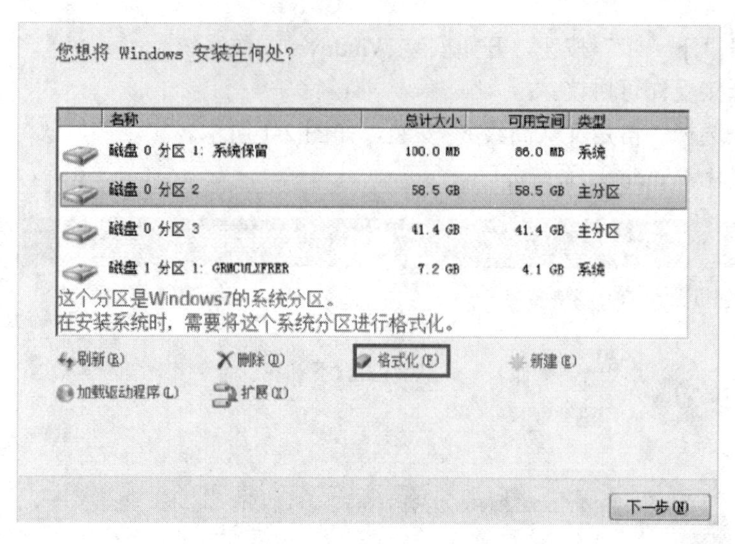


图 2-2　格式化分区（续）

**注意**

如在计算机分区上并未看到如图所示的系统 100MB 的引导分区，则说明此分区没有引导分区。第一个分区便是系统分区。此时只需要格式化第一个分区（系统分区）即可。不要多格式化分区，以免计算机中的数据损坏。

6）此时系统正在安装，如图 2-3 所示。

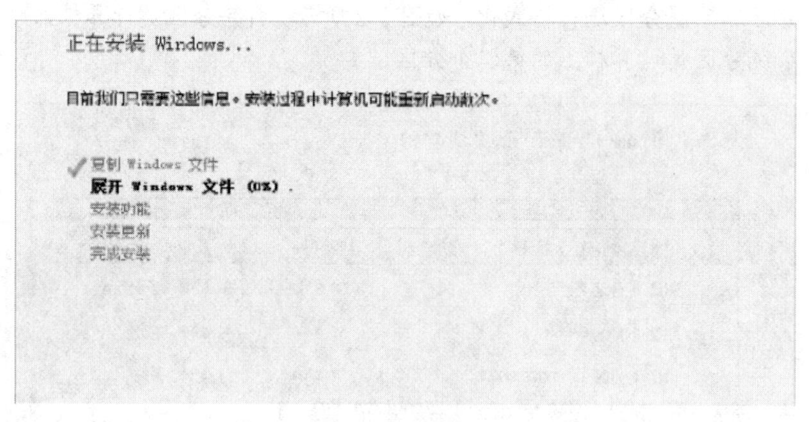


图 2-3　安装系统

7）在系统安装过程中，计算机可能会出现多次重启的情况，这属于正常现象。

8）系统安装完成后，设置计算机登录用户名和计算机名。

9）设置计算机登录密码，也可以不设置密码。

10）输入 Windows 的产品密钥。如果没有密钥，直接单击“下一步”按钮即可。

11）系统安装完成，如图 2-4 所示。

图 2-4　系统安装完成

注意

至此，系统安装完成。如系统安装完成后发现有部分驱动并未安装，则需要到此品牌计算机的官网下载对应的驱动进行安装。此处不做过多介绍。

### 3. 启动和退出

打开计算机电源，Windows 7 系统即可启动，直接进入系统界面。

单击桌面左下角的“开始”按钮，打开“开始”菜单，单击“关机”按钮即可关闭计算机。

## 任务 2

# 认识 Windows 7

### 任务描述

李鹏为爷爷的计算机安装了 Windows 7 操作系统，他想帮助爷爷了解 Windows 7 的界面，教会爷爷如何定义自己喜欢的个性化计算机操作环境。

### 技术方案

本任务要求大家认识 Windows 7 的界面元素，学会使用桌面、控制面板和附件，具体要求如下。

▲ 设置桌面背景并保存主题

- ✧ 通过介绍 Windows 7 的界面，了解各基本组成元素。
- ✧ 通过桌面快捷菜单中的“个性化”选项，打开个性化窗口，设置桌面背景、主题、屏幕保护程序。
- ✧ 通过桌面快捷菜单中的“屏幕分辨率”选项，可以设置屏幕分辨率及刷新频率。
- ✧ 掌握窗口打开、关闭、移动的方法，能够设置窗口大小，切换活动窗口。
- ✧ 通过控制面板添加及删除账户、卸载软件。

## 任务实现

### 1. 认识 Windows 7 界面的基本元素

Windows 7 和以前的 Windows 版本相比，仍由桌面、窗口、对话框和菜单等基本部分组成，但对某些基本元素的组合做了精细、完美与人性化的调整，整个界面发生了较大的变化，更加友好和易用，使用户操作起来更加方便和快捷，如图 2-5 所示。

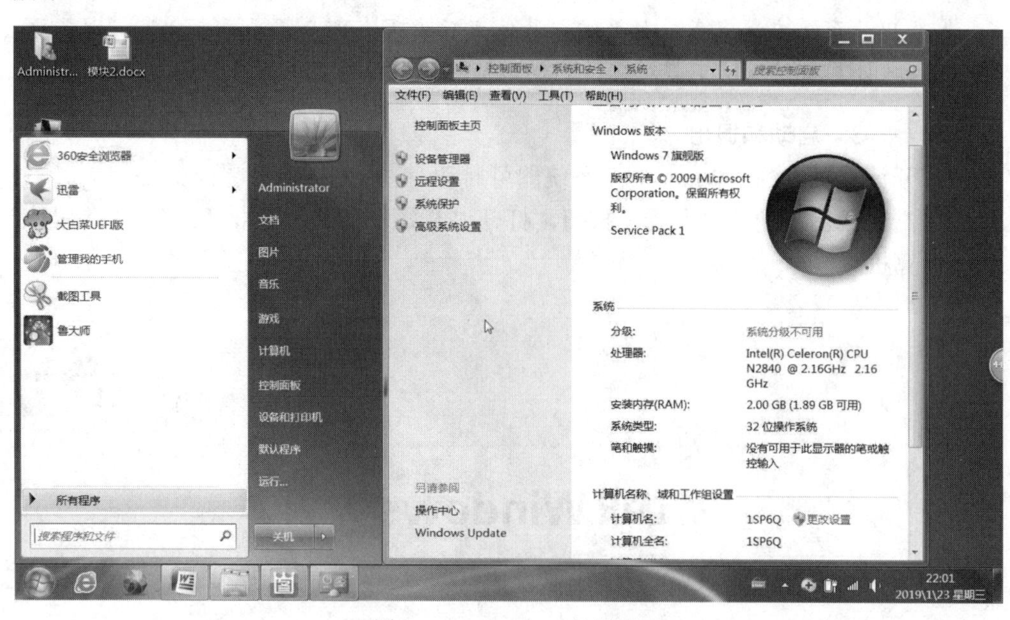


图 2-5　Windows 7 的界面

### 2. 认识和使用桌面

安装有 Windows 7 操作系统的用户，在启动计算机后，首先看到的是桌面。

（1）桌面背景

桌面背景可以是个人计算机中所收集的数字图片，也可以是 Windows 7 操作系统自带的图片，如图 2-6 和图 2-7 所示。

图 2-6　桌面背景（1）

图 2-7　桌面背景（2）

设置桌面背景的方法有以下几种。

**方法 1：**设置 Windows 自带的图片为桌面背景。

设置Windows 自带的图片为桌面背景的具体操作步骤如下。

**01** 在桌面的空白处右击，在弹出的快捷菜单中选择“个性化”选项，如图 2-8 所示。

**02** 打开“个性化”窗口，单击“桌面背景”图标，如图 2-9 所示。

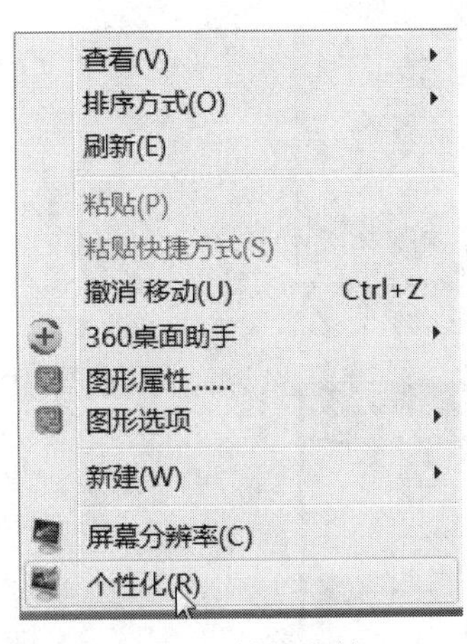


图 2-8　快捷菜单

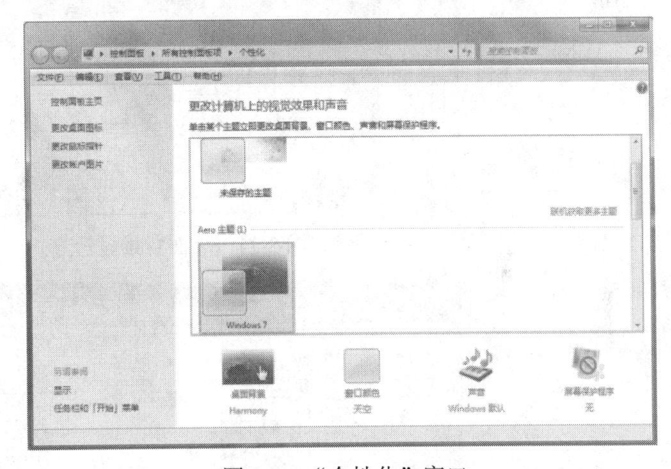

图 2-9　“个性化”窗口

**03** 在打开的“桌面背景”窗口的“图片位置”下拉列表中列出了系统默认的图片存放文件夹，如图 2-10 所示。

**04** 单击窗口左下角的“图片位置”下拉按钮，弹出桌面背景的显示方式，包括“填充”、“适应”、“拉伸”、“平铺”和“居中”5 种显示方式，这里选择“拉伸”显示方式，如图 2-11 所示。

**05** 单击“保存修改”按钮，返回“桌面背景”窗口，在“我的主题”组合框中单击“保存主题”超链接，如图 2-12 所示。

**06** 在弹出的“将主题另存为”对话框中，输入主题名称，如这里输入“Win 7 图标主题”，如图 2-13 所示。

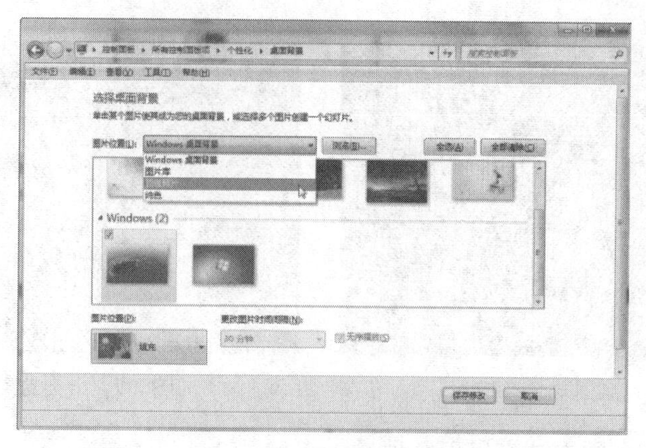

图 2-10　图片存放位置

图 2-11　桌面背景显示方式

图 2-12　单击“保存主题”超链接

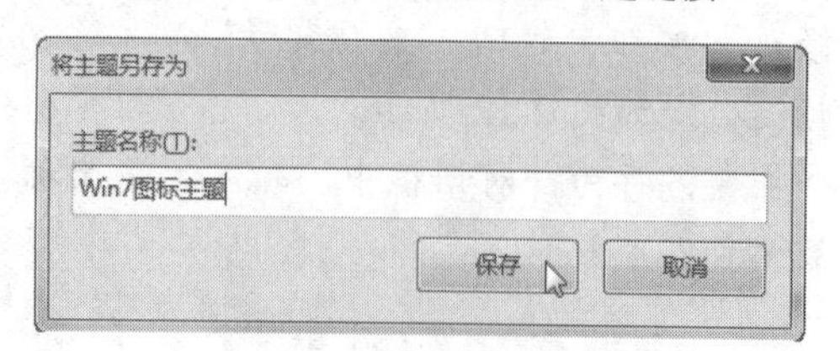


图 2-13　另存主题

**07** 单击“保存”按钮，并单击“个性化”窗口右上角的“关闭”按钮，即可应用所选择的桌面背景，如图 2-14 所示。

**方法 2：**添加个人珍藏的精美图片为桌面背景。

如果用户对 Windows 自带的图片不满意，可以将自己保存的精美图片设置为桌面背景，具体操作步骤如下。

**01** 在“桌面背景”窗口中单击“浏览”按钮，弹出“浏览文件夹”对话框，选择图片所在的文件夹，单击“确定”按钮，如图 2-15 所示。

图 2-14 应用背景

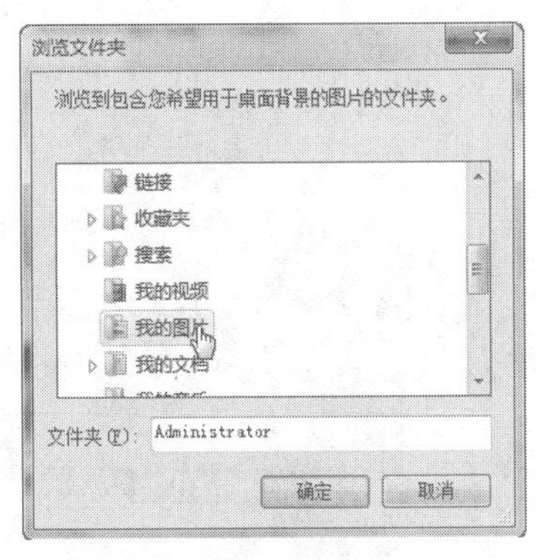


图 2-15 浏览文件夹

**02** 选择的文件夹中的图片被加载到“图片位置”下拉列表中，从列表框中选择一张图片作为桌面背景图片，单击“保存修改”按钮，返回“桌面背景”窗口，在“我的主题”组合框中保存主题即可将个人珍藏的图片应用到桌面背景上，如图 2-16 和图 2-17 所示。

图 2-16 选择图片

图 2-17 桌面背景

（2）设置屏幕分辨率

屏幕分辨率指的是屏幕上显示的文本和图像的清晰度。分辨率越高，项目越清楚，在屏幕上显示的项目越小，因此屏幕上可以容纳更多的项目。分辨率越低，在屏幕上显示的项目越少，但屏幕上项目的尺寸越大。设置屏幕分辨率的具体操作步骤如下。

**01** 在桌面上的空白处右击，在弹出的快捷菜单中选择“屏幕分辨率”选项，如图 2-18 所示。

**02** 打开“屏幕分辨率”窗口，用户可以看到系统设置的默认分辨率与方向，如图 2-19 所示。

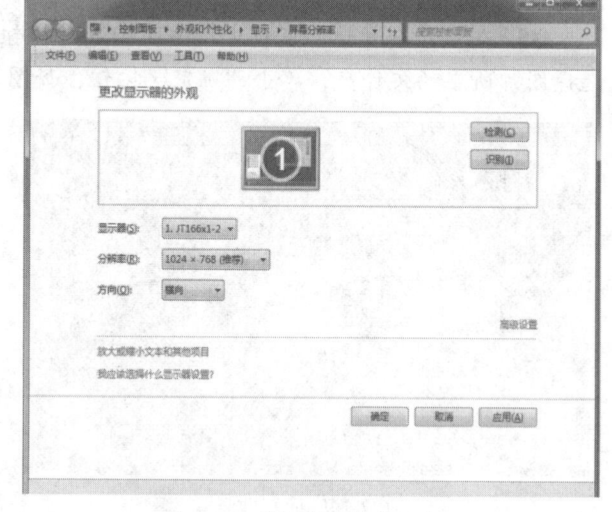


图 2-18 “屏幕分辨率”选项　　图 2-19 “屏幕分辨率”窗口

**03** 单击“分辨率”右侧的下拉按钮，在弹出的下拉列表中拖动滑块，选择需要设置的分辨率，如图 2-20 所示。

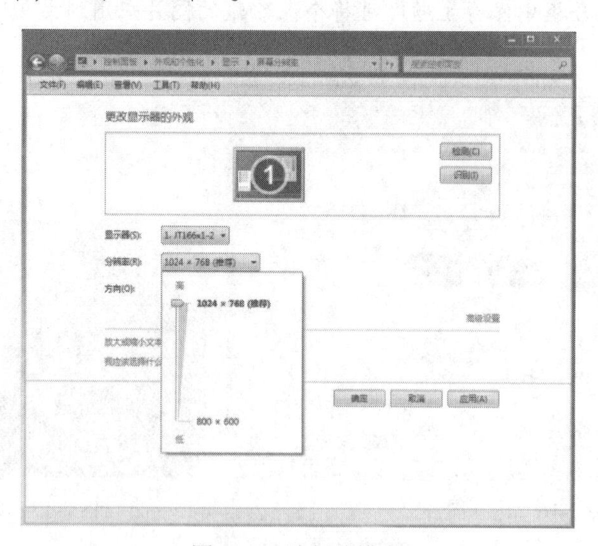


图 2-20 选择分辨率

**04** 返回“屏幕分辨率”窗口，单击“确定”按钮即可完成设置。

（3）设置屏幕保护程序

在指定的一段时间内没有使用鼠标或键盘后，屏幕保护程序就会出现在计算机的屏幕上，此程序为变动的图片或图案。屏幕保护程序最初用于保护较旧的单色显示器免遭损坏，现在其主要是个性化计算机或通过提供密码保护来增强计算机安全性的一种方式。设置屏幕保护程序的具体操作步骤如下。

**01** 在桌面的空白处右击，在弹出的快捷菜单中选择“个性化”选项，如图 2-21 所示。

**02** 打开“个性化”窗口，单击“屏幕保护程序”图标，如图 2-22 所示。

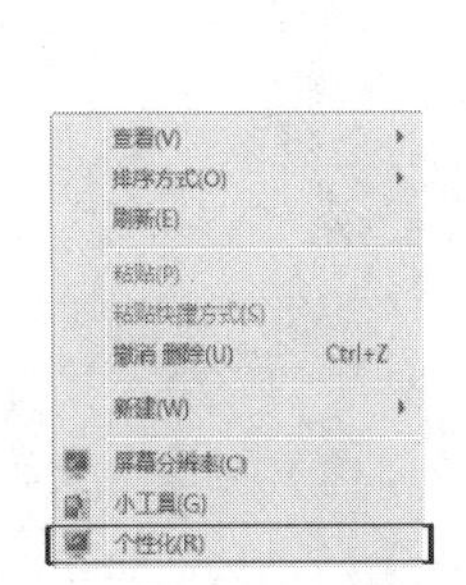

图 2-21　快捷菜单

图 2-22　“屏幕保护程序”图标

**03** 弹出“屏幕保护程序设置”对话框，在“屏幕保护程序”下拉列表中选择系统自带的屏幕保护程序，此时在上方的预览框中可以看到设置后的效果，如图 2-23 所示。

**04** 在“等待”微调框中设置等待的时间，本实例设置为 5 分钟，勾选“在恢复时显示登录屏幕”复选框。如果想详细设置屏幕保护程序的参数，则可以单击“设置”按钮，如图 2-24 所示。

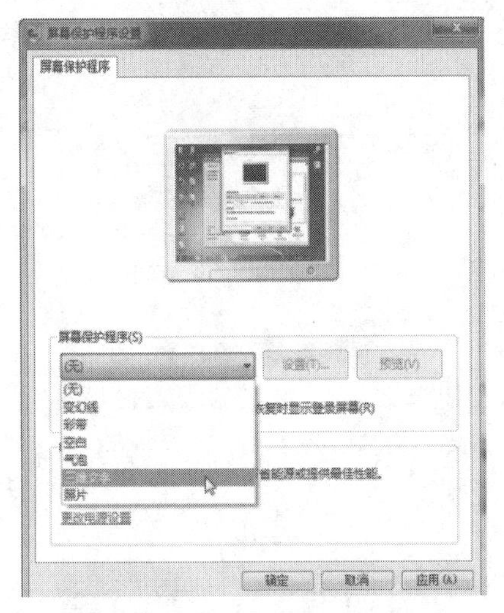

图 2-23　屏幕保护程序设置

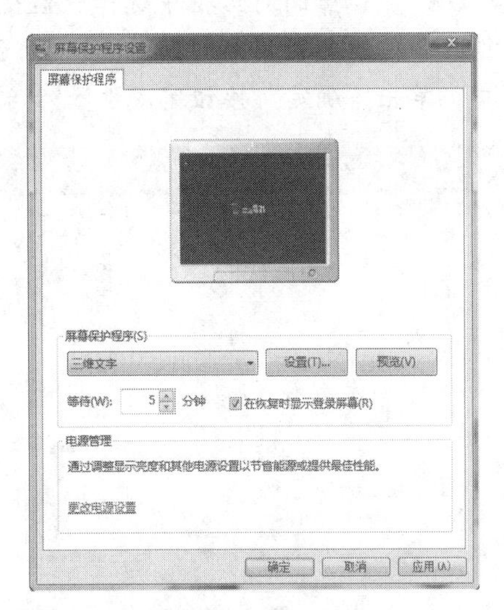

图 2-24　设置参数

**05** 弹出“三维文字设置”对话框，在“自定义文字”文本框中输入“计算机应用基础”，设置“旋转类型”为“蹦蹦板式”。用户也可以设置其他参数，设置完成后，单击“确定”按钮。

**06** 返回“屏幕保护程序设置”对话框，单击“确定”按钮，如图 2-25 所示。如果用户在 5 分钟内没有对计算机进行任何操作，则系统会自动启动屏幕保护程序。

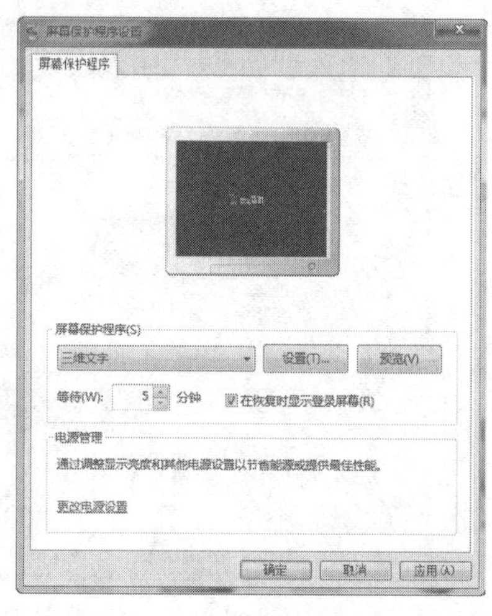


图 2-25　设置完成

（4）设置刷新频率

刷新频率是屏幕每秒画面被刷新的次数，当屏幕出现闪烁现象时，将会导致眼睛疲劳和头痛。此时用户可以通过设置屏幕刷新频率，消除闪烁的现象。

**01** 在桌面的空白处右击，在弹出的快捷菜单中选择“屏幕分辨率”选项，打开“屏幕分辨率”窗口，单击“高级设置”超链接，如图 2-26 所示。

**02** 在弹出的对话框中选择“监视器”选项卡，在“屏幕刷新频率”下拉列表中选择合适的刷新频率，如图 2-27 所示，单击“确定”按钮，返回“屏幕分辨率”窗口，单击“确定”按钮完成设置。

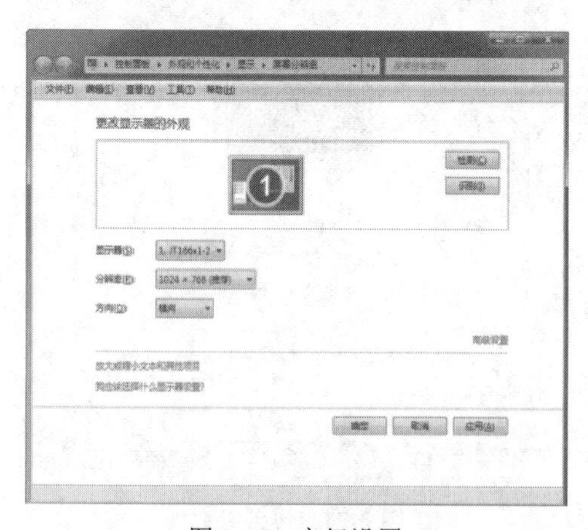


图 2-26　高级设置

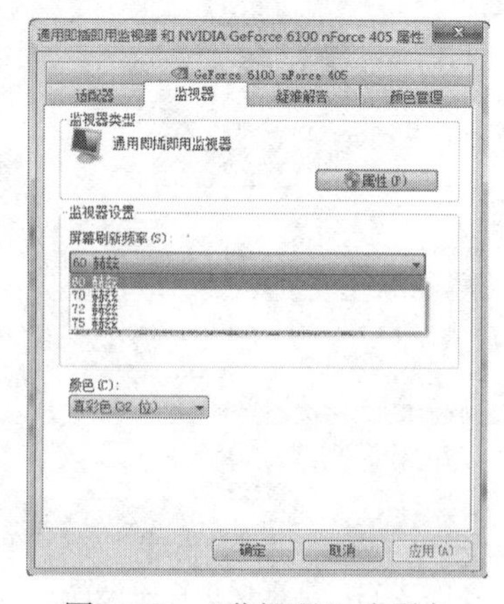


图 2-27　“监视器”选项卡

（5）调整日期和时间

在 Windows 7 操作系统桌面的右下角显示 3 系统的日期和时间，如果日期或时间显示不正确，则可以按照以下方法进行修改。

1）手动调整日期和时间：手动调整日期和时间的操作步骤如下。

**01** 单击“开始”按钮，在弹出的“开始”菜单中选择“控制面板”选项，如图 2-28 所示。

**02** 打开“控制面板”窗口，选择“时钟、语言和区域”选项，打开“时钟、语言和区域”窗口，单击“设置时间和日期”超链接，如图 2-29 所示。

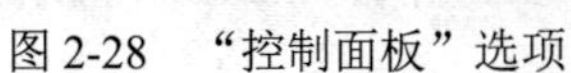
图 2-28　“控制面板”选项

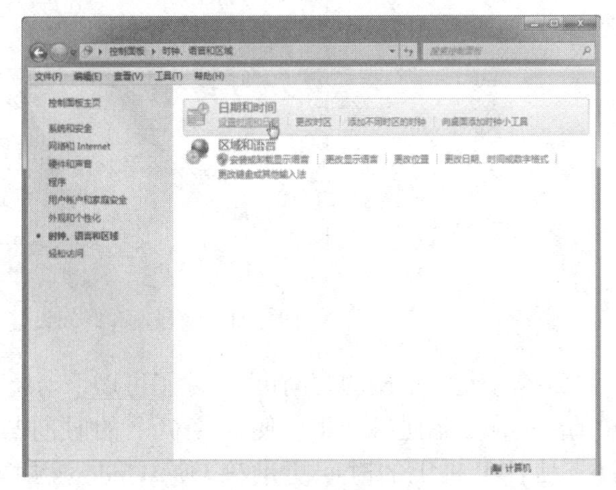


图 2-29　设置时间和日期

**03** 弹出“日期和时间”对话框，选择“日期和时间”选项卡，在此用户可以设置时区、日期和时间，单击“更改日期和时间”按钮，如图 2-30 所示。

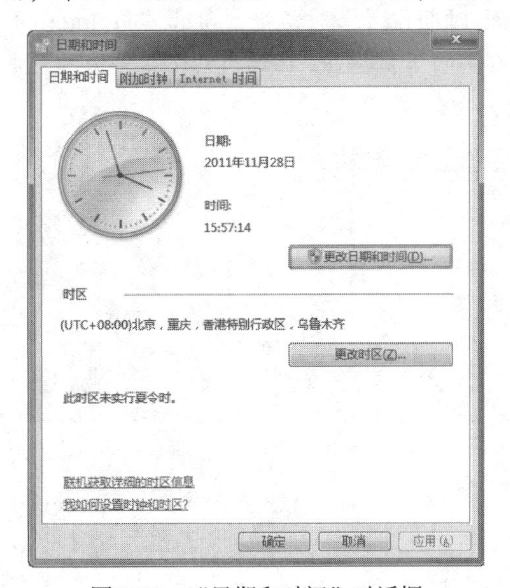


图 2-30　“日期和时间”对话框

**04** 弹出“日期和时间设置”对话框，在“日期”列表框中，用户可以设置年、月、日，在“时间”文本框中可以设置时间，设置完成后单击“确定”按钮，即可完成设置，如图 2-31 所示。

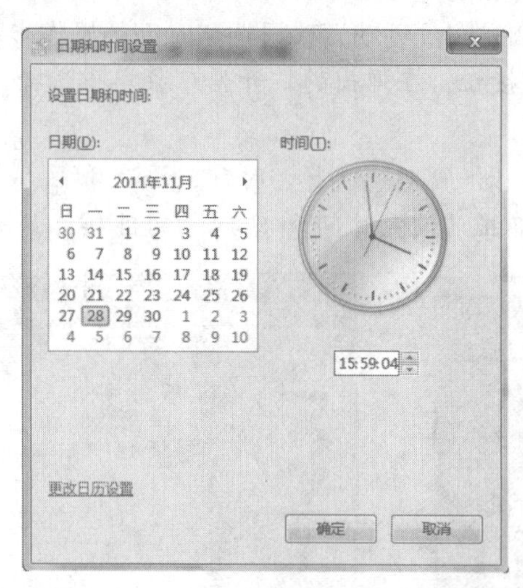


图 2-31 “日期和时间设置”对话框

2）自动更新准确的时间：用户除了可以手动调整日期和时间外，还可以与Internet中的时间服务器进行同步，使计算机上的时间与服务器上的时钟相匹配，这有助于使计算机上的时间更准确。使 Windows 7 操作系统的时间与Internet 中的时间服务器保持一致的具体操作步骤如下。

**01** 根据前面所学的知识，进入“日期和时间”对话框，选择“Internet 时间”选项卡，单击“更改设置”按钮，如图 2-32 所示。

**02** 弹出“Internet 时间设置”对话框，勾选“与 Internet 时间服务器同步”复选框，单击“服务器”右侧的下拉按钮，在弹出的下拉列表中选择“time.windows.com”选项，如图 2-33 所示。

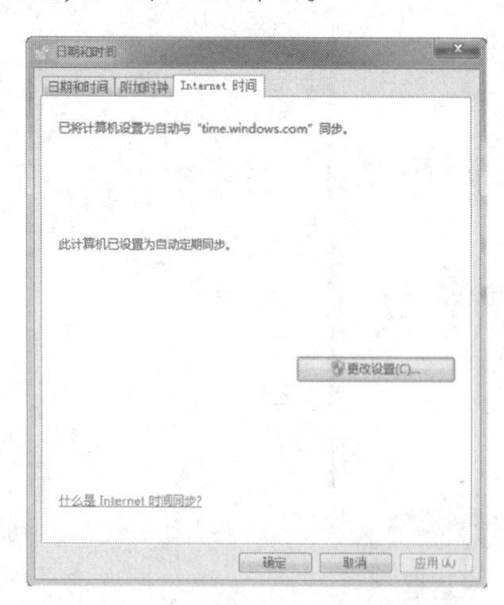


图 2-32 “Internet 时间”选项卡

图 2-33 Internet 时间设置

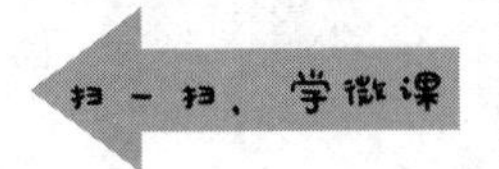


**03** 单击“确定”按钮，返回“日期和时间”对话框，再次单击“确定”按钮，完成时间自动更新的设置。

（6）图标

在 Windows 7 操作系统中，所有的文件、文件夹和应用程序等都由相应的图标来表示。桌面图标一般由文字和图片组成，主要包括常用图标和快捷方式图标两类，如图 2-34 和图 2-35 所示。

图 2-34　常用图标

图 2-35　快捷方式图标

用户双击桌面上的常用图标或快捷方式图标，可以快速打开相应的文件、文件夹或应用程序。例如，用鼠标双击桌面上的“回收站”图标，即可打开“回收站”窗口，如图 2-36 所示；用鼠标双击“QQ2011”快捷方式图标，即可弹出“QQ2011”登录对话框，如图 2-37 所示。

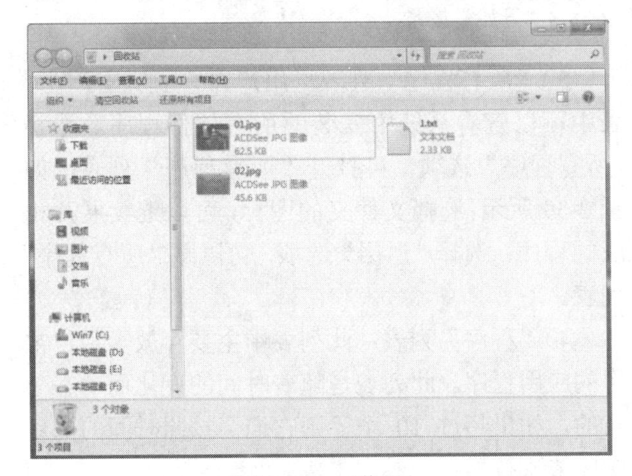


图 2-36　回收站

图 2-37　QQ 2011 登录对话框

（7）“开始”按钮

单击桌面左下角的“开始”按钮，弹出“开始”菜单。在“开始”菜单中，主要包括“搜索”框、“关机”按钮区、“所有程序”列表、“程序”列表和启动菜单，如图 2-38 所示。

1）“搜索”框：“搜索”框位于“开始”菜单最下方的左侧，主要用来搜索计算机中的项目资源，它是快速查找资源的有力工具。在“搜索”框中输入需要查询的文件名并按“Enter”键，即可进行搜索操作。

2）“关机”按钮区：“关机”按钮区位于“开始”菜单下方的右侧，主要用来对计算机系统进行关机操作，单击“关机”按钮，可进行关机操作，单击“关机”右侧的下拉按钮，在弹出的下拉列表中，用户可以选择进行“切换用户”、“注销”、

"锁定"、"重新启动"、"睡眠"和"休眠"操作。

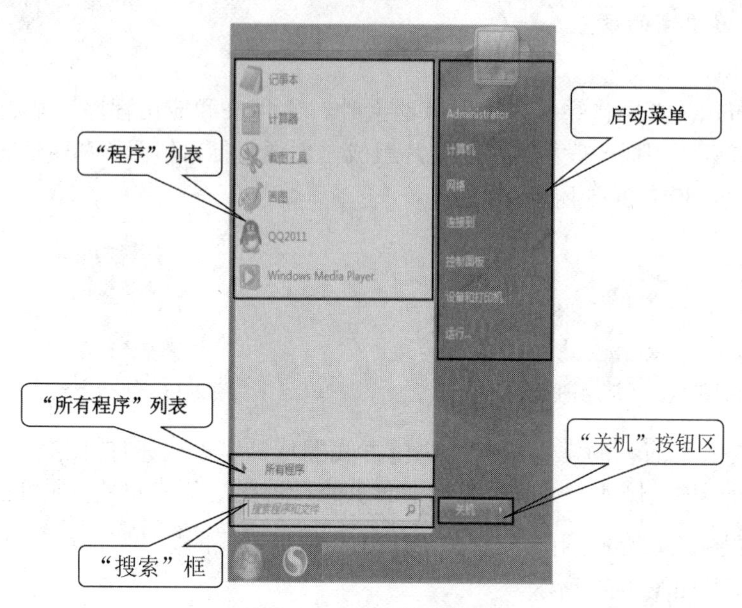


图 2-38 "开始"按钮

图 2-39 "所有程序"列表

3）"所有程序"列表：用户在"所有程序"列表中可以查看系统中安装的所有软件程序。选择"所有程序"选项，可打开"所有程序"列表，如图 2-39 所示；选择文件夹的图标，可以继续展开相应的程序；选择"返回"选项，可隐藏"所有程序"列表。

4）"程序"列表：此列表中主要存放了用户常用的应用程序。此列表是随着时间的变化而动态分布的，如果超过 10 个，则它们会按照时间的先后顺序依次替换。

5）启动菜单：位于"开始"菜单右侧窗格的是启动菜单。在启动菜单中会列出用户经常使用的 Windows 程序的链接，常见的有"计算机"、"网络"、"连接到"、"控制面板"、"设备和打印机"和"运行…"等，单击不同的程序选项，即可快速打开相应的程序。

（8）将程序锁定到任务栏中

在 Windows 7 中取消了快速启动工具栏。如果要快速打开程序，可以将程序锁定到任务栏中。将程序锁定到任务栏中的具体操作步骤如下。

**01** 如果程序已经打开，则在"任务栏"中选择程序并右单击，在弹出的快捷菜单中选择"将此程序锁定到任务栏"选项，如图 2-40 所示。

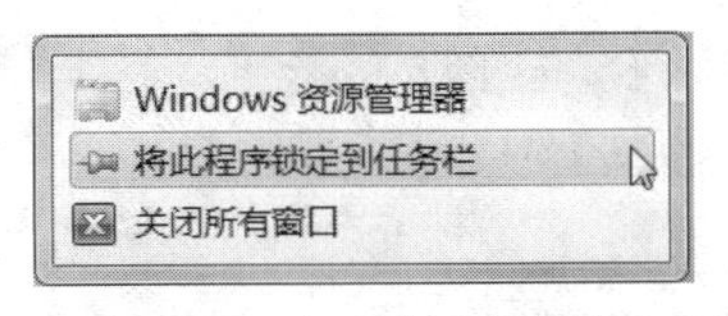


图 2-40　打开程序的操作

**02** 任务栏中将会一直存在刚才添加的应用程序，用户可以随时打开程序。

**03** 如果程序没有打开，则选择“开始”→“所有程序”选项，在弹出的列表中选择需要添加到任务栏中的应用程序并右击，在弹出的快捷菜单中选择“锁定到任务栏”选项，如图 2-41 所示。

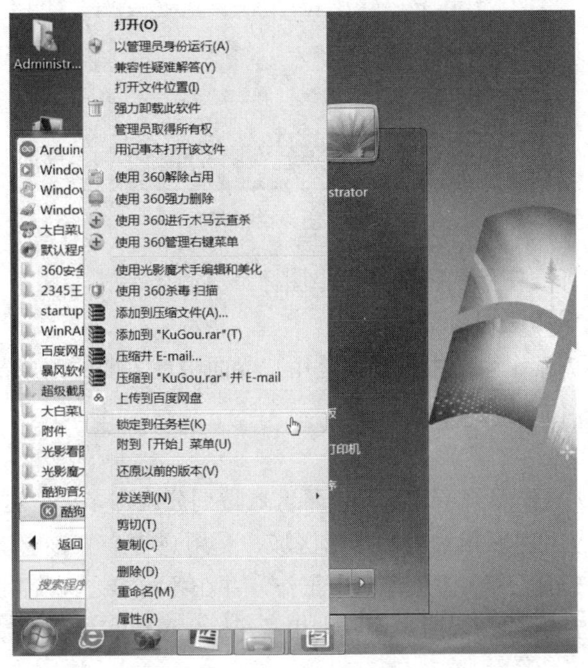


图 2-41　未打开程序的操作

任务栏是位于桌面底部的长条，和以前的系统相比，Windows 7 中的任务栏设计得更加人性化，使用更加方便、灵活，功能更加强大。用户按“Alt +Tab”组合键可以在任务栏中不同的任务窗口之间进行切换。

1）自定义任务栏：系统默认的任务栏位于桌面的最下方，用户可以根据需要把它拖动到桌面的任何边缘处并改变任务栏的宽度。

2）任务栏的属性：在任务栏的非按钮区域右击，在弹出的快捷菜单中选择“属性”选项，即可弹出“任务栏和「开始」菜单属性”对话框，如图 2-42 所示。

在“任务栏外观”选项组中，用户可以通过对复选框的勾选来设置任务栏的外观。

3）锁定任务栏：锁定后，任务栏不能被随意移动或改变大小。

4）自动隐藏任务栏：当用户不对任务栏进行操作时，它将自动消失；当用户需要使用时，可以把光标放在任务栏位置，它会自动出现。

扫一扫，学微课

▲ 打开和调整窗口

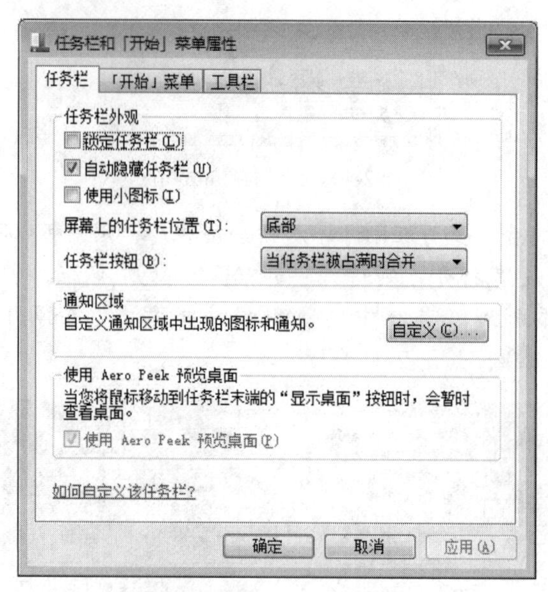


图 2-42　任务栏相关操作

5）使用小图标：任务栏将切换为小图标。

### 3. 认识和使用窗口

在 Windows 7 操作系统中，窗口是用户界面中最重要的组成部分，对窗口的操作也是最基本的操作之一。

（1）打开窗口

在 Windows 7 操作系统中，显示屏幕区域被划分成许多框，这些框被称为窗口。窗口是屏幕上与应用程序相对应的矩形区域，是用户与产生该窗口的应用程序之间的可视界面，用户可随意在任意窗口中工作，并在各窗口之间交换信息。

打开窗口的方法很简单，用户可以利用"开始"菜单和桌面快捷方式图标这两种方法来打开窗口。

1）使用"开始"菜单打开窗口：单击"开始"按钮，在弹出的"开始"→"画图"选项，即可打开"画图"窗口。

2）使用桌面快捷方式图标打开窗口：双击桌面上的"画图"图标，或者在"画图"图标上右击，在弹出的快捷菜单中选择"打开"选项，也可打开所选软件的操作窗口。

（2）关闭窗口

窗口使用完成后，用户可以将其关闭，以节省计算机的内存使用空间。下面以关闭"画图"窗口为例来介绍几种关闭窗口的常用操作方法。

1）使用菜单：在"画图"窗口中选择"画图"→"退出"选项，如图 2-43 所示。

2）使用"关闭"按钮：单击"画图"窗口右上角的"关闭"按钮可直接关闭窗口。

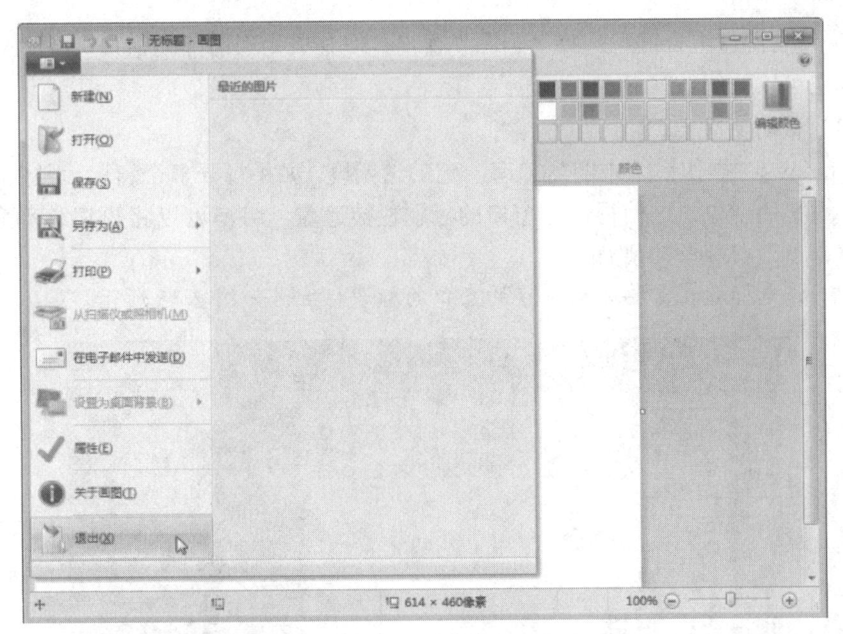


图 2-43　关闭窗口

3）使用标题栏：在标题栏上右击，在弹出的快捷菜单中选择“关闭”选项可关闭窗口。

4）使用任务栏：在任务栏中右击“画图”程序，在弹出的快捷菜单中选择“关闭”选项可关闭窗口。

5）使用软件图标：单击窗口左上端的“画图”图标，在弹出的快捷菜单中选择“关闭”选项可关闭窗口，如图 2-44 所示。

图 2-44　使用软件图标关闭窗口

6）使用键盘组合键：选择“画图”窗口，使其成为当前活动窗口，按“Alt+F4”组合键也可以关闭该窗口。

（3）移动窗口

Windows 7 操作系统中的窗口有一定的透明度，如果打开多个窗口，则会出现多个窗口重叠的现象，这使得部分窗口的标题栏被遮盖，用户可以将窗口移动到合适的位置，其具体操作步骤如下。

**01** 将光标放在需要移动位置的窗口的标题栏上，如图 2-45 所示。

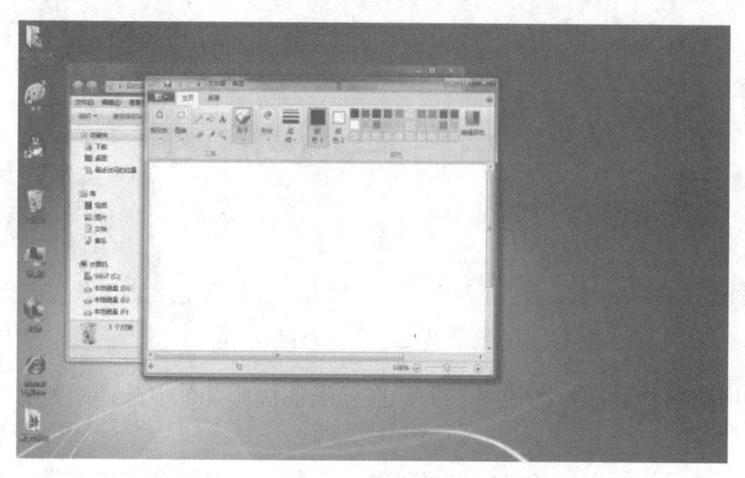

图 2-45　移动前

**02** 按住鼠标左键不放，将窗口拖动到需要的位置，松开鼠标左键，即可完成窗口位置的移动，如图 2-46 所示。

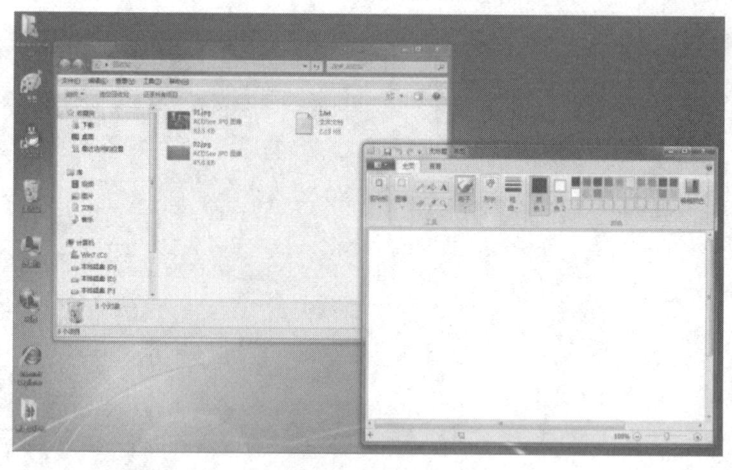

图 2-46　移动后

如果桌面上的窗口很多，则运用上述方法会很麻烦，此时用户可以通过设置窗口的显示形式对窗口进行排列。在任务栏的空白处右击，在弹出的快捷菜单中，用户可以根据需要选择“层叠窗口”、“堆叠显示窗口”和“并排显示窗口”中的任意一种排列方式进行窗口排列，如图 2-47 所示。

（4）调整窗口的大小

有的时候为了操作方便，需要对窗口的大小进行设置。用户可以根据需要按照下述操作方法来调整窗口的大小。

1）使用窗口按钮设置窗口大小：窗口的右上角一般都有“最大化/还原”、“最小化”和“关闭”3 个按钮。单击“最大化”按钮，则“画图”窗口将扩展到整个屏幕，显示所有的窗口内容，此时“最大化”按钮变成“还原”按钮，单击该按钮，又可将窗口还原为原来的大小，如图 2-48 所示。

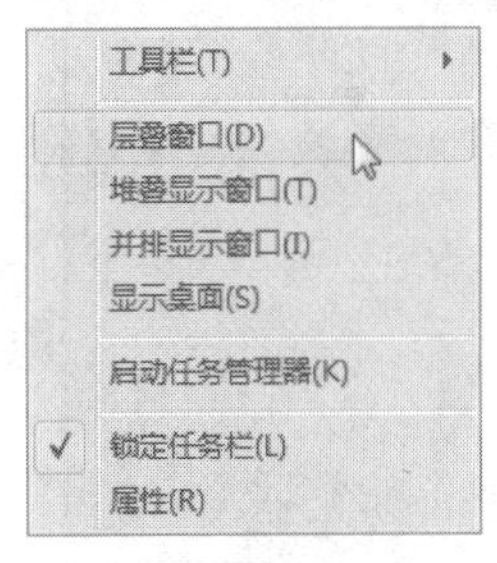


图 2-47　窗口排列

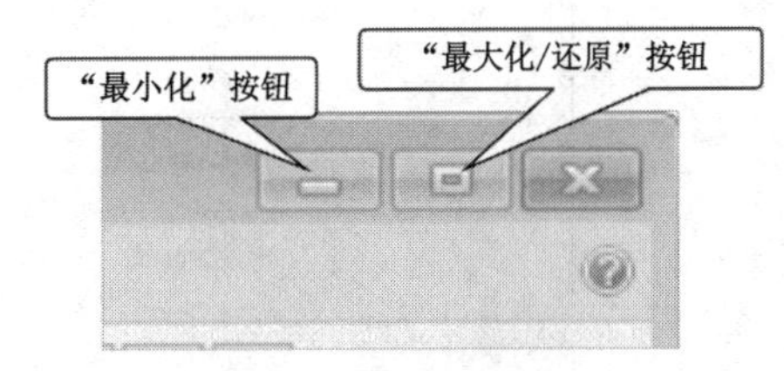


图 2-48　按钮

2）手动调整窗口的大小：当窗口处于非最小化和最大化状态时，用户可以手动调整窗口的大小。将光标移动到窗口的下边框上，此时光标变成上下箭头的形状，按住鼠标左键不放并拖动边框，拖动到合适的位置松开鼠标左键即可调整窗口的大小。

（5）切换当前活动窗口

在 Windows 7 操作系统中可以同时打开多个窗口，但是当前的活动窗口只有一个。用户若需要将某窗口设置为当前活动窗口，则可通过以下两种方法进行操作。

1）使用程序按钮区：每个打开的程序在任务栏中都有一个相对应的程序图标按钮。将光标放在程序图标按钮区域上时，可打开软件的预览窗口，单击程序图标按钮即可打开对应的程序窗口。

2）使用“Alt+Tab”组合键：使用“Alt+Tab”组合键可以实现各个窗口的快速切换。弹出窗口缩略图图标，按住“Alt”键不放，然后按“Tab”键可以在不同的窗口之间进行切换，选择需要的窗口后，松开按键，即可打开相应的程序窗口。

### 4．认识 Windows 7 菜单和对话框

（1）Windows 7 菜单

在 Windows 7 操作系统中，菜单分成两类，即右键快捷菜单和下拉菜单。

用户在文件、桌面空白处、窗口空白处、盘符等区域上右击，即可弹出右键快捷菜单，其中包含对选择对象的操作，如图 2-49 所示。

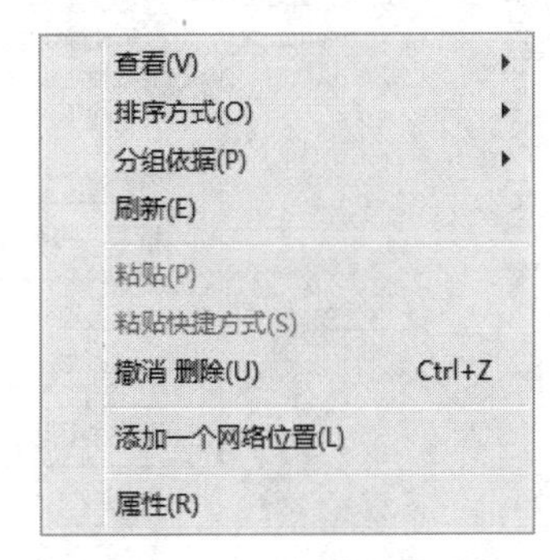


图 2-49　右键快捷菜单

另外一种菜单是下拉菜单，用户只需选择不同的菜单，即可弹出下拉菜单。例如，在“计算机”窗口中选择“查看”菜单，即可弹出一个下拉菜单，

如图 2-50 所示。

图 2-50　下拉菜单

（2）对话框

对话框是一种特殊的窗口，用户可以从对话框中获取信息，或通过对话框获取用户的信息，如图 2-51 所示。对话框可以移动，但不能改变大小。

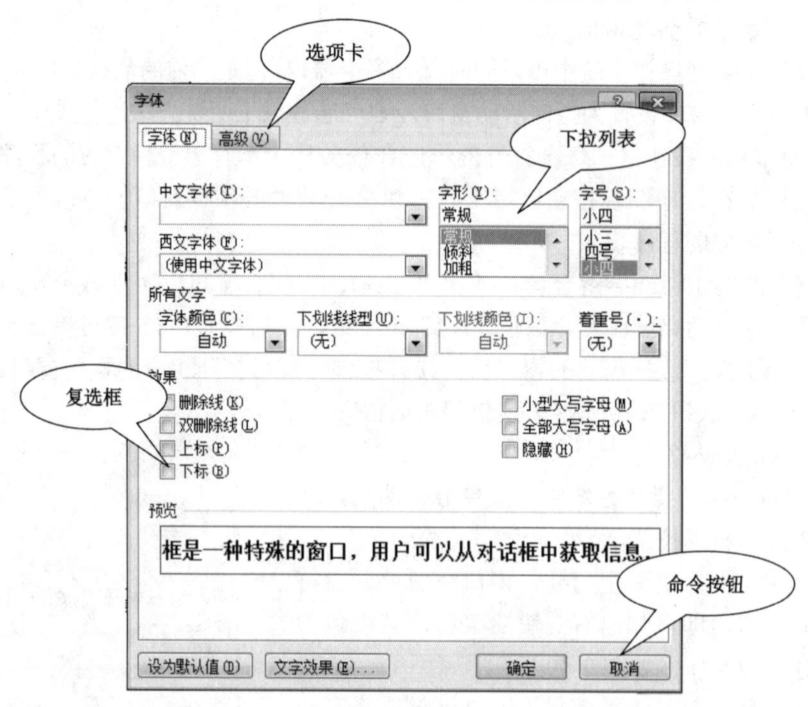


图 2-51　对话框

### 5. 使用控制面板

（1）添加和删除账户

一台计算机通常可允许多人进行访问，如果每个人都可以随意更改文件，则计算机将会很不安全，可以采用对账户进行设置的方法，为每个用户设置具体的使用权限。用户可以为其他特殊的用户添加一个新账户，也可以随时将多余的账户删除，其具体操作步骤如下。

1）添加账户，具体操作如下。

**01** 单击“开始”按钮，选择“控制面板”选项，打开“控制面板”窗口，在“用户账户和家庭安全”中单击“添加或删除用户账户”超链接，如图2-52所示。

图2-52 添加或删除用户账户

**02** 打开“管理账户”窗口，单击“创建一个新账户”超链接，如图2-53所示。

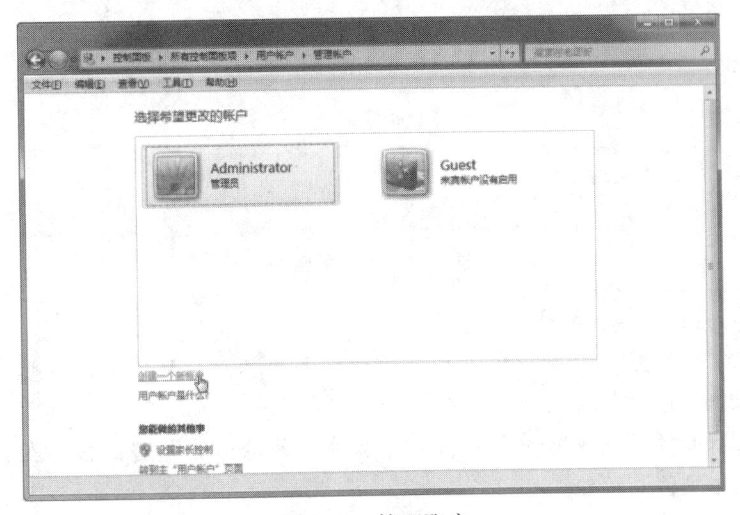


图2-53 管理账户

**03** 打开“创建新账户”窗口，输入账户名称，将账户类型设置为“标准用户”，单击“创建账户”按钮，如图 2-54 所示。

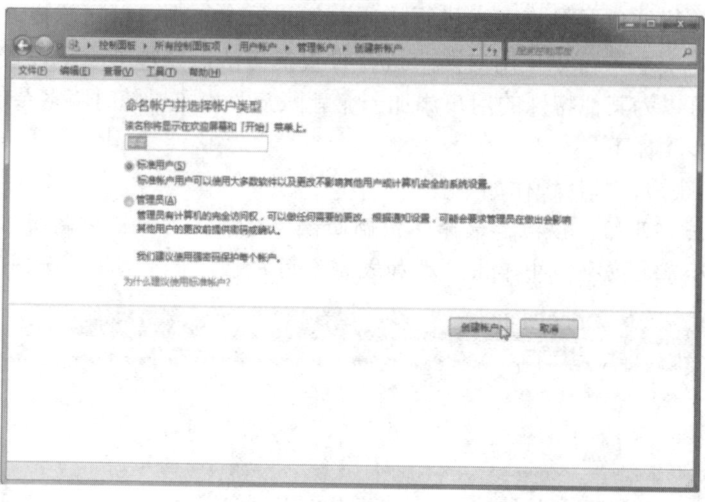


图 2-54　创建新账户

**04** 返回“管理账户”窗口，可以看到新建的账户，如图 2-55 所示。

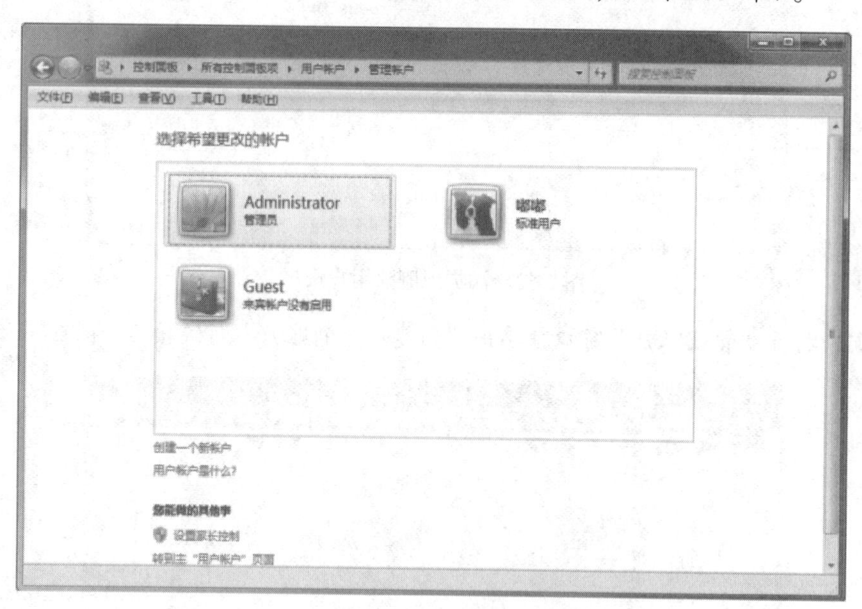


图 2-55　新建的账户

2）删除账户，具体操作如下。

**01** 在“管理账户”窗口中，如果想删除某个账户，直接单击该账户名称，打开“更改账户”窗口。

**02** 在打开的“更改账户”窗口中，单击“删除账户”超链接，在打开的窗口中单击“删除文件”按钮。

**03** 进入确认删除界面，单击“删除账户”按钮，返回“管理账户”窗口，可以发现选择的账户已被删除。

由于系统为每个账户都设置了不同的文件，包括桌面、文档、音乐、收藏夹、视频文件等，因此，在删除某个用户的账户时，如果用户想保留账户的这些文件，则可以单击“保留文件”按钮，否则单击“删除文件”按钮。

3）设置账户属性：添加新的账户后，为了方便管理与使用，还可以对新添加的账户设置不同的名称、密码和头像图标等属性。

**01** 在“管理账户”窗口中选择需要更改属性的账户，打开“更改账户”窗口。

**02** 在打开的“更改账户”窗口中，单击“更改账户名称”超链接，输入账户的新名称。

**03** 单击“更改名称”按钮，打开“更改账户”窗口，用户可以更改账户的密码、头像图标等属性。

**04** 单击“创建密码”超链接，可以更改密码。

**05** 返回“更改账户”窗口，单击“更改图片”超链接，选择系统提供的图标后，单击“更改图片”按钮即可更改用户头像图标。

**06** 返回“更改账户”窗口可查看更改效果。

（2）应用程序的卸载

打开“控制面板”窗口，选择“程序”组中的“卸载程序”选项，在“卸载或更改程序”列表中选择要卸载的程序，然后单击列表框上方的“卸载”按钮，系统给出提示信息，用户确定是否卸载选择的程序及其组件，如图 2-56 和图 2-57 所示。

图 2-56　控制面板

图 2-57　卸载程序

## 6. 附件的使用

为了方便使用计算机，操作系统给用户准备了许多使用方便、灵活的工具软件。例如，如果想处理纯文本文件，则可以使用“记事本”程序；处理简单的排版任务可使用“写字板”程序；处理图片可使用“画图”程序，如图 2-58 所示。此外，还有截图工具、计算器、录音机、命令提示符等等。

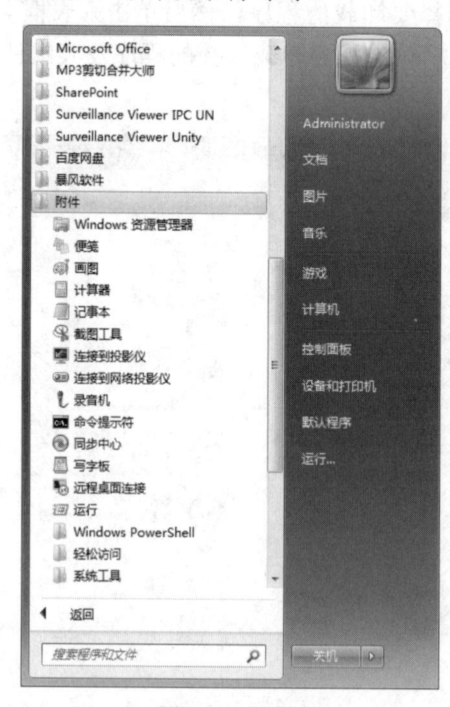


图 2-58　附件

下面以记事本为例，介绍输入文字信息的方法。

1）运行记事本：选择“开始”→“所有程序”→“附件”→“记事本”选项，启动记事本程序。

2）改变输入法：单击任务栏右侧的输入法图标，打开输入法菜单，选择输入法，也可以通过“Ctrl+Shift”组合键实现各种输入法的切换，中英文之间的切换组合键为Ctrl+Space。

3）输入中英文信息：通过键盘输入 26 个英文字母，每按一次键，对应的英文小写字母就会出现在记事本窗口中，当字符超过窗口的宽度时，窗口下方会自动出现水平滚动条，同时窗口内容会向右侧卷动。切换到中文输入状态，选择一种中文输入法，试着输入一些汉字。当需要另起一段时，可以按“Enter”键，从而结束上一段的输入，并另起一段。

4）保存文件：选择“文件”→“保存”选项，弹出“另存为”对话框。在“文件名”输入框中填写文件名，单击“保存”按钮。



# 任务3

## 有序管理计算机文件

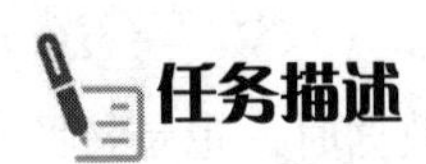

### 任务描述

计算机中可以存放很多不同类型的文件，如果把它们放在桌面上，时间长了，桌面上堆积了很多文件，影响工作效率。李鹏要帮助爷爷把不同类型的文件放在不同的文件夹中，合理地整理文件和文件夹。

### 技术方案

本任务要求大家学会文件和文件夹的管理，技术要求如下。

✧ 理解文件和文件夹的含义，掌握命名规则。

✧ 通过文件“属性”对话框中的“常规”选项卡查看文件属性。

✧ 通过菜单或组合键，可以实现文件和文件夹的复制、移动、删除、重命名。

✧ 了解资源管理器的打开方法和窗口结构，学会使用资源管理器。

扫一扫，学微课

▲ 认识文件和文件夹

## 任务实现

### 1. 认识文件和文件夹

在 Windows 操作系统中，文件是最小的数据组织单位。文件中可以存放文本、图像和数值数据等信息，这些文件被存放在硬盘的文件夹中。

（1）文件

文件是 Windows 操作系统存取磁盘信息的基本单位，一个文件是磁盘上存储信息的一个集合，可以是文字、图片、影片或一个应用程序等。每个文件都有自己唯一的名称，Windows 7 正是通过文件的名称来对文件进行管理的。

在 Windows 7 操作系统中，文件的命名具有以下特征。

1）支持长文件名。

2）文件的名称中允许有空格。

3）文件名最多可有 256 个字符，命名时不区分字母大小写。

4）默认情况下，系统自动按照文件类型显示和查找文件。

5）文件夹没有扩展名。

6）同一个文件夹中的文件不能同名。

（2）文件的类型

在 Windows 7 操作系统中，利用文件的扩展名识别文件是一种常用的重要方法。文件的类型是由文件的扩展名来标示的。一般情况下，文件可以分为文本文件、图像文件、照片文件、压缩文件、音频文件、视频文件等。不同的文件类型，其图标往往不一样，查看方式也不一样，只有安装了相应的软件，才能查看文件的内容。

1）文本文件：文本文件是一种典型的顺序文件，在读取数据时，也是按照顺序从上到下读取的。常用的文本文件如表 2-1 所示。

表 2-1　常用的文本文件

| 文件扩展名 | 文 件 简 介 |
|---|---|
| .txt | 文本文件，用于存储无格式的文字信息 |
| .doc 或.docx | Word 文件，使用 Microsoft Office Word 创建 |
| .xls | Excel 文件，使用 Microsoft Office Excel 创建 |
| .ppt | PowerPoint 文件，使用 Microsoft Office PowerPoint 创建 |
| .pdf | PDF 是 Portable Document Format（便携文件格式）的缩写，是一种电子文件格式，与操作系统平台无关 |

2）图像文件和照片文件：图像文件和照片文件由图像程序生成，或通过扫描、数码照相机等生成，常见的图像文件和照片文件，如表 2-2 所示。

表 2-2 常见的图像文件和照片文件

| 文件扩展名 | 文 件 简 介 |
| --- | --- |
| .jpeg | 广泛使用的压缩图像文件格式，显示文件的颜色没有限制，效果好，体积小 |
| .psd | Photoshop 生成的文件，可保存各种 Photoshop 中的专用属性，如图层、通道等信息，体积较大 |
| .gif | 用于互联网的压缩文件格式，只能显示 256 种颜色，不过可以显示多帧动画 |
| .bmp | 位图文件，不压缩的文件格式，显示文件的颜色没有限制，效果好，唯一的缺点就是文件体积大 |
| .png | 能够提供长度比.GIF 文件小 30%的无损压缩图像文件，是网络上比较受欢迎的图片格式之一 |

3）压缩文件：压缩文件是通过压缩算法将普通文件打包压缩之后生成的文件，可以有效地节省存储空间。常见的压缩文件如表 2-3 所示。

表 2-3 常见的压缩文件

| 文件扩展名 | 文 件 简 介 |
| --- | --- |
| .rar | 通过 RAR 算法压缩的文件，目前使用较为广泛 |
| .zip | 使用 ZIP 算法压缩的文件，历史比较悠久 |
| .jar | 用于 Java 程序打包的压缩文件 |
| .cab | 微软公司制定的压缩文件格式，用于各种软件压缩和发布 |

4）音频文件：音频文件是通过录制和压缩而生成的声音文件。常见的音频文件如表 2-4 所示。

表 2-4 常见的音频文件

| 文件扩展名 | 文 件 简 介 |
| --- | --- |
| .wav | 波形声音文件，通常通过直接录制采样生成，其体积比较大 |
| .mp3 | 使用 MP3 格式压缩存储的声音文件，是使用最为广泛的声音文件格式之一 |
| .wma | 微软公司制定的声音文件格式，可被媒体播放机直接播放，其体积小，便于传播 |
| .ra | RealPlayer 声音文件，广泛用于网络的声音播放 |

5）视频文件：视频文件是由专门的动画软件制作而成或通过拍摄方式生成的文件。常见的视频文件如表 2-5 所示。

表 2-5 常见的视频文件

| 文件扩展名 | 文 件 简 介 |
| --- | --- |
| .swf | Flash 视频文件，通过 Flash 软件制作并输出的视频文件，用于网络传播 |
| .avi | 使用 MPG4 编码的视频文件，用于存储高质量的视频文件 |
| .wmv | 微软公司制定的视频文件格式，可被媒体播放机直接播放，其体积小，便于传播 |
| .rm | RealPlayer 视频文件，广泛用于网络视频播放 |

6）其他常见文件：其他常见的文件类型如表 2-6 所示。

▲ 查看、修改文件和文件夹属性

表 2-6　其他常见文件类型

| 文件扩展名 | 文 件 简 介 |
| --- | --- |
| .exe | 可执行文件，二进制信息，可以被计算机直接执行 |
| .ico | 图标文件，固定大小和尺寸的图标图片 |
| .dll | 动态链接库文件，被可执行程序所调用，用于功能封装 |

（3）文件夹

在Windows 7操作系统中，文件夹主要用来存放文件，是存放文件的“容器”。文件夹和文件一样，都有自己的名称，系统也是根据它们的名称来存取数据的。文件夹的命名规则具有以下特征。

1）支持长文件夹名称。

2）文件夹的名称中允许有空格，但不允许有斜线（\、/）、竖线（|）、小于号（<）、大于号（>）、冒号（：）、引号（“或‘）、问号（？）、星号（*）等符号。

3）文件夹名称最多可有 256 个字符，命名时不区分字母大小写。

4）文件夹没有扩展名。

5）同一个文件夹中的文件夹不能同名。

### 2. 文件的基本操作

掌握文件的基本操作是用户熟悉和管理计算机的前提。文件的基本操作包括查看文件属性、查看文件的扩展名、打开和关闭文件、复制和移动文件、更改文件的名称、删除文件、压缩文件、隐藏或显示文件等。

（1）查看文件的属性

对于计算机中的任何一个文件，如果用户想知道文件的详细信息，则可以通过查看文件的属性来了解。

**01** 在需要查看属性的文件名上右击，在弹出的快捷菜单中选择“属性”选项。

**02** 系统弹出所选文件的“属性”对话框，在“常规”选项卡中，用户可以看到所选文件的详细信息，如图 2-59 所示。

“常规”选项卡中各个参数的含义说明如下。

“文件类型”：显示所选文件的类型。如果类型为快捷方式，则显示项目快捷方式的属性，而非原始项目的属性。

“打开方式”：打开文件所使用的软件名称。

“位置”：显示文件在计算机中的位置。

“大小”：显示文件的大小。

“占用空间”：显示所选文件实际使用的磁盘空间，即文件使用簇的大小。

“创建时间”：显示文件的创建日期。

“修改时间”：显示文件的修改日期。

“访问时间”：显示文件的访问日期。

“只读”：设置文件是否为只读（意味着不能更改或意外删除）。复选框为灰色表示有些文件是只读的，有些不是。

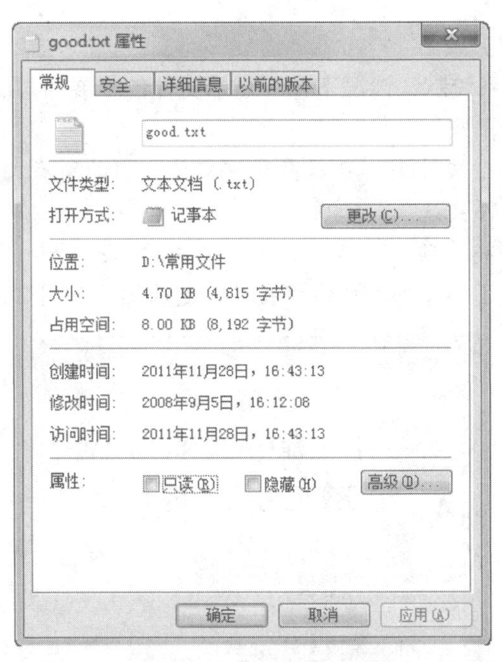


图 2-59　文件的属性对话框

“隐藏”：设置该文件是否被隐藏，隐藏后如果不知道其名称则无法查看或使用此文件或文件夹。复选框为灰色表示有些文件是隐藏的，有些不是。

**03** 选择“安全”选项卡，在此可查看并设置每个用户对文件的使用权限，如图 2-60 所示。

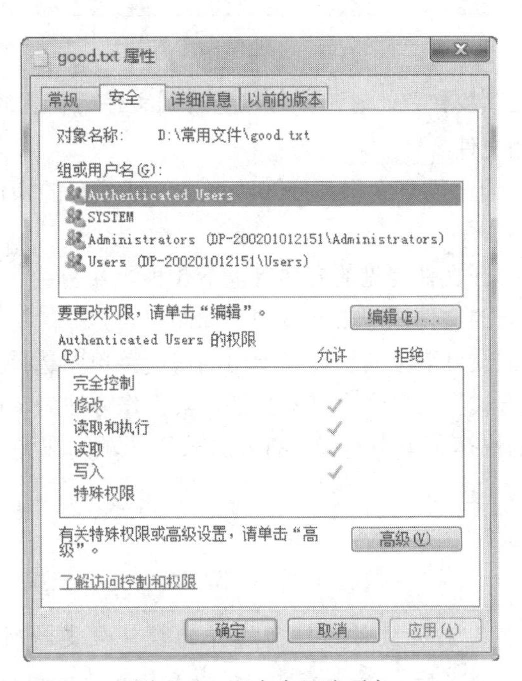


图 2-60　“安全”选项卡

（2）查看文件的扩展名

Windows 7 操作系统默认情况下并不显示文件的扩展名，用户可以使用以下方法使文件的扩展名显示出来。

**01** 打开任意一个文件夹，可以看到该文件夹内的所有文件都不显示扩展名，选择“工具”→“文件夹选项”选项。

**02** 弹出“文件夹选项”对话框。选择“查看”选项卡，在“高级设置”列表框中取消勾选“隐藏已知文件类型的扩展名”复选框，如图 2-61 所示。

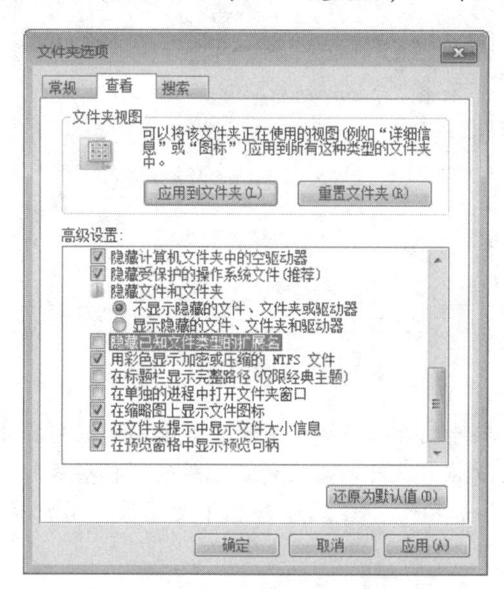


图 2-61　“查看”选项卡

**03** 单击“确定”按钮，此时用户可以查看到文件的扩展名。

（3）打开和关闭文件

文件在使用时，通常需要先将其打开，在进行读或写的操作处理后，还要将其保存并关闭。

1）打开文件：打开文件常见的方法有以下 3 种。

① 选择需要打开的文件，双击文件的图标即可。

② 在需要打开的文件名上右击，在弹出的快捷菜单中选择“打开”选项。

③ 利用“打开方式”菜单命令打开文件。其操作方法为，在需要打开的文件图标上右击，在弹出的快捷菜单中选择“打开方式”选项，在弹出的子菜单中选择相应的软件即可。

**注意**

利用“打开方式”打开文件时，所选择的软件应支持所打开的文件格式。例如，要打开一个文本文件，需要选择“记事本”软件，而不能使用画图软件来打开，也不能使用视频观看软件来打开。

2）关闭文件：关闭文件的常用操作方法如下。

① 一般文件的打开和相应的软件有关，在软件的右上角有一个“关闭”按钮，单击“关闭”按钮，可以直接关闭文件。

② 使所要关闭的文件为当前活动窗口，按“Alt+F4”组合键，可以快速地关闭当前被打开的文件。

（4）复制和移动文件

在工作或学习中，经常需要用户对一些文件进行备份，也就是创建文件的副本，或者改变文件的位置进行保存，这就需要对文件进行复制或移动操作。

1）复制文件：复制文件的方法有以下 3 种。

① 选中要复制的文件，在按住“Ctrl”键的同时，拖动光标至目标位置后松开按键，即可复制文件。

② 选中要复制的文件，右击并将其拖动到目标位置，在弹出的快捷菜单中选择“复制到当前位置”选项，即可复制文件。

③ 选中要复制的文件，按“Ctrl+C”组合键，在目标位置按“Ctrl+V”组合键，即可复制文件。

2）移动文件：移动文件的常用方法有以下 3 种。

① 选中要移动的文件，用鼠标直接将其拖动到目标位置，即可完成文件的移动，这也是最简单一种操作方法。

② 选中要移动的文件，按住“Shift”键将其拖动到目标位置，即可实现文件的移动。

③ 通过“剪切”与“粘贴”选项移动文件，其操作步骤如下。

**01** 在需要移动的文件图标上右击，并在弹出的快捷菜单中选择“剪切”选项。

**02** 选中目的文件夹并打开，右击，并在弹出的快捷菜单中选择“粘贴”选项，选中的文件即被移动到当前文件夹中。

用户除了可以使用上述操作方法移动文件之外，还可以使用“Ctrl+X”组合键实现“剪切”功能，使用“Ctrl+V”组合键实现“粘贴”功能。

（5）更改文件的名称

新建文件都会以一个默认的名称作为文件名，为了方便记忆和管理，用户可以对新建的文件或已有的文件进行重命名。对文件进行重命名的操作方法如下。

**01** 选中要重命名的文件，右击，在弹出的快捷菜单中选择“重命名”选项。

**02** 需要重命名的文件名称将会以蓝色背景显示，如图 2-62 所示。

**03** 用户可以直接输入文件的名称，按“Enter”键即可完成对文件名称的更改。

扫一扫，学微课

▲ 重命名文件和文件夹

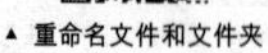

▲ 删除、还原文件和文件夹

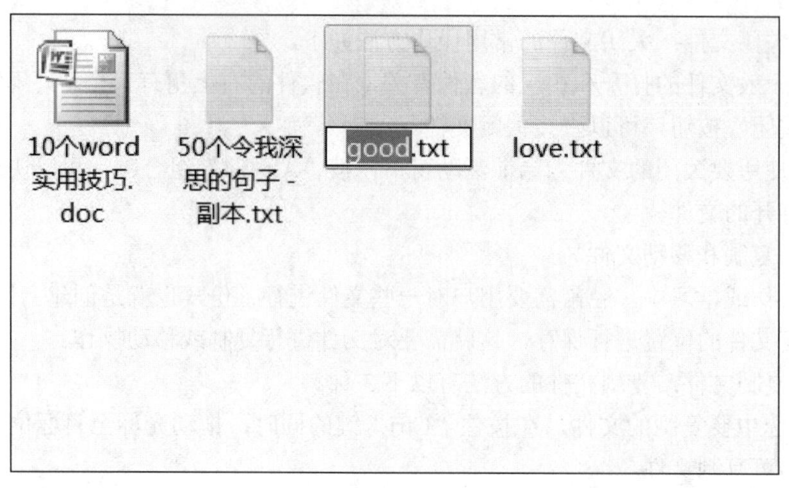


图 2-62　重命名

**注意**

在重命名文件时，不能改变已有文件的扩展名，否则，当要打开该文件时，文件可能会损坏，或系统不能确认要使用哪种程序打开该文件。

如果更换的文件名与已有的文件名重复，则系统会提示用户无法使用更换的文件名，确定后，重新输入即可。

用户还可以选择需要更改名称的文件，按“F2”键，从而快速地更改文件的名称，或用鼠标分两次单击（不是双击）文件名，之后选择的文件名将显示为可写状态，在其中输入名称，按“Enter”键即可。

（6）删除文件

删除文件的常用操作方法有以下几种。

1）选中要删除的文件，按“Delete”键可直接将其删除。

2）选中要删除的文件，右击，并在弹出的快捷菜单中选择“删除”选项即可将其删除。

3）选中要删除的文件，直接将其拖动到“回收站”中。

4）选中要删除的文件，选择“文件”→“删除”选项，即可删除文件。

不论选择哪一种方法，系统都会弹出一个“删除文件”对话框，如果确实要删除，则单击“是”按钮；若要取消删除操作，则单击“否”按钮即可，如图 2-63 所示。

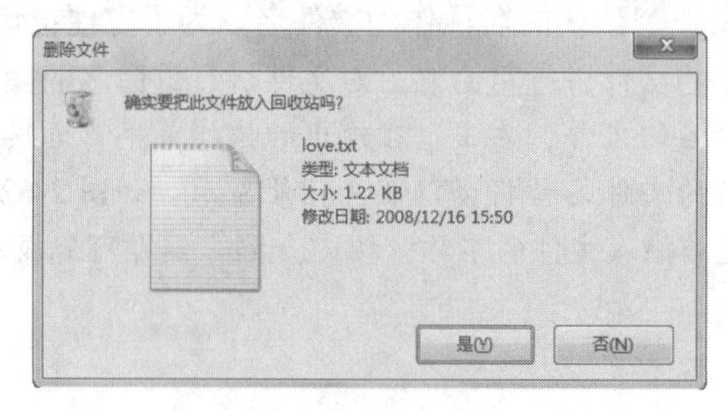


图 2-63　“删除文件”对话框

**注意**

这里所讲到的删除，仅仅是将文件移到了“回收站”中，并没有从磁盘上彻底清除，所以可以从“回收站”中恢复。此外，如果要彻底删除文件，则可以先选择要删除的文件，然后按“Shift+Delete”组合键，则将文件彻底删除。

（7）隐藏或显示文件

对于不希望别人看到的文件，或防止因误操作而导致文件丢失的现象发生，可以对其文件进行隐藏，具体操作步骤如下。

1）隐藏文件的操作如下。

**01** 选择需要隐藏的文件并右击，在弹出的快捷菜单中选择“属性”选项。

**02** 弹出所选文件的属性对话框，选择“常规”选项卡，勾选“隐藏”复选框，如图 2-64 所示。

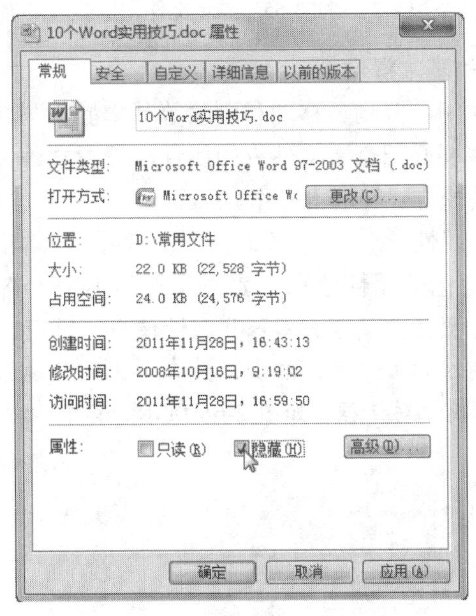


图 2-64　隐藏文件

**03** 单击“确定”按钮，返回文件所在的目录，可以看到选择的文件被成功隐藏了。

2）显示文件：文件被隐藏后，用户要想对隐藏文件进行操作，则需要先显示文件，具体操作步骤如下。

**01** 选择“工具”→“文件夹选项”选项，在弹出的“文件夹选项”对话框中选择“查看”选项卡，在“高级设置”列表框中选中“显示隐藏的文件、文件夹和驱动器”单选按钮，如图 2-65 所示。

**02** 单击“确定”按钮，返回文件窗口，可以看到隐藏的文件被显示出来了。

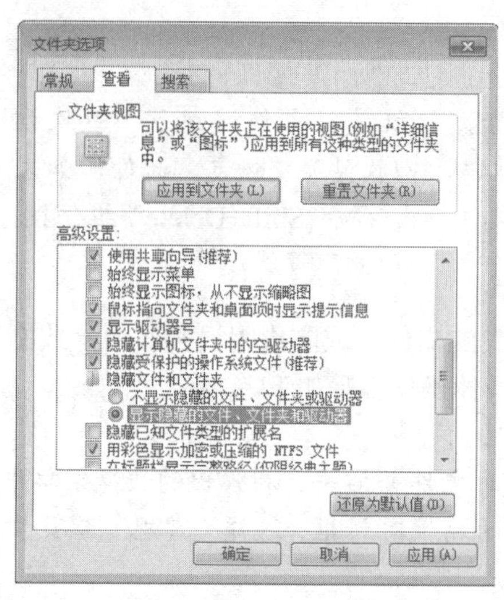


图 2-65　显示文件

### 3. 文件夹的基本操作

文件夹的打开、关闭、复制、移动和删除等基本操作与文件的基本操作类似，这里不再重复。这里主要介绍查看文件夹的属性、设置文件夹的显示方式、文件夹选项、创建文件夹的快捷方式等基本操作。

（1）查看文件夹的属性

每个文件夹都有自己的属性信息，如文件夹的类型、路径、占用空间、修改时间和创建时间等，如果用户需要查看这些属性信息，则可以按照以下操作进行。

**01** 选中要查看属性的文件夹，右击，并在弹出的快捷菜单中选择“属性”选项，弹出所选文件夹的属性对话框，如图 2-66 所示。其中，对话框名称中的“Word”是文件夹的名称。

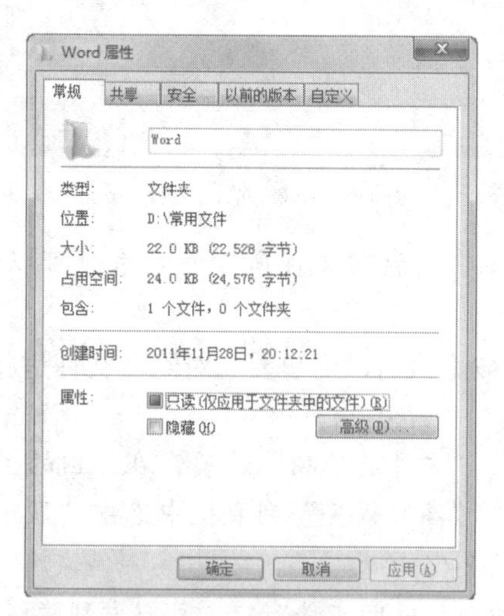


图 2-66　文件夹属性对话框

“常规”选项卡中各个选项的含义如下。

①“位置”：文件夹在“资源管理器”中的存放位置。

②“大小”：文件夹占用空间的大小。

③“包含”：显示包含在这个文件夹中的文件和文件夹的数目。

④“创建时间”：显示文件夹的创建时间。

⑤“属性”：文件的属性，“只读”或“隐藏”。如果勾选“只读（仅应用于文件夹中的文件）”选项，该文件夹中的文件只能读取，不能修改；如果勾选“隐藏”复选框，则该文件夹将被隐藏。

**02** 选择“共享”选项卡，单击“共享”按钮，可实现文件夹的共享操作，如图 2-67 所示。

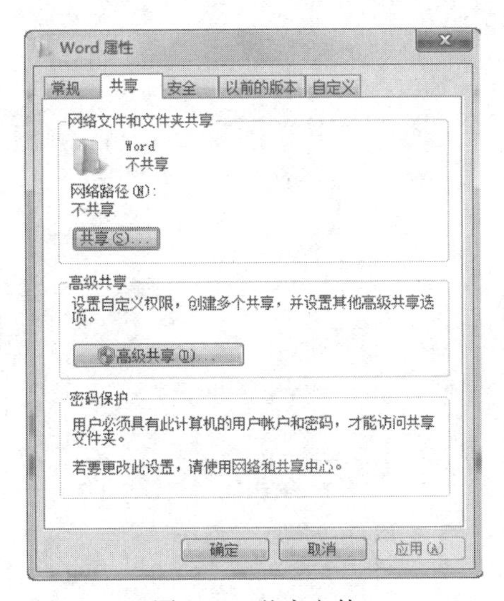


图 2-67　共享文件

**03** 选择“安全”选项卡，在此可设置使用这台计算机的每个用户对文件夹的权限。

**04** 选择“以前的版本”选项卡，在此可以看到以前的版本信息，如图 2-68 所示。

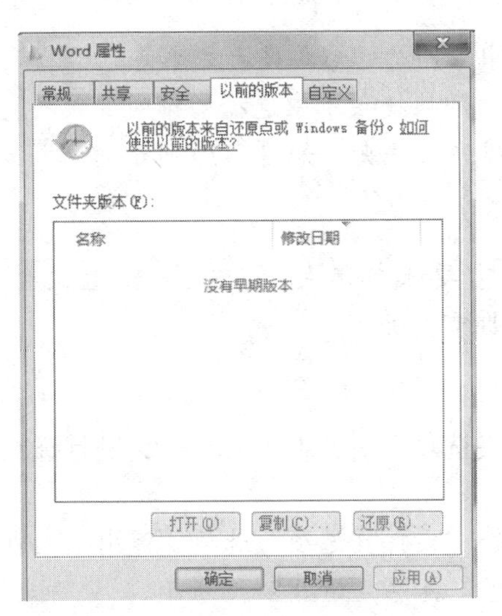


图 2-68　文件夹版本信息

(2) 设置文件夹的显示方式

用户还可以设置文件夹的显示方式，如文件夹的排列方式、显示大小等。设置文件夹显示方式的具体操作步骤如下。

**01** 在需要设置文件夹显示方式的路径下右击，并在弹出的快捷菜单中选择“查看”→“中等图标”选项，如图 2-69 所示。

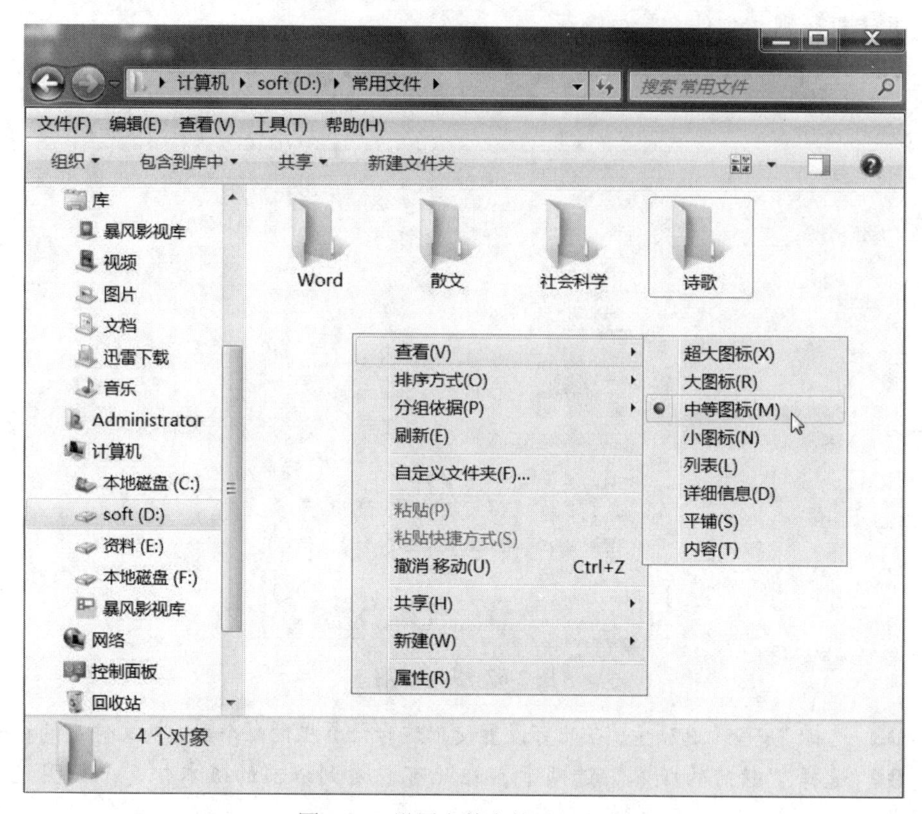


图 2-69 设置文件夹的显示方式

**02** 系统将自动以中等图标的形式显示文件夹。

**03** 右击，并在弹出的快捷菜单中选择“排列方式”→“类型”选项，系统将自动根据文件夹的类型排列文件夹，如图 2-70 所示。

**注意**

用户还可以根据需要选择其他的选项来设置文件夹的显示方式，其操作与这里所述类似，不再重复讲述。

(3) 文件夹选项

用户可以在“文件夹选项”对话框中对文件夹进行详细设置，其具体操作步骤如下。

**01** 选择“工具”→“文件夹选项”选项，弹出“文件夹选项”对话框，用户可以设置文件夹的“常规”属性，如图 2-71 所示。

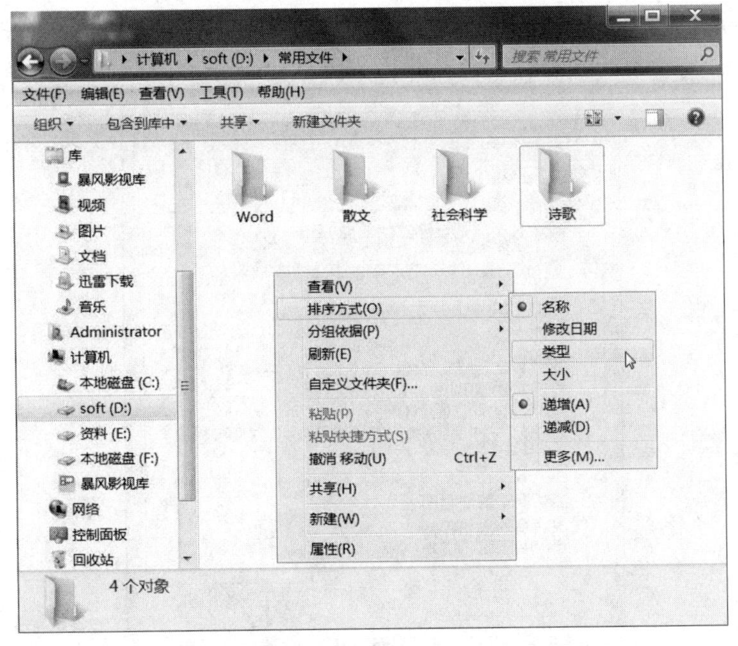


图 2-70　排列文件夹

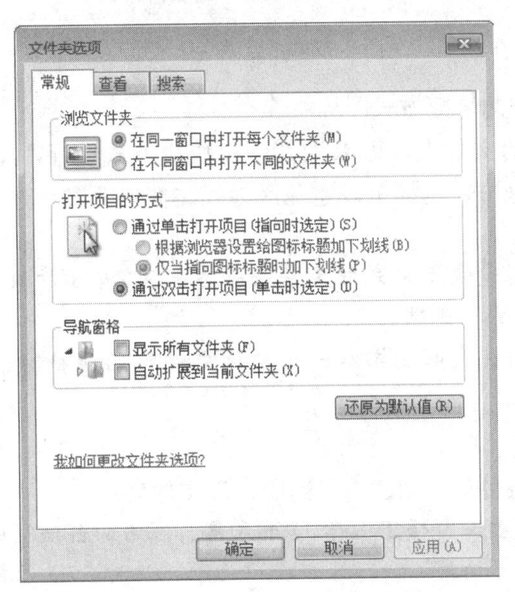


图 2-71　“文件夹选项”对话框

“文件夹选项”对话框“常规”选项卡中各个参数的含义如下。

①“浏览文件夹”：设置是在同一窗口还是在不同窗口中打开多个文件夹。

②“打开项目的方式”：设置单击打开项目还是双击打开项目。

③“导航窗格”：设置“导航窗格”中的显示方法。如果勾选“显示所有文件夹”复选框，则在“导航窗格”中显示计算机中的所有文件夹。

**02** 选择“查看”选项卡，在“高级设置”列表框中勾选“隐藏已知文件类型的扩展名”复选框，即可隐藏文件的扩展名，用户还可以设置文件夹的视图显示。

**03** 选择“搜索”选项卡，在此选项卡中可以设置“搜索内容”、“搜索方式”和“在搜索没有索引的位置时”的操作，如图 2-72 所示。

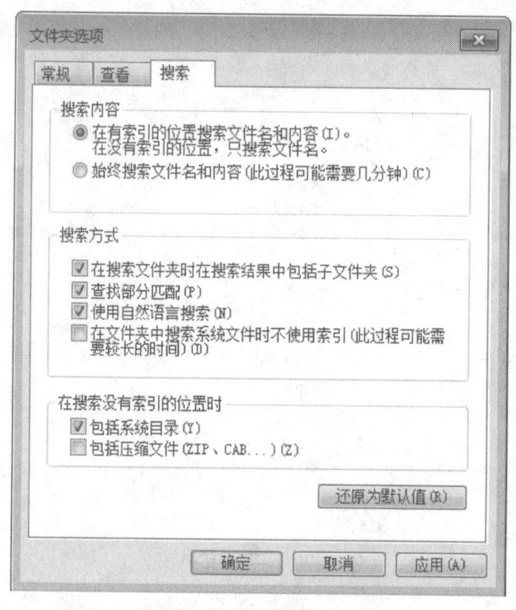


图 2-72　“搜索”选项卡

（4）创建文件夹的快捷方式图标

对于经常使用的文件夹，可以为其创建快捷方式图标，将其放在桌面上或其他可以快速访问的地方，这样可以避免因寻找文件夹而浪费时间，从而提高用户的效率。

**01** 选中需要创建快捷方式的文件夹并右击，在弹出的快捷菜单中选择“发送到”→“桌面快捷方式”选项。

**02** 系统将自动在桌面上添加一个所选文件夹的快捷方式，双击即可打开文件夹。

（5）新建文件夹

例如，在 D 盘根目录中创建“我的照片”文件夹。

**01** 在资源管理器左窗格中选择 D 驱动器，在右面窗格空白处右击鼠标，在弹出的快捷菜单中选择“新建”→“文件夹”选项，此时在 D 盘根目录中创建了一个名为“新文件夹”的文件夹。

**02** 单击“新文件夹”名称，将其修改为“我的照片”。

### 4．资源管理器的使用

（1）打开资源管理器的方法

1）选择“开始”→“所有程序”→“附件”→“Windows 资源管理器”选项。

2）右击“开始”按钮，选择“打开 Windows 资源管理器”选项。

3）双击“计算机”图标。

4）直接按 Windows 徽标键加“E”键。

（2）资源管理器窗口结构

资源管理器窗口结构如图 2-73 所示。

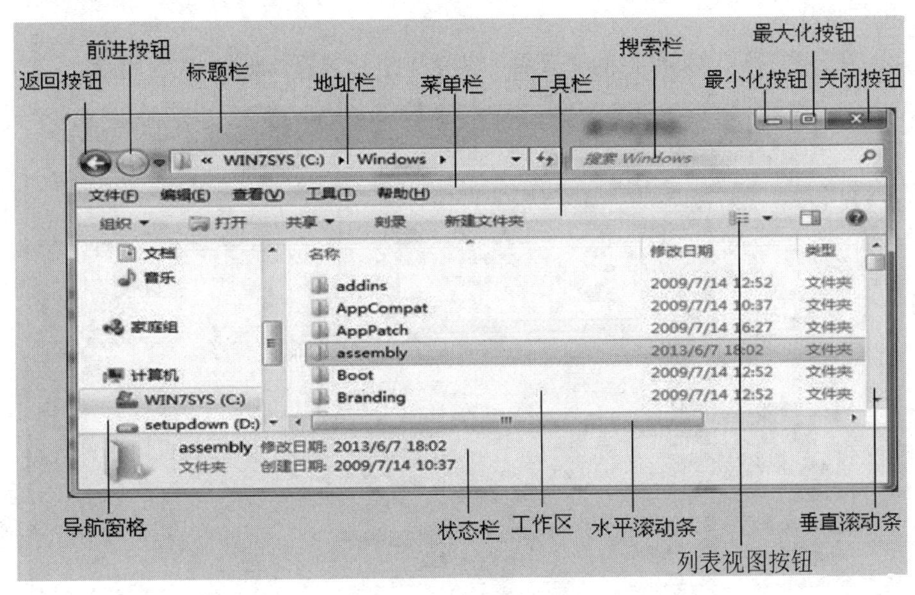


图 2-73　资源原理器

（3）资源管理器操作

1）文件夹展开与折叠：在资源管理器的左侧树形目录区中，在部分文件夹图标左端有一个空心箭头，它表示该文件夹中包含子文件夹，双击该文件夹或单击左侧的空心箭头，可以展开该文件夹，同时，空心箭头会变为实心箭头，此时，再双击该文件夹或单击实心箭头，又可将展开的文件夹折叠起来，如图 2-74 所示。

图 2-74　文件夹的展开或折叠

2）文件和文件夹的查看方式如下。

① 在资源管理器右侧工作区的空白处右击，在弹出的快捷菜单的“查看”子菜单中进行选择。

② 在资源管理器菜单栏的“查看”菜单中进行选择，如图 2-75 所示。

图 2-75 “查看”菜单

在资源管理器工具栏右侧单击“更改您的视图”按钮，可以在“图标”、“列表”、“详细资料”、“平铺”、“内容”等几种显示方式中切换。单击“更改您的视图”按钮右侧的“更多选项”下拉按钮，在弹出的下拉列表中选择一种查看方式，如图 2-76 所示。

3）文件和文件夹的排列方式。

用户可以更改文件和文件夹的排列方式，具体操作方法如下。

右击窗口空白处，在弹出的快捷菜单中选择“排序方式”子菜单中的选项，如图 2-77 所示。

图 2-76　查看方式的选择

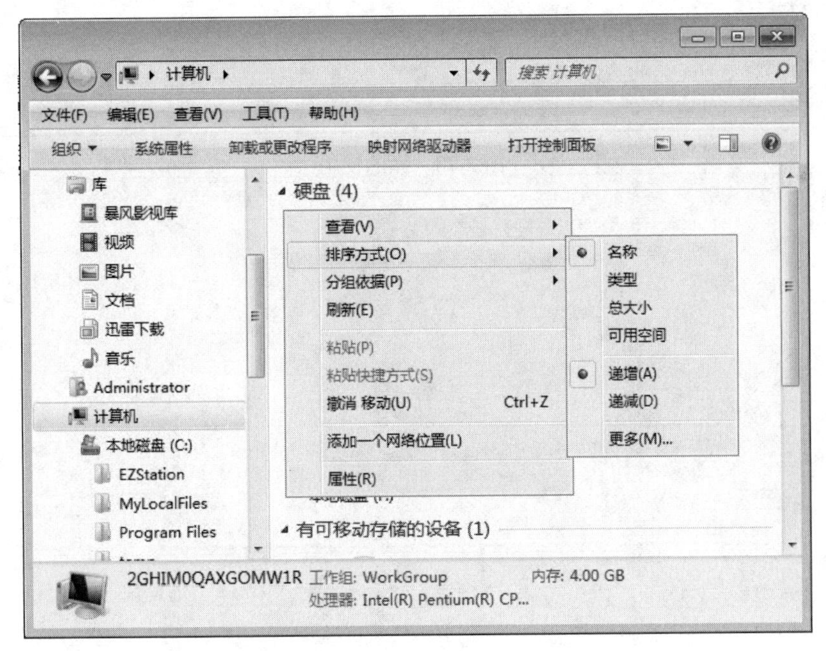


图 2-77　排序方式

## 5. 库的使用

库是 Windows 7 操作系统推出的一个有效的文件管理模式，如图 2-78 所示，文件库可以将用户需要的文件和文件夹统统集中到一起，就如同网页收藏夹一样，只要单击库中的链接，就能快速打开添加到库中的文件夹——而不管它们原来深藏在本地计算机或局域网中的任何位置。另外，它们会随着原始文件夹的变化而自动更新，并且可以同名的形式存在于文件库中。对库的具体操作有新建库、优化库、将文件夹包含到库中、更改库的默认保存位置等。

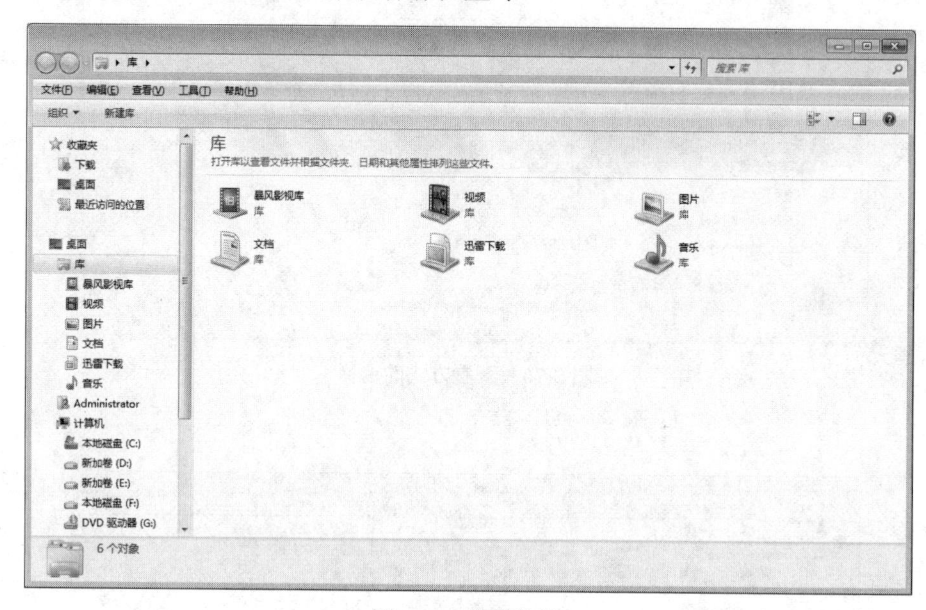


图 2-78　库的使用

# 模块3 “我们班的运动会”

## ——文字处理软件 Word 2010

随着企业信息化的不断发展，计算机办公软件已经成为人们日常职业办公中不可或缺的部分。在日常办公事务中，人们经常要“算”和“写”（写通知、写报告等）。“写”可通过文字处理软件进行，而“算”（计算、计数等）则应使用电子表格来实现。本模块中介绍文字处理软件 Word 的使用，包括创建文档、对文档进行编辑排版以及使用 Word 编辑表格实现图文混排等操作。

### 任务描述

学校发布了要开运动会的消息：“为全面贯彻落实学生素质教育，增强学生体质，树立团结协作、凝心聚力、顽强拼搏的争先意识，丰富我校课余文化生活，营造我校健康和谐的校园文化氛围，激发师生参与体育锻炼的热情，我校第一届运动会将于 11 月 6 日至 7 日在学校体育场举行。请各学院、各部门认真组织，积极参与，发动广大师生走向操场、走进大自然、走到阳光下，积极参加体育锻炼，在我校掀起体育锻炼的热潮。”接到通知后，计算机学院某班决定对运动会的安排做一个整体的计划，这样可以在运动会中取得好成绩，也可以团结全班，调动所有同学的积极性。具体安排如下。

- 设计一个总体方案，在总体方案中有竞赛项目安排等。
- 设计一个训练方案，在方案中包括每个项目的参与人员，通过表格罗列出每个项目参与人员的训练安排及训练的场地安排。
- 设计一个奖励方案，通过表格给出获奖的分数计算。
- 设计一个宣传册，对班级运动会安排进行宣传。

扫一扫，学微课

▲ 本任务所需素材

# 任务 1

# 运动会总体方案

## 任务描述

计算机学院某班准备参与学校第一届运动会，为了更好地对运动会的活动进行安排，充分发挥每位同学的特长，特制定一个总体方案。经过大家讨论，对方案内容提出以下要求。

- ✧ 主标题醒目，行距适中。
- ✧ 标题与正文之间有特定的字体和间距，能让大家一目了然，清楚地了解方案的结构。
- ✧ 文档页面边距设置得当。
- ✧ 方案开头能呈现首字下沉的效果，增加美观度。
- ✧ 对重要的内容能有不同形式的重点提示。
- ✧ 全文档中对各个项目内容设置统一的格式。
- ✧ 在方案的抬头设置页眉，在底部设置页码。

根据大家的讨论意见，形成了总体方案的初稿。在技术分析的基础上，使用 Word 2010 提供的相关功能，实现了方案的编辑与排版。

## 技术方案

本任务要求大家学会文档的基本操作和排版，技术要求如下。

- ✧ 通过“文件”选项卡中的“新建”和“保存”按钮，可以对文档进行新建和保存操作。
- ✧ 通过“开始”选项卡中的“字体”组，可以对字体进行设置和美化，包括设置字体、字号、字形、颜色、下画线、字符间距、文字效果。
- ✧ 通过“开始”选项卡中的“段落”组，可以对段落进行设置和美化，包括设置段落的缩进、间距、对齐方式、项目符号和编号、边框和底纹、双行合一效果等。
- ✧ 通过“开始”选项卡中的“样式”组，可以对文档样式进行统一设置。
- ✧ 通过“页面布局”选项卡中的“页面设置”组，可以对页面进行整体设置，包括文字方向、页边距、纸张方向、纸张大小、分栏效果、分隔符等。
- ✧ 通过“页面布局”选项卡中的“页面背景”组，可以设置页面的水印效果、颜色效果及边框。

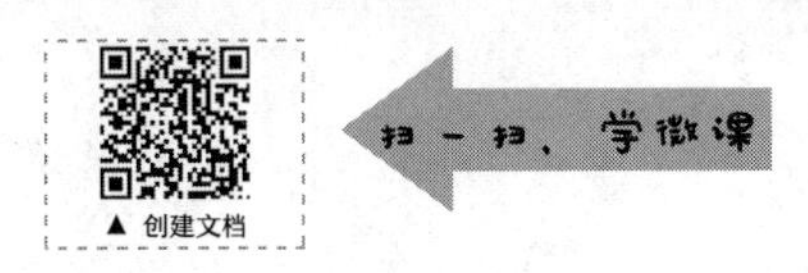


✧ 通过“插入”选项卡中的“文本”组，可以设置首字下沉效果。

✧ 通过“插入”选项卡中的“页眉页脚”组，可以设置页眉、页脚、页码。

✧ 通过“文件”选项卡中的“打印”按钮，可以对文档进行打印设置。

总体方案的效果如较 3-1 所示。

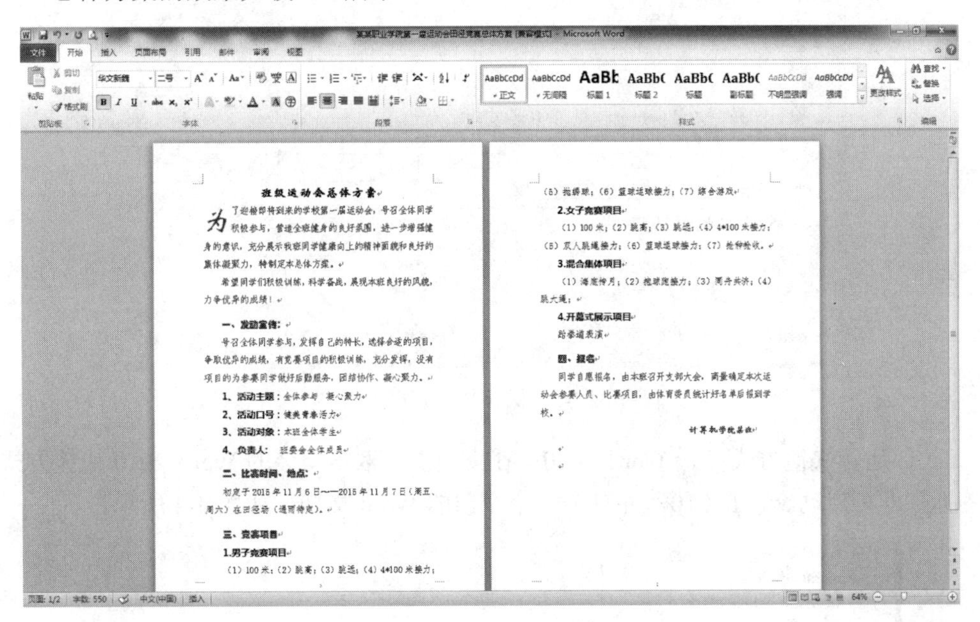

班级运动会总体方案

为了迎接即将到来的学校第一届运动会，号召全体同学积极参与，营造全班健身的良好氛围，进一步增强健身的意识，充分展示我班同学健康向上的精神面貌和良好的集体凝聚力，特制定本总体方案。

希望同学们积极训练，科学备战，展现本班良好的风貌，力争优异的成绩！

**一、发动宣传：**

号召全体同学参与，发挥自己的特长，选择合适的项目，争取优异的成绩，有竞赛项目的积极训练，充分发挥，没有项目的为参赛同学做好后勤服务，团结协作、凝心聚力。

**1、活动主题**：全体参与 凝心聚力

**2、活动口号**：健美青春活力

**3、活动对象**：本班全体学生

**4、负责人**： 班委会全体成员

**二、比赛时间、地点：**

初定于 2015 年 11 月 6 日——2015 年 11 月 7 日（周五、周六）在田径场（通常待定）。

**三、竞赛项目**

**1.男子竞赛项目**

（1）100 米；（2）跳高；（3）跳远；（4）4*100 米接力；（5）拖绣球；（6）篮球运球接力；（7）综合游戏

**2.女子竞赛项目**

（1）100 米；（2）跳高；（3）跳远；（4）4*100 米接力；（5）双人跳绳接力；（6）篮球运球接力；（7）抢种抢收。

**3.混合集体项目**

（1）海底捞月；（2）抱球跑接力；（3）同舟共济；（4）跳大绳；

**4.开幕式展示项目**

跆拳道表演

**四、报名**

同学自愿报名，由本班召开支部大会，商量确定本次运动会参赛人员、比赛项目，由体育委员统计好名单后报到学校。

计算机学院某班

图 3-1 总体方案的效果

## 任务实现

### 1. 创建“运动会总体方案”文档

（1）目标

新建 Word 文档并保存。

（2）操作

**01** 选择“开始”→“所有程序”→“Microsoft Office”→“Microsoft Word 2010”选项，即可打开 Word，并新建一个名为“文档 1.docx”的文档。

**02** 单击“文件”→“保存”按钮，弹出“另存为”对话框，在地址栏中选择文件存放路径，在“文件名”文本框中输入“计算机学院某班运动会总体方案”，保存类型选择“Word 文档”，单击“保存”按钮，将文件保存在刚才设定的位置，如图 3-2 所示。

（3）扩展知识

1）Word 2010 的启动和退出。

Word 2010 常用的启动方法有以下几种。

① 使用“开始”菜单打开 Word 2010：选择“开始”→“所有程序”→“Microsoft Office”→“Microsoft Word 2010”选项即可启动 Word 2010，如图 3-3 所示。

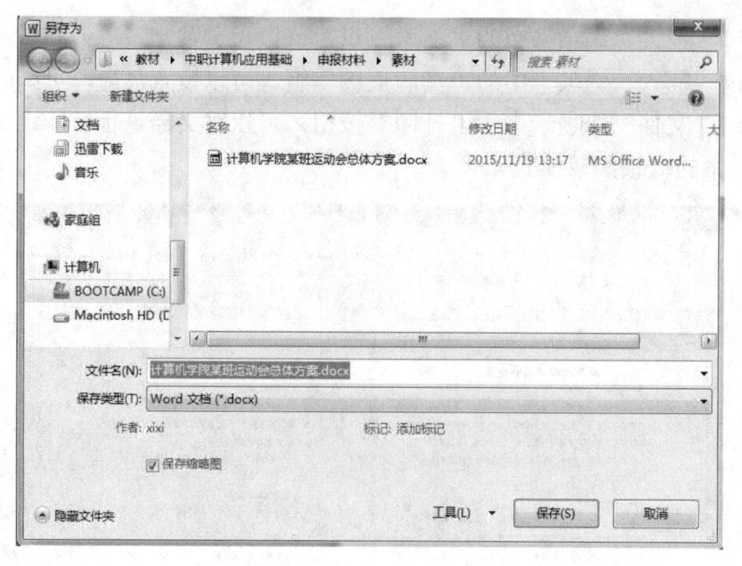


图 3-2　保存 Word 文档

② 运行快捷方式打开 Word 2010：在桌面上，双击安装的 Word 2010 快捷方式图标，即可启动 Word 2010，并打开一个空白的 Word 文档，如图 3-4 所示。

图 3-3　从“开始”菜单启动 Word 2010

图 3-4　使用快捷方式打开 Word 2010

③ 运行已经建立好的 Word 文档打开 Word 2010：当在计算机中选择任意一个扩展名为.doc 或.docx 的文档，或右击要打开的文档，在打开的快捷菜单中选择“打开”命令，即可启动 Word 2010 程序，并打开该文档，如图 3-5 所示。

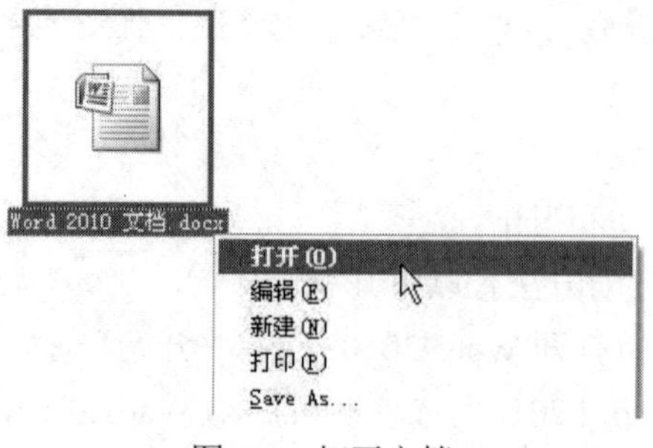


图 3-5　打开文档

④ 新建 Word 文档启动程序：在文件夹或者桌面上右击，在弹出的快捷菜单中选择“新建”→“MS Office Word OpenXML”选项，如图 3-6 所示。

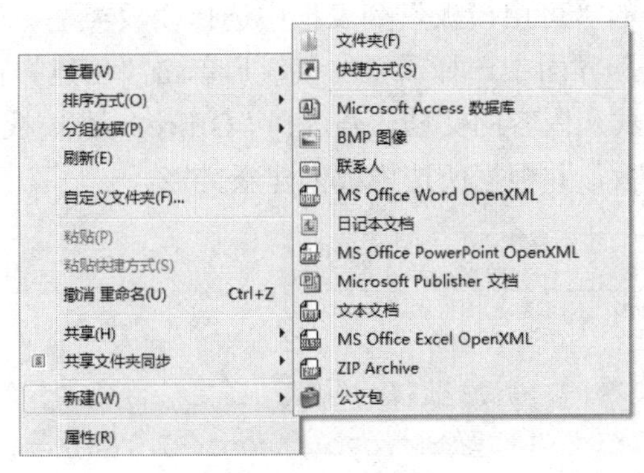


图 3-6　用右键菜单新建 Word 文档

⑤ 通过任务栏快速启动程序：如果在任务栏上锁定了 Word 2010 的程序，则可以右击任务栏上 Word 2010 的图标，选择“Microsoft Word 2010”选项，如图 3-7 所示。

以下操作可退出 Word 应用程序。

① 单击 Word 窗口右上角的 按钮。

② 如果对文档进行了任意更改（无论多么细微的更改）并单击“关闭”按钮，则会弹出类似于图 3-8 所示的消息框。若要保存更改，请单击“保存”按钮。若要退出而不保存更改，请单击“不保存”按钮。如果错误地单击了按钮，请单击“取消”。

图 3-7　通过任务栏快速启动

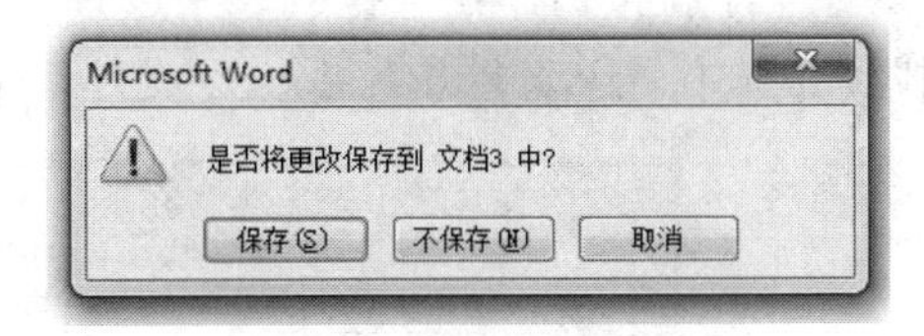


图 3-8　退出 Word

2）创建新文档。

当启动 Word 后，会自动打开一个新的空文档并暂时命名为“文档 1”，对应的默认磁盘文件名为 doc1.docx。如果在编辑文档的过程中需要另外创建一个或多个新文档，则可以使用以下方法来创建。

① 单击“文件”→“新建”按钮。

② 按组合键“Alt+F”打开“文件”选项卡，单击“新建”按钮或者直接按“N”键。

③ 按“Ctrl+N”组合键。

Word 对“文档 1”以后新建的文档以创建的次序依次命名为“文档 2”“文档 3”……每个新建文档对应一个独立的文档窗口，任务栏中也有相应的文档按钮与之对应。当新建文档多于一个时，这些文档将会以叠置按钮组的形式出现。将光标移到按钮组上，按钮组会展开各自的文档窗口缩略图，单击文档窗口缩略图就可以实现文档间的切换。

若在中间窗格的“可用模板”列表框中选择模板类型，如“样本模板”，并在进入的“样本模板”界面中选择需要的模板后单击“创建”按钮，则可按该模板创建一个具有特定格式和内容的文档。若选择“Office.com 模板”列表框中的模板，系统会从网上下载模板，并根据所选模板创建新文档。

小贴士

第一次保存文档时，不论选择“保存”还是“另存为”功能，弹出的都是“另存为”对话框。保存文件类型 Microsoft Word 2010 默认是 Word 类型，其文件扩展名是.docx，如果需要使用 Word 97–2003 程序打开，则建议保存类型选择“Word 97–2003”，其扩展名为.doc。

### 2. 导入方案内容

（1）目标

把设计好的“运动会方案.docx”文档内容导入到“计算机学院某班运动会总体方案.docx”文档中，可以省下录入的时间。

（2）操作

打开“计算机学院某班运动会总体方案”文档，单击“插入”→“文本”组→“对象”下拉按钮，在下拉列表中选择“文件中的文字”选项，在弹出的对话框中，找到并选中“运动会方案.docx”文件，单击“插入”按钮，如图 3-9 所示。

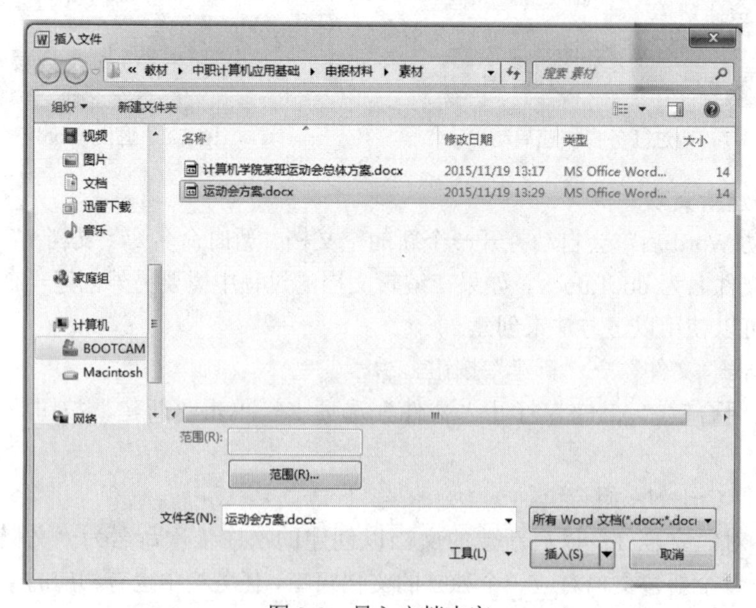


图 3-9　导入文档内容

### 3. 在文档中插入日期

（1）目标

在“计算机学院某班运动会总体方案.docx”文档中的指定位置插入日期（域中的日期）。

（2）操作

把插入点置于文档的最后，输入“日期：”，单击“插入”→“文本”组→“文档部件”下拉按钮，选择“域”选项，弹出“域”对话框，在“类别”中选择“日期和时间”，在“域属性”中选择日期格式“yyyy 年 M 月 d 日星期 W”，单击“确定”按钮，完成域中日期和时间的插入，如图 3-10 所示。

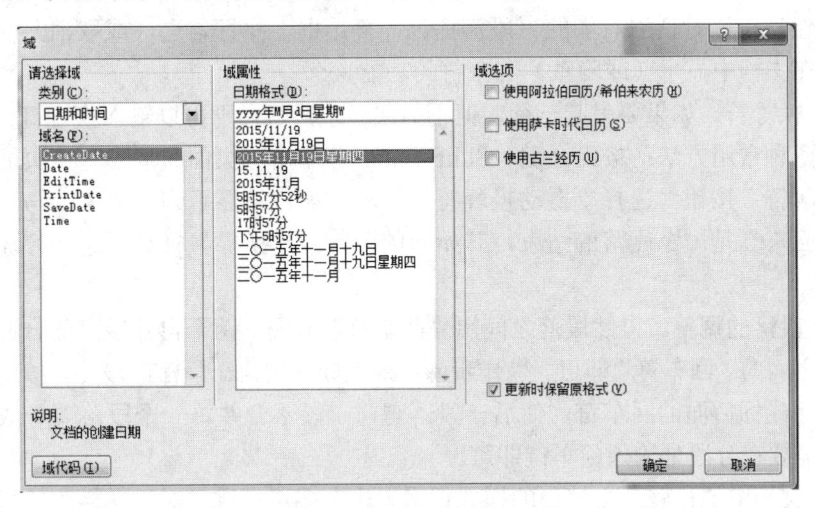


图 3-10　插入域中的日期和时间

（3）扩展知识

新建一个空白文档后即可输入文本。在窗口工作区的左上角有一个闪烁着的黑色竖条“I”，被称为插入点，它表明输入字符将出现的位置。输入文本时，插入点自动后移。

Word 有自动换行的功能，当输入到每行的末尾时不必按“Enter”键，Word 就会自动换行，只有单设一个新段落时才按“Enter”键。按“Enter”键标志着一个段落的结束，新段落的开始。Word 中既可输入汉字，又可输入英文。输入英文单词一般有 3 种书写格式：第一个字母大写而其余小写、全部大写或全部小写。在 Word 中按“Shift+F3”组合键，可实现这 3 种书写格式的转换。具体操作：先选定英文单词或句子，然后反复按“Shift+F3”组合键，选定的英文单词或句子在 3 种格式之间转换。

例如，对于英文文本“WORD”：按组合键“Shift+F3”，转换书写格式为“word”；再按“Shift+F3”组合键，转换书写格式为“Word”；再按“Shift+F3”组合键，恢复原样“WORD”。

1）即点即输。

利用“即点即输”功能，可以在文档空白处的任意位置快速定位插入点和对齐格式设置，输入文字，插入表格、图片和图形等内容。

▲输入文档文本

输入时应注意如下问题。

① 空格。空格在文档中占的宽度不但与字体和字号大小有关，也与“半角”或“全角”输入方式有关。“半角”方式下空格占一个字符位置，“全角”方式下空格占两个字符位置。

② 回车符。文字输入到行尾继续输入时，后面的文字会自动出现在下一行，即文字输入到行尾会自动转行显示。为了有利于自动排版，不要在每行的末尾输入回车键，只在每个自然段结束时输入回车键。显示/隐藏回车符的操作：单击“文件”→“选项”按钮（或在 Word 窗口当前功能区的任意位置处右击，并在弹出的快捷菜单中选择“自定义功能区”选项），弹出“Word 选项”对话框，选择其中的“显示”选项，然后在该对话框右侧的“段落标记”复选框上执行勾选（或取消）操作，即可实现在文档中显示（或隐藏）回车符的功能。

③ 换行符。如果要另起一行，但不另起一个段落，则可以输入换行符。输入换行符的两种常用方法：按组合键“Shift+Enter”；单击“页面布局”→“页面设置”→“分隔符”按钮，选择“自动换行符”选项。换行符显示为“↓”，与回车符不同。“回车”是一个段落的结束，开始新的段落，“换行”只是另起一行显示文档的内容。

④ 段落的调整。自然段落之间用“回车符”分隔。两个自然段落的合并只需删除它们之间的“回车符”即可。操作步骤：将光标移到前一段落的段尾，按“Delete”键可删除光标后面的回车符，使后一段落与前一段落合并。一个段落要分成两个段落，只需要在分段处输入回车键即可。

⑤ 文档中的标题。文档中的样式很多，也有多级标题。对于文档中的标题，最好按标题的级别依次选择。

⑥ 文档中波形线的含义。如果在文本中没有设置下画线格式，而显示时却出现了下画线，则原因可能是以下两种。

a．Word 检查“拼写与语法”状态时，会用红色波浪下画线表示可能的拼写错误，用绿色波浪下画线表示可能的语法错误。

b．蓝色下画线表示超链接，紫色下画线表示点击访问过的超链接。

2）输入符号。

在输入文本时，可能要输入（或插入）一些键盘上没有的特殊符号（如俄、日、希腊文字符，数学符号，图形符号等），除了利用汉字输入法的软键盘之外，Word 还提供了“插入符号”功能。具体操作步骤如下。

① 把插入点移至要插入符号的位置（插入点可以用键盘的上、下、左、右箭头键来移动，也可以移动“I”型鼠标指针到选定的位置并单击）。

② 单击“插入”→“符号”组→“符号”按钮，在随之出现的列表框中，上方列出了最近插入过的符号，下方是“其他符号”按钮。如果需要插入的符号位于列表框中，单击该符号即可；否则，则选中“其他符号”按钮，弹出如图 3-11 所示的“符号”对话框。

③ 在“符号”选项卡的“字体”下拉列表中选定适当的字体项，在符号列表框中

选定所需插入的符号，再单击“插入”按钮即可将所选的符号插入到文档的插入点处。

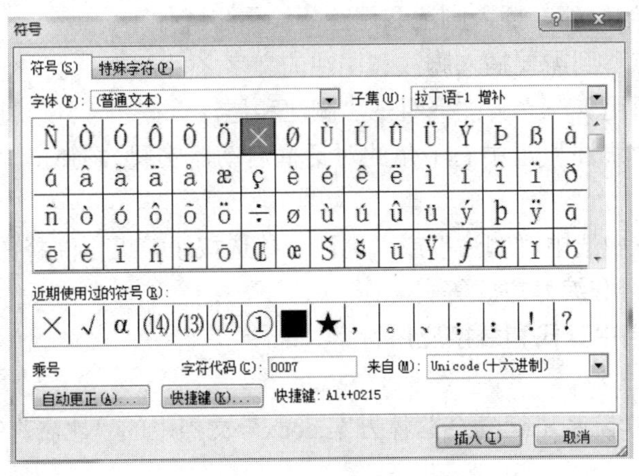

图 3-11　“符号”对话框

④ 单击“关闭”按钮，关闭“符号”对话框。

3）插入日期和时间。

在 Word 文档中可以单击“插入”→“文本”组→“日期和时间”按钮来插入日期和时间，具体操作步骤如下。

① 将插入点移到要插入日期和时间的位置。

② 单击“插入”→“文本”组→“日期和时间”按钮，弹出如图 3-12 所示的“日期和时间”对话框。

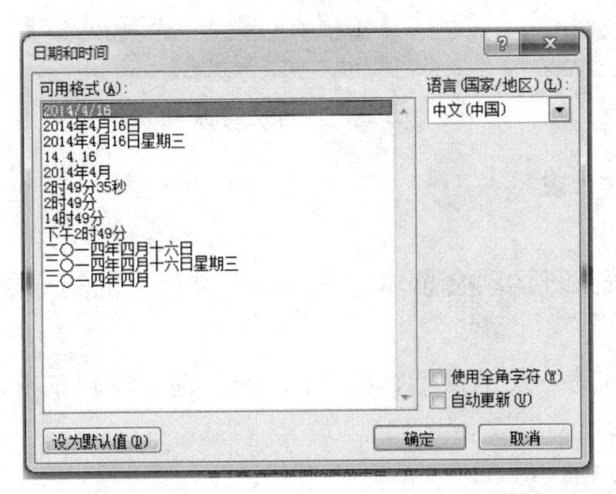

图 3-12　“日期和时间”对话框

③ 在“语言（国家/地区）”下拉列表中选择“中文（中国）”或“英文（美国）”，在“可用格式”列表框中选择所需的格式。如果勾选“自动更新”复选框，则所插入的日期和时间会自动更新，否则保持插入时的日期和时间。

④ 单击“确定”按钮，即可在插入点处插入当前的日期和时间。

4）插入脚注和尾注。

在编写文章时，常常需要对一些从别人的文章中引用的内容、名词或事件加以注释，这称为脚注或尾注。Word 提供了插入脚注和尾注的功能，可以在指定的文字处插入注释。脚注和尾注都是注释，唯一的区别是，脚注位于每一页面的底端，而尾注位于文档的结尾处。插入脚注和尾注的操作步骤如下。

① 将插入点移到需要插入脚注和尾注的文字之后。

② 单击“引用”→“脚注”组→“脚注和尾注”按钮（注：此操作可通过单击“引用”选项卡“脚注”组中右下角的对话框启动器实现），弹出“脚注和尾注”对话框。

③ 在对话框中选中“脚注”或“尾注”单选按钮，设定注释的编号格式、自定义标记、起始编号和编号方式等。

### 4．文档中查找和替换应用

（1）目标

将“计算机学院某班运动会总体方案.docx”文档中的“比赛”替换成“竞赛”。

（2）操作

单击“开始”→“编辑”组→“替换”按钮，在弹出的“查找和替换”对话框中，在“查找内容”文本框中输入“比赛”，在“替换为”文本框中输入“竞赛”，单击“全部替换”按钮，如图3-13所示。

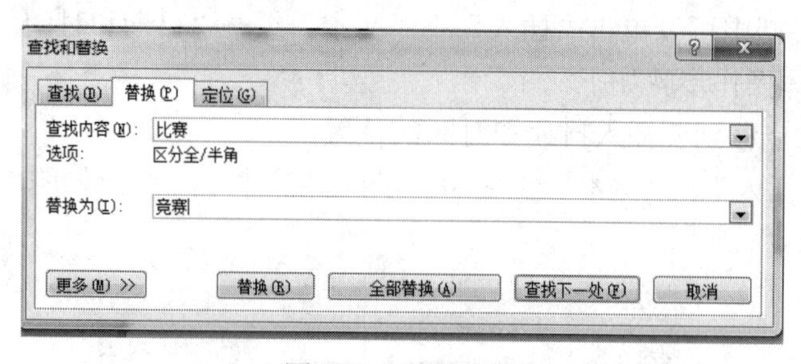


图3-13　替换内容

### 5．两段合一段

（1）目标

把“计算机学院某班运动会总体方案.docx”文档中的第一段和第二段合成一段。

（2）操作

把插入点定位到第一段的最后，按“Delete”键删除回车符，则可把第一段和第二段合成一段。

### 6．设置文档标题

（1）目标

使“计算机学院某班运动会总体方案.docx”中的主标题更加醒目。

（2）操作

**01** 选中文档的标题“班级运动会总体方案”文本，单击“开始”→“字体”组右下角的对话框启动器按钮，弹出“字体”对话框。

**02** 在对话框中选择“字体”选项卡。选择“中文字体”下拉列表中的“黑体”；在“字形”下拉列表中选择“加粗”；在“字号”下拉列表中选择“四号”，如图3-14所示。

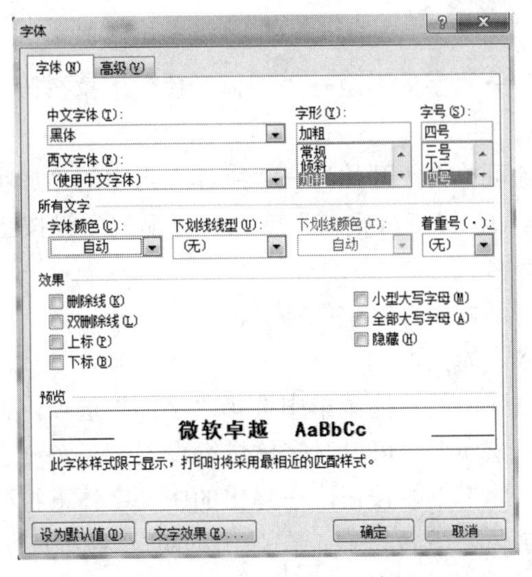


图 3-14 “字体”对话框

**03** 单击“文字效果”按钮，弹出“设置文本效果格式”对话框，在“文本填充”选项卡中选中“渐变填充”单选按钮，在“预设颜色”中选择“碧海青天”，如图 3-15 所示。

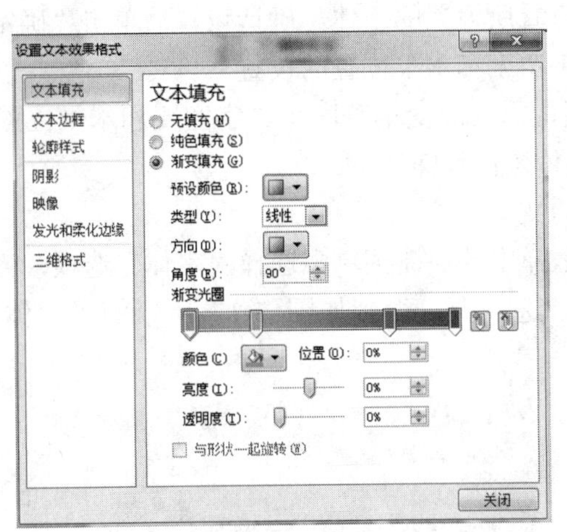


图 3-15 文字效果设置

（3）扩展知识

1）字体、字形、字号和颜色的设置。

① 在“开始”选项卡“字体”组中可设置文字的格式，“字体”组如图 3-16 所示。

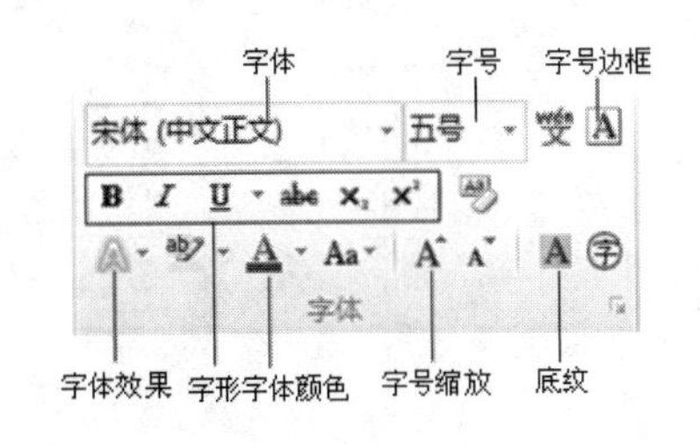


图 3-16 “字体”组

a．选定要设置格式的文本；

b．单击“开始”→“字体”组→“字体”列表框右端的下拉按钮，在随之弹出的下拉列表中选择所需的字体；

c．单击“开始”→“字体”组→“字号”下拉按钮，在随之弹出的下拉列表中选择所需的字号；

d．单击“开始”→“字体”组→“字体颜色”下拉按钮，在弹出的颜色下拉列表中选择所需的颜色；

e．如果需要，则可单击“开始”→“字体”组中的“加粗”、“倾斜”、“下画线”、“字符边框”、“字符底纹”或“字符缩放”等按钮，给所选的文字设置“加粗”、“倾斜”等格式。

② 用“字体”对话框设置文字的格式。

a．选定要设置格式的文本；

b．右击，在随之弹出的快捷菜单中选择“字体”选项，弹出“字体”对话框；

c．选择“字体”选项卡，可以对字体进行设置；

d．单击“中文字体”下拉按钮，在弹出的中文字体下拉列表中选定所需字体；

e．单击“英文字体”下拉按钮，在弹出的英文字体下拉列表中选定所需英文字体；

f．在“字形”和“字号”列表框中选定所需的字形和字号；

g．单击“字体颜色”下拉按钮，在弹出的颜色下拉列表中选定所需的颜色，Word默认为自动设置（黑色）；

h．在预览框中查看所设置的字体，确认设置后单击“确定”按钮。

2）字符间距、字宽度和水平位置的设置。

出于排版的原因，需要改变字符间距、字宽度和水平位置。改变字符间距、字宽度和水平位置的具体操作步骤如下。

① 选定要调整的文本。

② 右击，在随之弹出的快捷菜单中选择“字体”选项，弹出“字体”对话框。

③ 选择“高级”选项卡，得到如图 3-17 所示的“字体”对话框，设置以下选项。

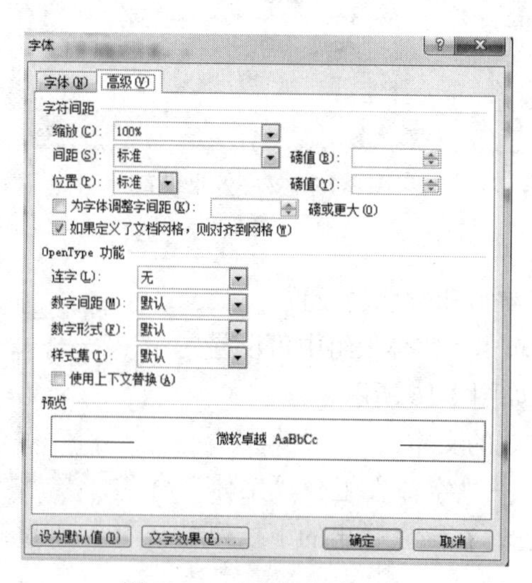


图 3-17 “高级”选项卡

a．缩放：在水平方向上扩展或压缩文字。100%为标准缩放比例，小于 100%使文字变窄，大于 100%使文字变宽。

b．间距：通过调整“磅值”，加大或缩小文字的字间距。默认的字间距为“标准”。

c．位置：通过调整“磅值”，改变文字相对水平基线提升或降低显示的位置，系统默认为“标准”。

④ 设置后，可在预览框中查看设置结果，确认设置后单击“确定”按钮。

3）下画线、着重号的设置。

对文本加下画线或着重号的操作步骤如下。

① 选定要加下画线或着重号的文本。

② 右击，在随之弹出的快捷菜单中选择“字体”选项，弹出“字体”对话框。

③ 在“字体”选项卡中，单击“下画线”下拉按钮，在弹出的下画线线型下拉列表中选定所需的下画线。

④ 在“字体”选项卡中，单击“下画线颜色”下拉按钮，在弹出的下画线颜色下拉列表中选定所需的颜色。

⑤ 单击“着重号”下拉按钮，在弹出的着重号下拉列表中选定所需的着重号。

⑥ 查看预览框，确认设置后单击“确认”按钮。

在“字体”选项卡中，还有一组如删除线、双删除线、上标、下标、阴影、空心等效果的复选框，勾选某复选框可以使字体得到相应的效果，其中，上、下标在简单公式中是很实用的。

### 7．文档第二段和文档标题段落格式设置

（1）目标

为了让文档看起来更整齐、更错落有致，可以通过设置段落的间距、缩进、对齐方式等实现。

（2）操作

**01** 对文档正文第二段“2015 年 11 月 6 日～2015 年 11 月 7 日在田径场（遇雨待定），部分项目根据各项目竞赛规程安排分别在一、二号球场、体育馆举行。”进行设置。选中第二段所有文字，单击“开始”→“段落”组→“段落”按钮，弹出“段落”对话框。

**02** 在对话框中，选择缩进设置，在“特殊格式”下拉列表中选择“首行缩进”选项，在“磅值”数值框中设置“2 字符”。

**03** 选择间距设置，在“段前”数值框中输入“0.5 行”，在“段后”数值框中输入“0.5 行”，在“行距”下拉列表中选择“最小值”、设值为“15.6 磅”。

**04** 在“对齐方式”下拉列表中选择“两端对齐”选项，如图 3-18 所示。

**05** 选中文档标题段“班级运动会总体方案”，单击“开始”→“段落”组→“段落”按钮，弹出“段落”对话框。

**06** 在对话框中，“对齐方式”选择“居中”，“段前”设为“28 磅”，“段后”设为“12 磅”，“行距”为“最小值”、“20 磅”，单击“确定”按钮。

**07** 选择本段文字第一个字“我”，单击“插入”→“文本”组→“首字下沉”下拉按钮，选择“首字下沉选项”选项，弹出“首字下沉”对话框，选择“下沉”，“下沉行数”设为“2行”，“距正文”设为“0.3厘米”，单击“确定”按钮，如图3-19所示。

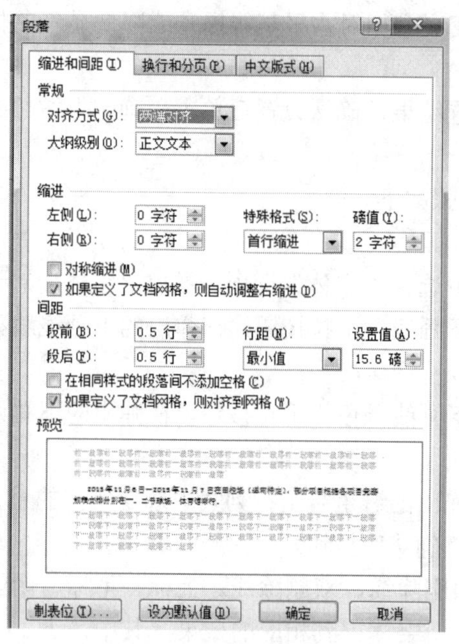

图3-18 段落格式设置

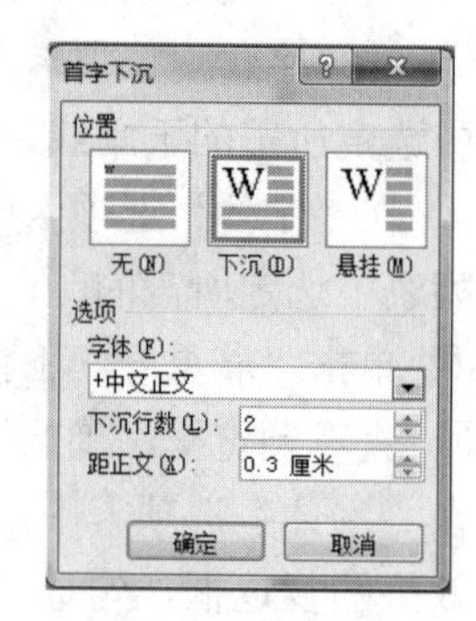

图3-19 首字下沉

**08** 单击“开始”→“段落”组→“下框线”下拉按钮，选择“边框和底纹”选项，弹出其对话框。选择“边框”选项卡，“设置”选择“方框”，“样式”选择“双波浪线”，如图3-20所示，在“颜色”下拉列表中选择“其他颜色”选项，在“自定义”选项卡中输入RGB（255，51，153），“宽度”为“0.75磅”，应用于“文字”。选择“底纹”选项卡，设置“填充”为“标准色浅绿色”，单击“确定”按钮。

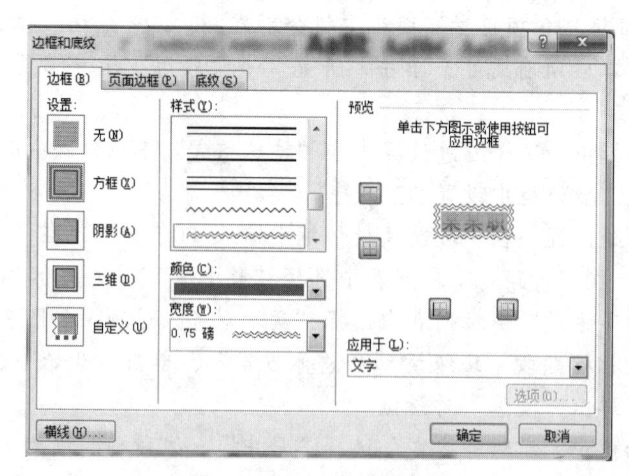

图3-20 边框和底纹设置

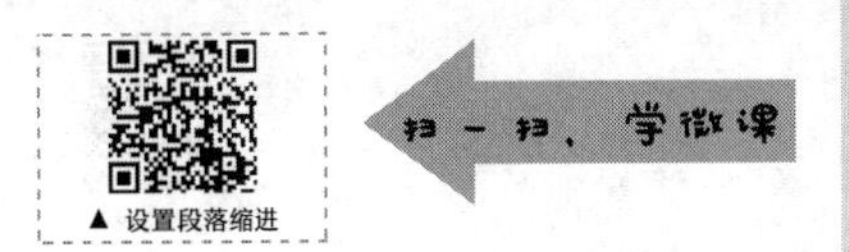


(3) 扩展知识

1) 段落左右边界的设置。

段落的左边界是指段落的左端与页面左边距之间的距离（以厘米或字符为单位）。同样，段落的右边界是指段落的右端与页面右边距之间的距离。Word 默认以页面左、右边距为段落的左、右边界，即页面左边距与段落左边界重合，页面右边距与段落右边界重合。可以使用“开始”选项卡的“段落”组设置段落的左右边界。

① 使用“开始”选项卡“段落”组的有关按钮。单击“开始”→“段落”组→“减少缩进量”或“增加缩进量”按钮可缩进或增加段落的左边界。这种方法由于每次的缩进量是固定不变的，因此灵活性差。

② 使用“段落”对话框设置段落边界。

a. 选定拟设置左、右边界的段落。

b. 单击“开始”→“段落”组→“段落”按钮，弹出如图 3-21 所示的“段落”对话框。

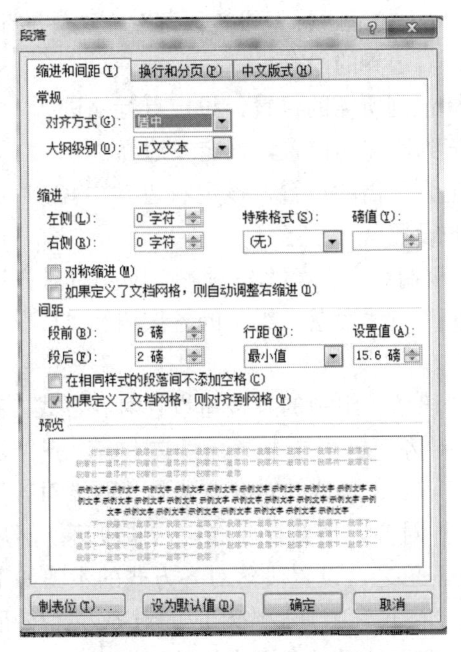


图 3-21 “段落”对话框

c. 在“缩进和间距”选项卡中，单击“缩进”选项组中的“左侧”或“右侧”数值框的增减按钮设定左右边界的字符数。

d. 单击“特殊格式”下拉按钮，选择“首行缩进”、“悬挂缩进”或“无”选项确定段落首行的格式。

e. 在“预览”框中查看，确认排版效果满意后，单击“确定”按钮；若排版效果不理想，则可单击“取消”按钮取消本次设置。

③ 用鼠标拖动标尺上的缩进标记。在普通视图和页面视图下，Word 窗口中可以显示一水平标尺。标尺为页面设置、段落设置、表格大小的调整和制表位的设定

▲ 设置段落对齐方式

都提供了方便。在标尺的两端有可以用来设置段落左右边界的可滑动的缩进标记，标尺的左端上下共有 3 个缩进标记：上方的向下的三角形是首行缩进标记；下方的向上的三角形是悬挂缩进标记，最下方的小矩形是左缩进标记；标尺右端顶向上的三角形是右缩进标记。使用鼠标拖动这些标记可以对选定的段落设置左、右边界和首行缩进的格式。如果在拖动标记的同时按住“Alt”键，那么在标尺上会显示出具体缩进的数值，使用户一目了然。下面分别介绍各个标记的功能。

首行缩进标记：仅控制第一行第一个字符的起始位置。拖动它可以设置首行缩进的位置。

悬挂缩进标记：控制除段落第一行外的其余各行的起始位置，且不影响第一行。拖动它可实现悬挂缩进。

左缩进标记：控制整个段落的左缩进位置。拖动它可设置段落的左边界。拖动时，首行缩进标记和悬挂缩进标记一起拖动。

右缩进标记：控制整个段落的右缩进位置。拖动它可设置段落的右边界。

用鼠标拖动水平标尺上的缩进标记设置段落左右边界的步骤如下。

a．选定拟设置左、右边界的段落；

b．拖动首行缩进标记到所需的位置，设定首行缩进；

c．拖动左缩进标记到所需的位置，设定左边界；

d．拖动右缩进标记到所需的位置，设定右边界。

2）段落对齐方式的设置。

段落对齐方式有“两端对齐”、“左对齐”、“右对齐”“居中”和“分散对齐”5 种。可以用“开始”→“段落”组中的各按钮和“段落”对话框来设置段落的对齐方式。

① 用“开始”→“段落”组中的各按钮设置对齐方式。在“开始”→“段落”组中，提供了“文本左对齐”、“居中”、“文本右对齐”、“两端对齐”和“分散对齐”5 个对齐按钮。Word 默认的对齐方式是“两端对齐”。如果希望把文档中某些段落设置为“居中”对齐，那么只要选定这些段落，然后单击“格式”工具栏中的“居中”按钮即可。总之，设置段落对齐方式的步骤如下：先选定要设置对齐方式的段落，然后单击“格式”工具栏中相应的对齐方式按钮。

② 用“段落”对话框来设置对齐方式的具体步骤如下。

a．选定拟设置对齐方式的段落；

b．单击“开始”→“段落”组→“段落”按钮，弹出“段落”对话框；

c．在“缩进和间距”选项卡中，单击“对齐方式”下拉按钮，在下拉列表中选定相应的对齐方式；

d．在“预览”框中查看，确认排版效果满意后，单击“确定”按钮；若排版效果不理想，则可单击“取消”按钮取消本次设置。

③ 用快捷键设置。有一组快捷键可以对选定的段落实现对齐方式的快捷设置。具体如表 3-1 所示。

▲ 设置行间距和段间距

表 3-1　段落对齐方式快捷键

| 快　捷　键 | 作 用 说 明 |
| --- | --- |
| Ctrl + J | 使所选定的段落两端对齐 |
| Ctrl + L | 使所选定的段落左对齐 |
| Ctrl + R | 使所选定的段落右对齐 |
| Ctrl + E | 使所选定的段落居中对齐 |
| Ctrl + Shift + D | 使所选定的段落分散对齐 |

3）行距和段间距的设置。

行距是指两行的距离，而不是两行之间的距离，即指当前行底端和上一行底端的距离，而不是当前行顶端和上一行底端的距离。段间距是两段之间的距离。行距、段间距的单位可以是厘米、磅、当前行距的倍数。

① 行距。选定要设置行距的段落；单击“开始”→“段落”组→“段落”按钮，弹出“段落”对话框；单击“行距”下拉按钮，选择所需的行距选项；在“设置值”中输入具体的设置值；在“预览”框中查看，确认排版效果满意后，单击“确定”按钮；若排版效果不理想，则可单击“取消”按钮取消本次设置。

② 段间距。在 Word 2010 中，可以通过多种渠道设置段落间距。

a. 在 Word 2010 文档窗口中选中需要设置段落间距的段落，单击“开始”→“段落”组→“行和段落间距”按钮。在弹出的“行和段落间距”列表中选择“增加段前间距”和“增加段后间距”选项，以设置段落间距。

b. 在 Word 2010 文档窗口选择“页面布局”选项卡，在“段落”组中调整“段前”和“段后”间距的数值，以设置段落间距，如图 3-22 所示。

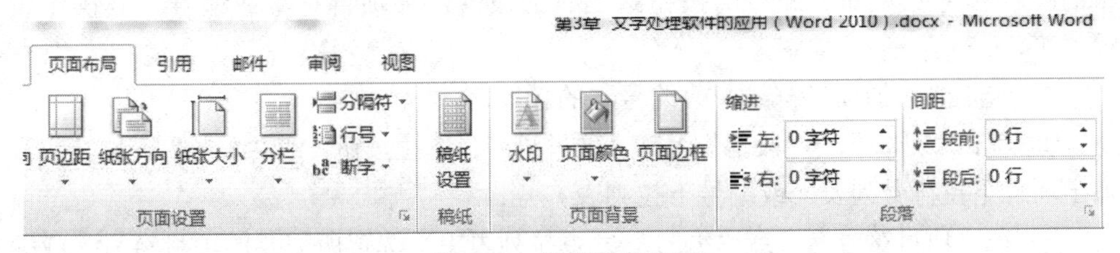


图 3-22　设置段落间距

## 8. 对“三、竞赛项目”中的所有文档内容设置项目编号

（1）目标

使文档中的所有项目整齐有序地排列。

（2）操作

**01** 选择“三、竞赛项目”中的文字“1.男子竞赛项目”、“2.女子竞赛项目”、“3.混合集体项目”、“4.开幕式展示项目”，删除其中的“1.”、“2.”、“3.”、“4.”。

**02** 单击“开始”→“段落”组→“编号”下拉按钮，选择编号库中对应的编号（第二行第三列）。

**03** 对“三、竞赛项目”中的其他项目设置编号。

**04** 对文档中所有涉及的项目设计编号。

（3）扩展知识

编排文档时，在某些段落前加上编号或某种特定的符号（称为项目符号），可以提高文档的可读性。手工输入段落编号或项目符号不仅效率不高，在增、删段落时还需修改编号顺序，容易出错。在 Word 中，可以在输入时自动给段落创建编号或项目符号，也可以给已输入的各段文本添加编号或项目符号。

1）输入项目编号和符号。

在输入文本时自动创建编号或项目符号的方法如下：在输入文本时，先输入一个星号“*”，后面跟一个空格，然后输入文本。当输完一段按“Enter”键后，星号会自动改变成黑色圆点的项目符号，并在新的一段开始处自动添加同样的项目符号。这样，逐段输入，每一段前都有一个项目符号，最新的一段（指未输入文本的一段）前也有一个项目符号。如果要结束自动添加项目符号，可以按“Backspace”键删除插入点前的项目符号，或再按一次“Enter”键。

在输入文本时自动创建段落编号的方法如下：在输入文本时，先输入如“1.”、“（1）”、“一、”、“第一、”、“A.”等格式的起始编号，然后输入文本。当按“Enter”键时，在新的一段开头处就会根据上一段的编号格式自动创建编号。重复上述步骤，可以对输入的各段建立一系列的段落编号。如果要结束自动创建编号，那么可以按“Backspace”键删除插入点前的编号，或再按一次“Enter”键。在这些建立了编号的段落中，删除或插入某一段落时，其余的段落编号会自动修改，不必人工干预。

对于已输入的各段文本添加项目符号或编号，可使用“开始”→“段落”组中的“项目符号”和“编号”按钮给已有的段落添加项目符号或编号。其操作步骤如下。

① 选定要添加项目符号（或编号）的各段落。

② 单击“开始”→“段落”组→“项目符号”下拉按钮（或“编号”下拉按钮），弹出项目下拉符号列表（或编号下拉列表）。

③ 在“项目符号”（或“编号”）下拉列表中，选定所需要的项目符号（或编号），单击“确定”按钮。

④ 如果“项目符号”（或“编号”）下拉列表中没有所需要的项目符号（或编号），则可以单击“定义新符号项目”（或“定义新编号格式”）按钮，在弹出的“定义新符号项目”（或“定义新编号格式”）对话框中，选定或设置所需要的“符号项目”（或“编号”）。

2）定义新项目符号。

Word 2010 中内置了多种项目符号，可以在 Word 2010 中选择合适的项目符号，也可以根据实际需要定义新项目符号，使其更个性化（如将公司的 Logo 作为项目符号）。在 Word 2010 中定义新项目符号的步骤如下。

① 打开 Word 2010 文档窗口，单击“开始”→“段落”组→“项目符号”下拉按钮。在弹出的“项目符号”下拉列表中选择“定义新项目符号”选项。

② 在弹出的“定义新项目符号”对话框中，可以单击“符号”按钮或“图片”按钮来选择项目符号的属性。单击“符号”按钮，如图3-23所示。

图3-23　定义新项目符号

③ 弹出“符号”对话框，在“字体”下拉列表中可以选择字符集，然后在字符列表中选择合适的字符，并单击“确定”按钮。

④ 返回“定义新项目符号”对话框，如果要继续定义图片项目符号，则单击“图片”按钮。

⑤ 弹出“图片项目符号”对话框，在图片列表中含有多种适用于做项目符号的小图片，可以从中选择一种图片。如果需要使用自定义的图片，则需要单击“导入”按钮。

⑥ 在弹出的“将剪辑添加到管理器”对话框中，查找并选中自定义的图片，并单击“添加”按钮。

⑦ 返回“图片项目符号”对话框，在图片符号列表中选择添加的自定义图片，并单击“确定”按钮。

⑧ 返回“定义新项目符号”对话框，可以根据需要设置对齐方式，最后单击“确定”按钮即可。

3）插入多级编号列表。

多级列表是指Word文档中编号或项目符号列表的嵌套，以实现层次效果。在Word 2010文档中可以插入多级列表，操作步骤如下。

① 打开Word 2010文档窗口，单击“开始”→“段落”组→“多级列表”按钮。在弹出的多级列表中选择多级列表的格式，如图3-24所示。

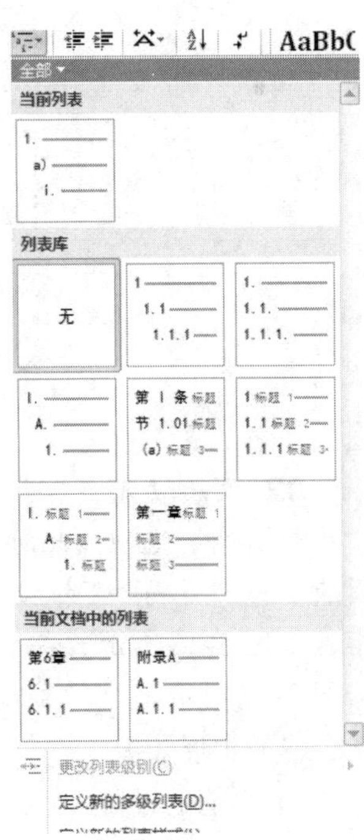


图3-24　选择多级列表格式

② 按照插入常规编号的方法输入条目内容，然后选中需要更改编号级别的段落。单击“多级列表”按钮，选择“更改列表级别”选项，并在弹出的下一级菜单中选择编号列表的级别。

扫一扫，学微课

### 9. 对文档设置页眉和页脚、页码

（1）目标

为了在页面的上部和下部放一些注释文本，可以在文档中插入页眉和页脚。

（2）操作

**01** 页眉设置。单击“插入”→“页眉和页脚”组→“页眉”按钮，选择“编辑页眉”选项，输入“运动会总体方案”，并设置字体为“楷体”、字号为“五号”、对齐方式为“居中”，如图 3-25 所示。

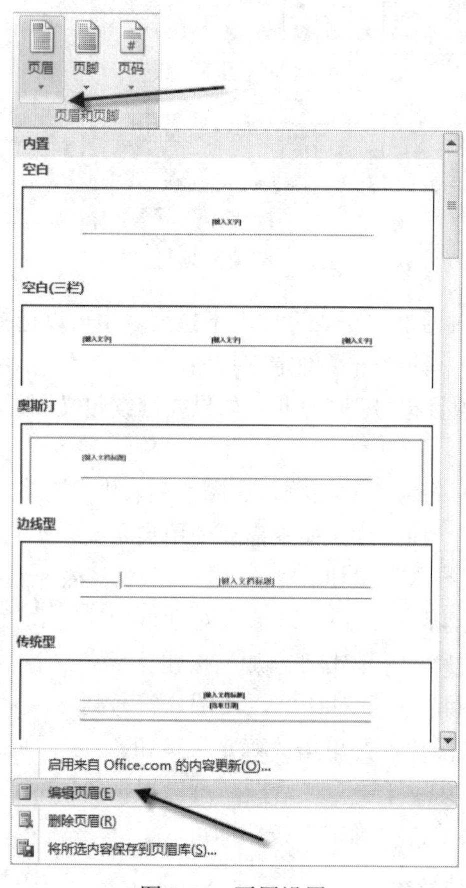


图 3-25　页眉设置

**02** 页脚设置。单击“插入”→“页眉和页脚”组→“页脚”下拉按钮，选择“编辑页脚”选项。此时会打开“页眉和页脚工具 设计”选项卡，单击“页眉和页脚”→“页码”下拉按钮，选择“设置页码格式”选项，弹出“页码格式”对话框，如图 3-26 所示。在“页码”下拉列表中选择“页面底端→普通数字 3”选项，如图 3-27 所示。

（3）扩展知识

1）页眉的设置。

① 页眉横线的编辑。

a．单击“插入”→“页眉和页脚”组→“页眉”或者“页脚”下拉按钮，选择

“编辑页眉”或者“编辑页脚”选项，使页眉页脚处于可编辑状态，然后直接按“Ctrl+Shift+N”组合键清除格式。

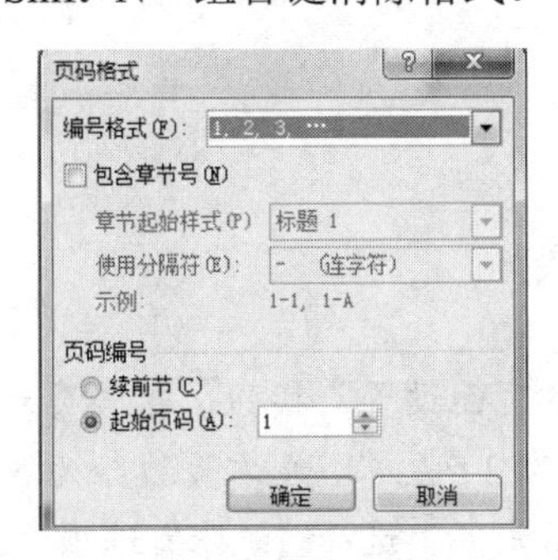


图 3-26 页码格式设置

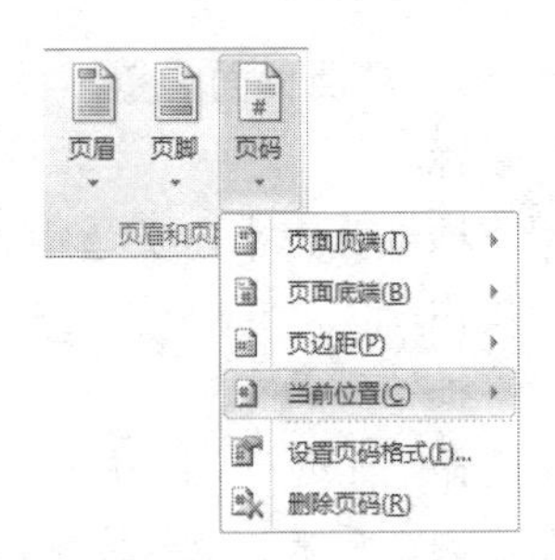


图 3-27 页脚设置

b. 单击“开始”→“段落”组→“边框和底纹”按钮，弹出“边框和底纹”对话框，在“边框”选项卡中单击“应用于”下拉菜单，选择段落，设置选择“无”，单击“确定”按钮。这样页眉的横线就去掉了，而且页眉的其他格式得以保留。

需要对页眉的横线做其他设置的，可以在“边框和底纹”对话框中进行设置。在“边框”选项卡中，设置选择自定义，再根据自己的需要选择好样式、颜色和宽度等，然后应用于段落，在预览中设置边框，确定设置即可。

② 从第×页开始添加页眉。

a. 从第 2 页开始添加页眉。单击“插入”→“页眉和页脚”组→“页眉”下拉按钮，Word 2010 中内置了很多漂亮的页眉，可以根据需要选择使用，也可以选择“编辑页眉”来自定义个性化的页眉。单击“页面布局”→“页面设置”组→“页面设置”按钮，弹出“页面设置”对话框。在“版式”选项卡中勾选“首页不同”复选框，还可以根据需求选择应用于本节或者整篇文档。这样设置后删除首页的页眉即可从第 2 页开始添加页眉。

b. 从第任意页开始添加页眉。此处以第三页开始添加页眉为例。将光标移至第二页末尾，单击“页面布局”→“页面设置”组→“分隔符”按钮，即可插入一个分节符。可以在左下方的状态栏中发现插入的分节符，第 1 页和第 2 页变成了“1 节”，而第 3 页变成了“2 节”。将光标移至第三页，单击“插入”→“页眉和页脚”组→“页眉”下拉按钮或者“页脚”下拉按钮，选择“编辑页眉”或者“编辑页脚”选项，使页眉页脚处于可编辑状态。单击“页眉和页脚工具 设计”→“导航”→“链接到前一条页眉”按钮，取消页眉或页脚与上一节的链接。此时再编辑第三页的页眉时，前面一节的页眉将不被编辑。

2）页脚的设置。

单击“插入”→“页眉和页脚”组→“页眉”下拉按钮或者“页脚”下拉按钮，选择“编辑页眉”或者“编辑页脚”选项，使页眉页脚处于可编辑状态。将光标定位至页脚，在“页眉页脚工具设计”→“页眉和页脚”→“页码”按钮，选择当前位置。

单击“页面布局”→“页面设置”组→“页面设置”按钮，弹出“页面设置”

▲ 设置页面大小

▲ 设置页边距

▲ 创建样式

对话框，在“版式”选项卡中勾选“奇偶页不同”复选框，还可以根据需求选择应用于本节或者整篇文档。这样设置以后即可分开编辑文档中的奇数页页眉和偶数页页眉。

### 10. 文档页面设置

（1）目标

设置文档纸张大小、页边距、水印和页面背景等。

（2）操作

**01** 单击“页面布局”→“页面设置”组→“页面设置”按钮，在“页面设置”对话框中选择“页边距”选项卡，设置上下页边距为2.5厘米，左右页边距为3厘米，装订线在左侧1厘米，纸张方向为纵向，如图3-28所示。选择“纸张”选项卡，“设置纸张大小为“A4”。

**02** 单击“页面布局”→“页面背景”组→“水印”按钮，选择“自定义水印”选项。弹出“水印”对话框，选择文字水印，在“文字”文本框中输入“保密”，其他保持默认设置，如图3-29所示。

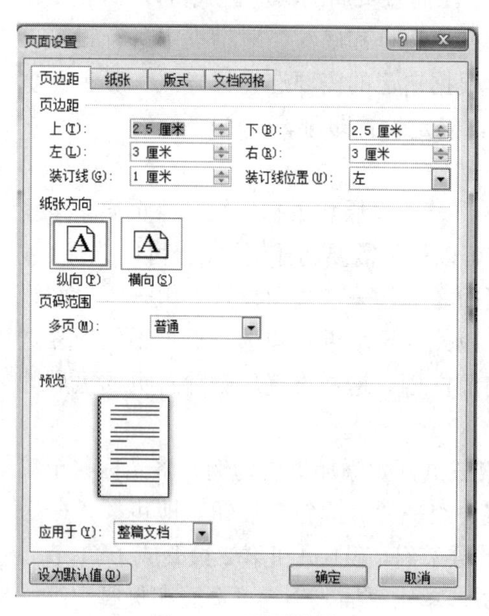


图3-28　页面设置

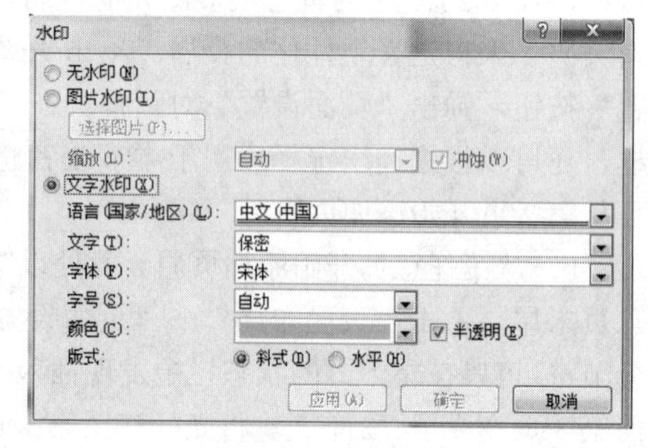


图3-29　水印设置

**03** 单击“页面布局”→“页面背景”组→“页面颜色”按钮，选择“填充效果”选项，在弹出的对话框中，设置渐变颜色为“预设”中的“银波荡漾”。

### 11. 为文档设置样式

（1）目标

为统一文档的格式，要先创建样式，再将样式应用到文档中。

（2）操作

1）样式创建。

**01** 打开文档，将插入点置于结尾。单击“开始”→“样式”组→“样式”按钮。

**02** 单击“新建样式”按钮，弹出“根据格式设置创建新样式”对话框。在“名称”文本框中输入样式“正文”，在“后续段落样式”下拉列表中选择“正文”选项，并取消勾选“自动更新”复选框。

**03** 在对话框中，单击“格式”按钮→“字体”或“段落”按钮，在弹出的对话框中，分别设置论文的正文字体、段落样式，如图 3-30 所示。

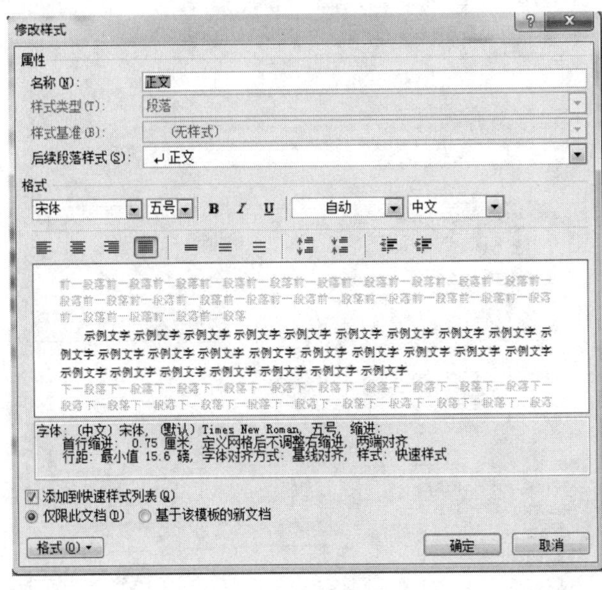


图 3-30　正文样式

**04** 使用上述方法，新建“标题 3”、“标题 4”、“标题 5”等，如图 3-31～图 3-33 所示。

修改样式
属性
名称(N): 标题 3
样式类型(T): 段落
样式基准(B): ↵正文
后续段落样式(S): ↵正文缩进
格式
黑体 五号 B I U 自动 中文
使用上述方法，新建“标题 3”、“标题 4”、“标题 5”等，如图 3-35、3-36/3-37 所示。
字体：(中文) 黑体，(默认) Arial，段落间距
段前：6 磅
段后：6 磅，与下段同页，段中不分页，3 级，样式：快速样式
基于：正文
添加到快速样式列表(Q) 自动更新(U)
仅限此文档(D) 基于该模板的新文档
格式(O) 确定 取消

图 3-31　“标题 3”样式

扫一扫，学微课

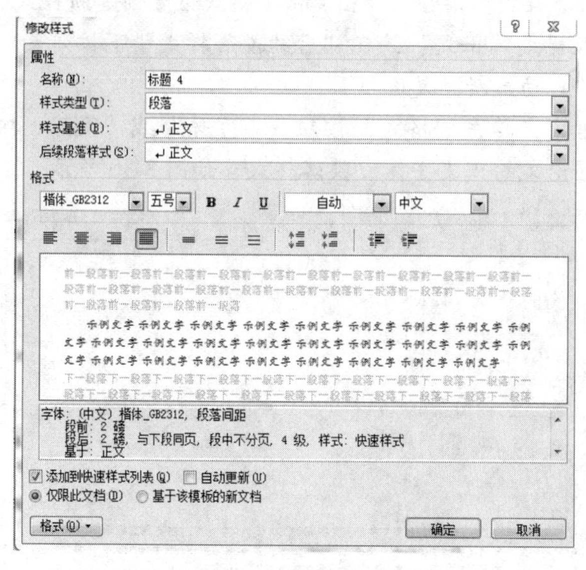


图 3-32　“标题 4”样式

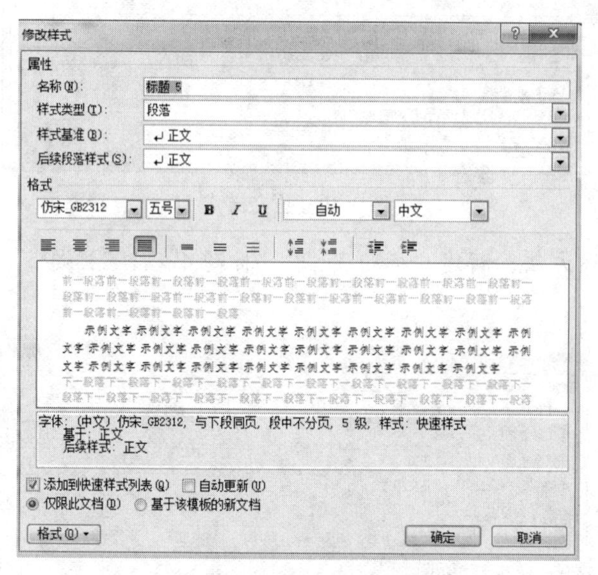


图 3-33　“标题 5”样式

2）应用样式。

将插入点置于文本“一、二、三、四、五、六、七”编号所在行，单击样式列表中的“标题 3”；使用同样的方法设置“1.”、“（1）”等的样式为“标题 4”、“标题 5”。

（3）扩展知识

一般的，文档会对字体大小、样式等格式进行统一规定，需要根据需求设置文档的排版格式。所以，编写文档时，需要先自定义格式样式。

1）单击“开始”→“样式”组→“样式”按钮。

2）在随即弹出的“样式”任务窗格中，单击“新建样式”按钮。

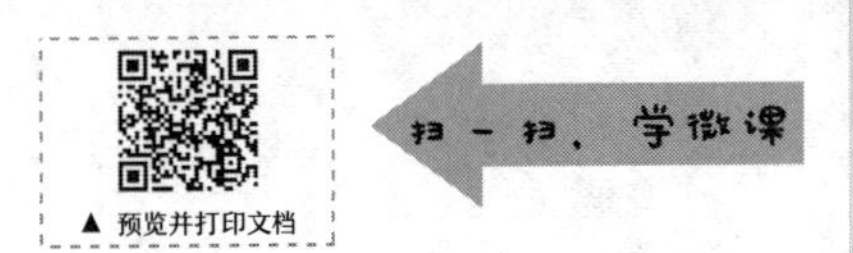


3）在随即弹出的“根据格式设置创建新样式”对话框中，根据样式进行设置，如，在“名称”文本框中输入标题名称，将“样式类型”、“样式基准”和“后续段落样式”分别设置为“段落”、“标题 1”以及“正文”等，并设置字体、字号及颜色等。

4）单击“格式”按钮，在随即弹出的下拉列表中选择“段落”选项。

5）在随即弹出的“段落”对话框中，在“缩进和间距”选项卡的“常规”中对“对齐方式”和“大纲级别”分别进行设置，在“间距”选项组中，对“行距”及“设置值”分别进行设置。设置完成后，单击“确定”按钮，关闭“段落”对话框。

6）返回“根据格式设置创建新样式”对话框，单击“确定”按钮，一个新的格式样式即创建成功。

### 12. 文档的打印

（1）目标

当文档设置完成后，需要将方案展示给所有同学，最方便的方法就是打印。

（2）操作

**01** 打印预览。单击“文件”→“打印”按钮，在打开的“打印”窗口右侧就是打印预览内容，如图 3-34 所示。

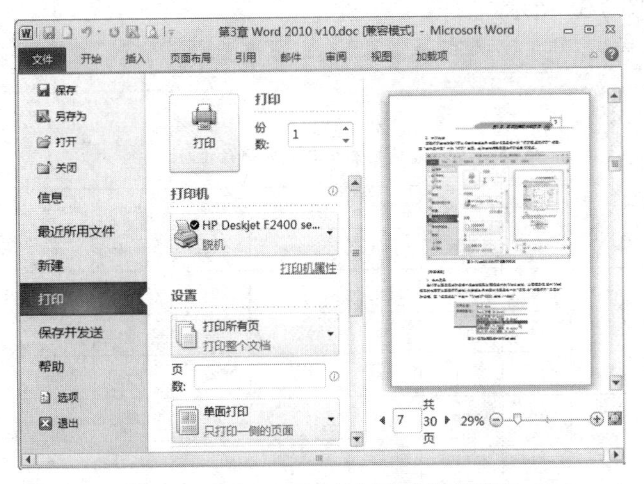


图 3-34　Word 2010 的打印设置和预览

**02** 打印文档。通过“打印预览”查看满意后，即可开始打印。打印前，最好先保存文档，以免意外丢失。Word 提供了许多灵活的打印功能。可以打印一份或多份文档，也可以打印文档的某一页或几页。当然，在打印前，应该准备好并打开打印机。

① 打印一份文档：打印一份当前文档的操作最简单，只要单击“打印”窗口中的“打印”按钮即可。

② 打印多份文档副本：如果要打印多份文档副本，那么应在“打印”窗口中的“份数”文本框中输入要打印的文档份数，然后单击“打印”按钮。

③ 打印一页或几页：如果仅打印文档中的一页或几页，则应单击“打印所有页”

右侧的下拉按钮，若选择“文档”→“打印当前页”选项，那么只打印当前插入点所在的一页；如果选定“自定义打印范围”选项，那么需要进一步设置要打印的页码或页码范围。

任务 2

# 运动会训练方案

设计一个训练方案，方案中包括每个项目的参与人员，通过表格罗列出每个项目参与人员的训练安排及训练的场地安排。

## 任务描述

效果图如图 3-35 所示。

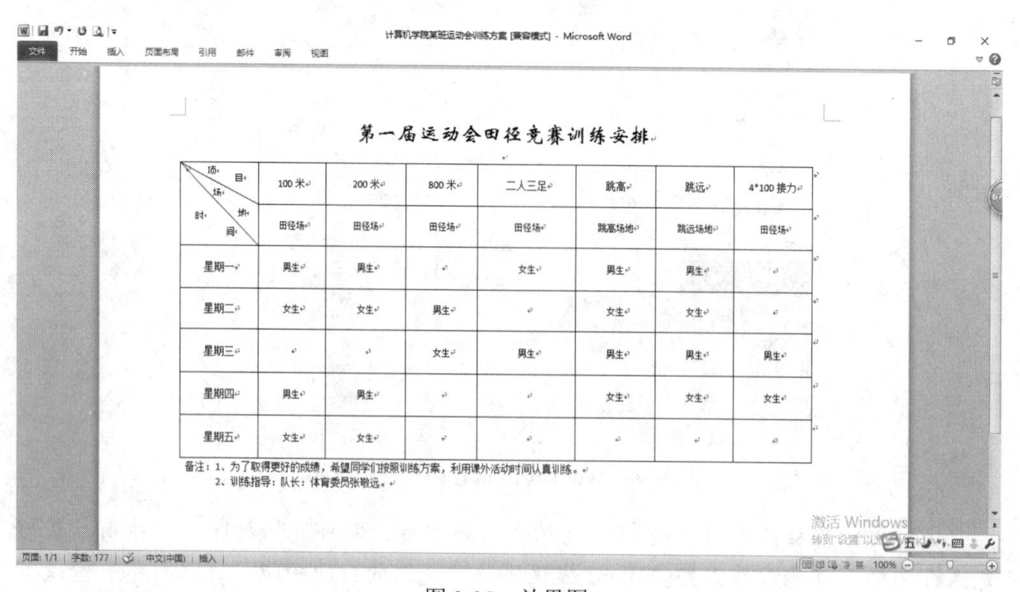



第一届运动会田径竞赛训练安排

| 项目 / 场地 / 时间 | 100 米 | 200 米 | 800 米 | 二人三足 | 跳高 | 跳远 | 4*100 接力 |
|---|---|---|---|---|---|---|---|
| | 田径场 | 田径场 | 田径场 | 田径场 | 跳高场地 | 跳远场地 | 田径场 |
| 星期一 | 男生 | 男生 | | 女生 | 男生 | 男生 | |
| 星期二 | 女生 | 女生 | 男生 | | 女生 | 女生 | |
| 星期三 | | | 女生 | 男生 | 男生 | 男生 | 男生 |
| 星期四 | 男生 | 男生 | | | 女生 | 女生 | 女生 |
| 星期五 | 女生 | 女生 | | | | | |

备注：1、为了取得更好的成绩，希望同学们按照训练方案，利用课外活动时间认真训练。
2、训练指导：队长：体育委员张敬远。

图 3-35　效果图

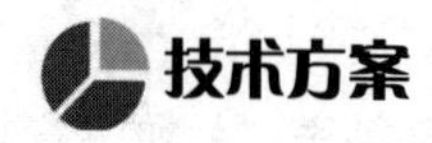

## 技术方案

本任务要求大家学会表格的基本操作和排版，技术要求如下。

✧ 通过“插入”选项卡中的“表格”工具，可以创建表格。

✧ 通过“表格”“布局”选项卡，可以修改表格，进行单元格、行、列的增加、删除、合并等，进行设置和美化。

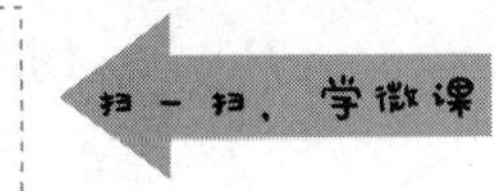


✧ 通过“表格”“布局”选项卡，可以设置单元格大小、文字对齐方式等，也可进行公式计算。

✧ 通过“表格”“设计”选项卡，可以对表格的边框和样式进行设置和美化。

## 任务实现

### 1. 创建“运动会训练方案”文档，插入一个表格

（1）目标

新建一个表格。

（2）操作

**01** 新建一个文档，以“计算机学院某班运动会训练方案”为名进行保存。

**02** 将光标定位到表格的起始位置，单击“插入”→“表格”组→“表格”按钮，选择“插入表格”选项，弹出“插入表格”对话框，在对话框中设置列数、行数，单击“确定”按钮，如图 3-36 所示。

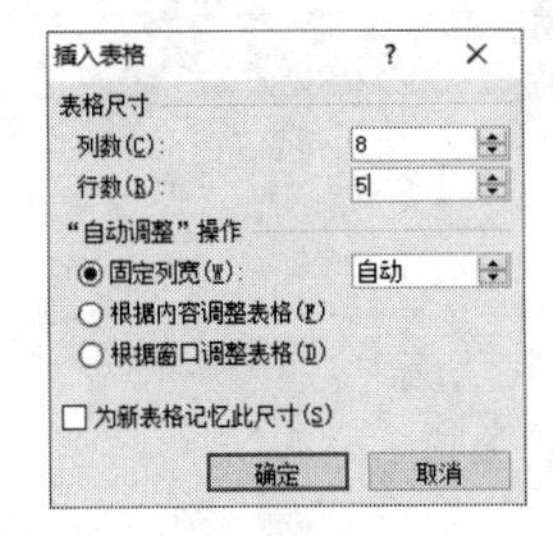


图 3-36 “插入表格”对话框

**03** 得到如图 3-37 所示的表格。

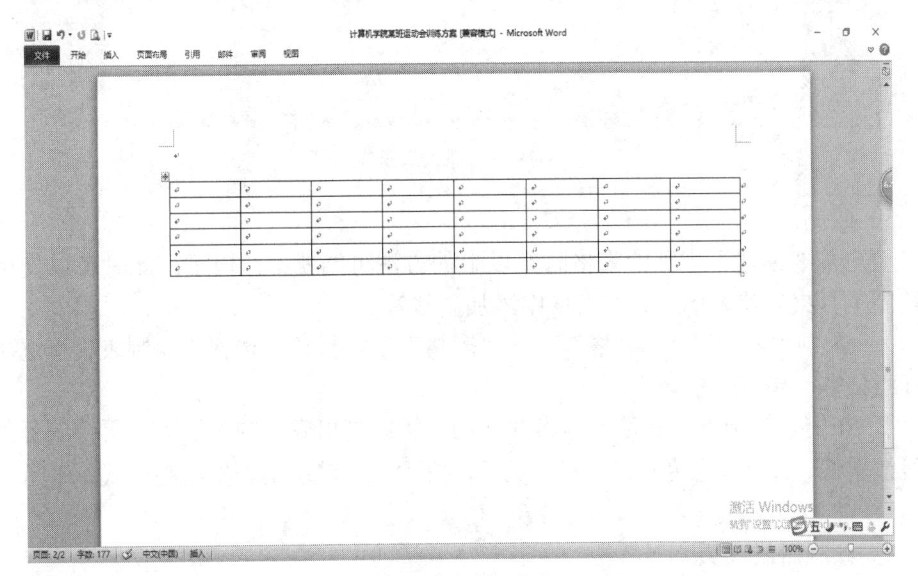


图 3-37 新建表格

**04** 输入相关内容即可。

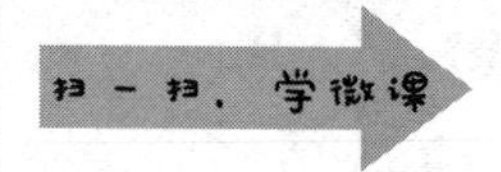

（3）扩展知识

创建表格的各种方法如下。

1）快速表格的创建。

将光标定位至插入表格的地方，之后单击“插入”→“表格”组→“表格”按钮，选择“快速表格”选项，然后在弹出的子菜单中选择理想的表格类型即可。

2）使用“插入”选项卡创建表格。

这种方法适合创建规则的、行数和列数较少的表格，最多可以创建8行10列的表格，如图3-38所示。

图3-38 “插入”选项卡

3）绘制表格。

用户需要创建不规则的表格时，以上的方法可能就不适用了。此时可以使用表格绘制工具来创建表格，如在表格中添加斜线等。

① 单击“插入”→“表格”组→“表格”下拉按钮，选择“绘制表格”选项，鼠标指针变为铅笔形状。

② 在需要绘制表格的地方单击并拖动鼠标绘制出表格的外边界，再绘制行线、列线或斜线，直至满意为止。绘制完成后，按“Esc”键退出表格绘制模式，如图3-39所示。

③ 绘制斜线表头。

如果斜线需要两根，则需要使用绘图工具中的直线。

操作：单击“插入”→“插图”组→“形状”下拉按钮，选择“线条→“直线”选项，拖动画出斜线，可以根据需要调整斜线的位置，如图 3-40 和图 3-41 所示。

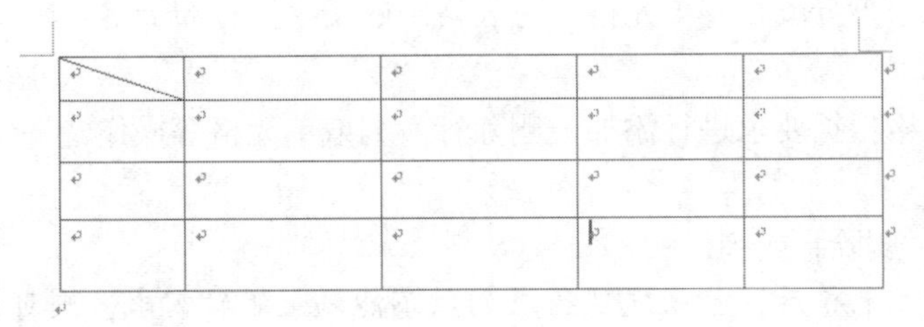

图 3-39　绘制表格效果

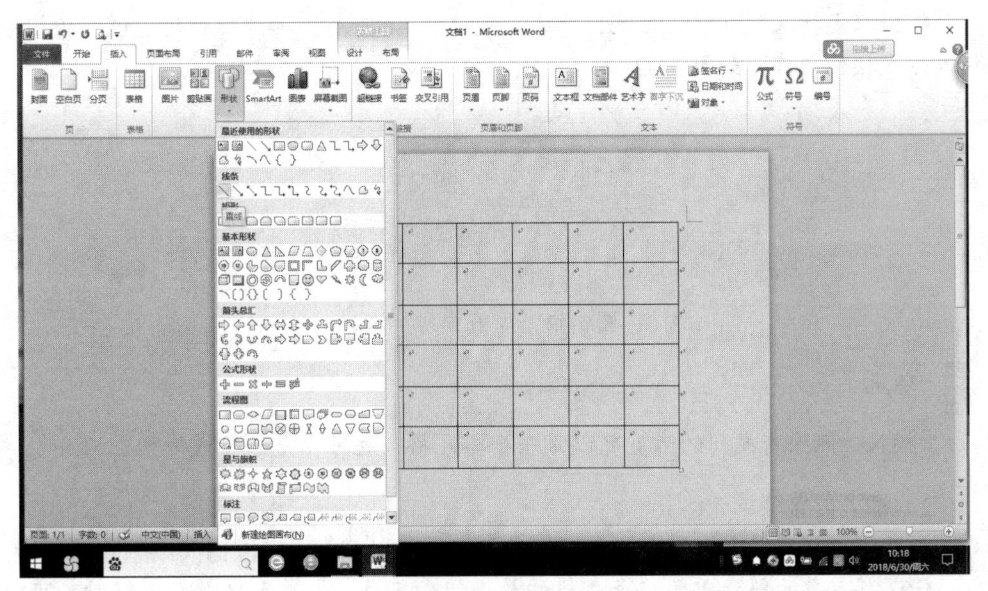

图 3-40　插入形状

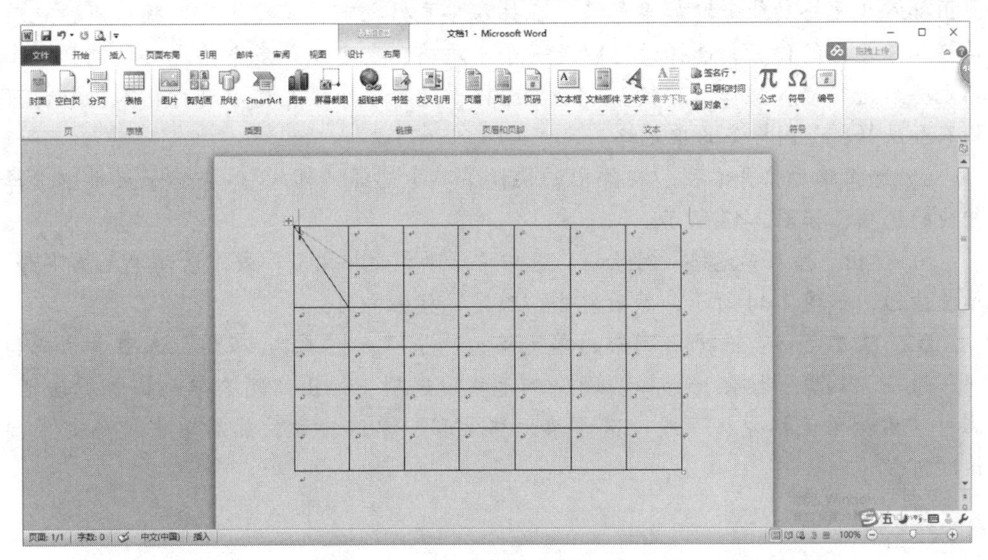

图 3-41　绘制斜线表头

### 2. 表格的格式化

对于创建的表格，用户可以根据需要添加或删除行、列，在现有的表格中插入或删除单元格，拆分或合并单元格，对表格中的文字进行布局等。

（1）目标

对新建表格根据要求进行添加、删除行、列或单元格等操作。

（2）操作

1）添加、删除行或列。

**01** 创建完表格后，如果发现行或列数不能满足编辑需求，则可以插入或者删除行或列。

**02** 指定插入行或列的位置，单击“表格工具 布局”→“行和列”组中的相应插入方式按钮即可，如图 3-42 所示。

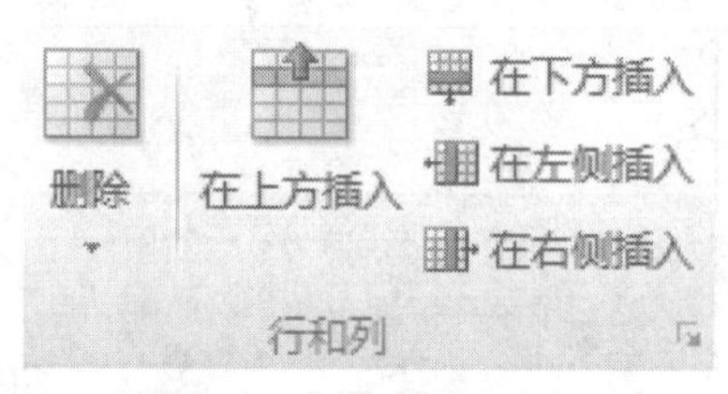


图 3-42 “行和列”组

**注意**

插入、删除行或列的位置可以是一个单元格，也可以是一行或一列。

2）插入或删除单元格。

创建表格后，发现表格中的单元格数量不够或过多时，可以插入或删除单元格。

**01** 插入单元格：单元格是表格的最小组成单位，当单元格数量不够时，可以使用插入单元格功能来增加单元格。在插入单元格之前，需要先指定插入点，也就是插入单元格的位置。选择的可以是一个单元格，也可以是多个单元格。选择一个单元格后进行插入操作，可插入一个单元格；选择多个单元格后进行插入操作，可插入和选择数量同样多的单元格。

a. 选择单元格并右击，在弹出的快捷菜单中选择“插入”，在其子菜单中选择相应的选项，如图 3-43 所示。

b. 弹出“插入单元格”对话框，选中“活动单元格右移”或“活动单元格下移”单选按钮，如图 3-44 所示，然后单击“确定”按钮即可。

**02** 除单元格：选择要删除的单元格，单击“表格工具 布局”选项卡“行和列”组→“删除”按钮，选择“删除单元格”选项，弹出“删除单元格”对话框，选中“右侧单元格左移”或“下方单元格上移”单选按钮，然后单击“确定”按钮即可。

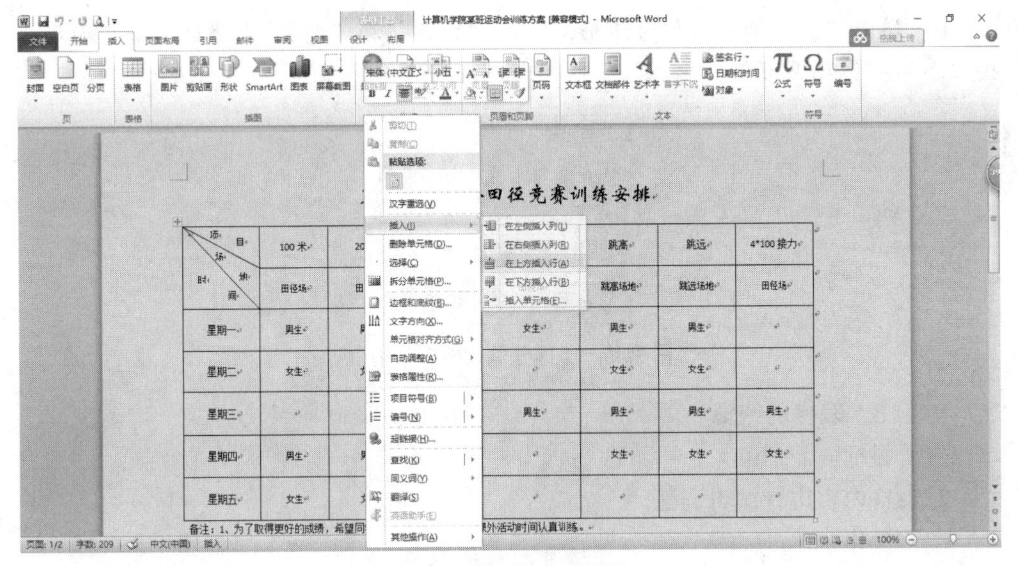

图 3-43　插入单元格

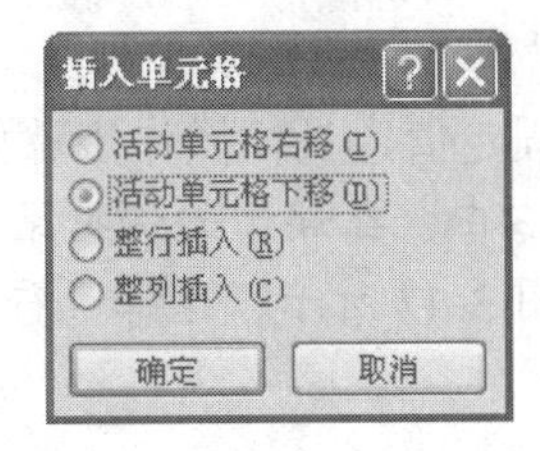


图 3-44　“插入单元格”对话框

3）合并单元格与拆分单元格。

在 Word 2010 中可以把多个相邻的单元格合并为一个单元格，也可以把一个单元格拆分成多个小的单元格。在制作表格时，经常会使用到合并和拆分单元格的操作。图 3-45 所示为“布局”选项卡中的“合并”组。

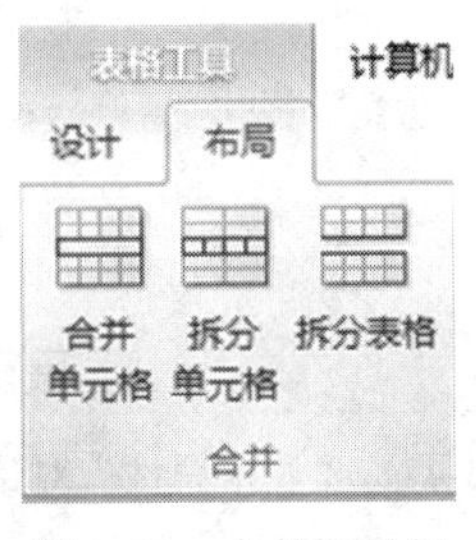


图 3-45　合并工具组

**01** 合并单元格：将多个单元格合并为一个单元格。

选择要合并的单元格，单击“表格工具 布局”→“合并”组→“合并单元格”按钮 合并单元格 ，即可合并选择的单元格。

**02** 拆分单元格：将一个单元格拆分为多个单元格。

a. 选择要拆分的单元格，单击“表格工具 布局”→“合并”组→“拆分单元格”按钮 拆分单元格 。

b. 弹出“拆分单元格”对话框，输入“行数”和“列数”，然后单击“确定”按钮，如图 3-46 所示。

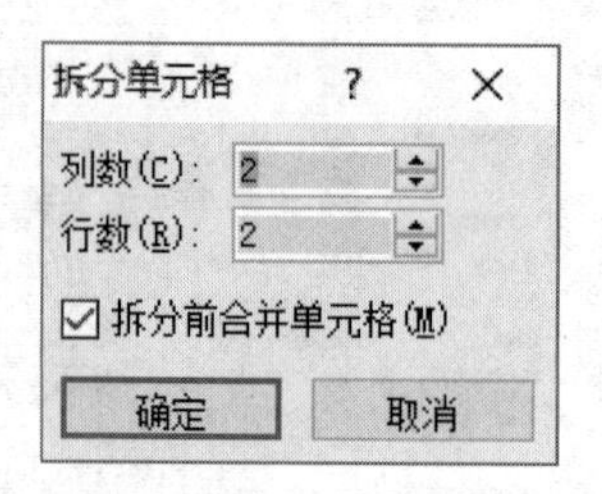


图 3-46 “拆分单元格”对话框

### 3. 表格的编辑

（1）目标

对表格内容进行行编辑调整。

（2）操作

1）设置单元格的行高、列宽。

Word 2010 的一个表格可以有不同的行高和列宽。使用“表格属性”对话框，可以精确地将表格的行高调整到固定值，具体操作步骤如下。

**01** 选择需要调整的行，右击，在弹出的快捷菜单中选择“表格属性”选项，弹出“表格属性”对话框，如图 3-47 所示，选择“行”选项卡。

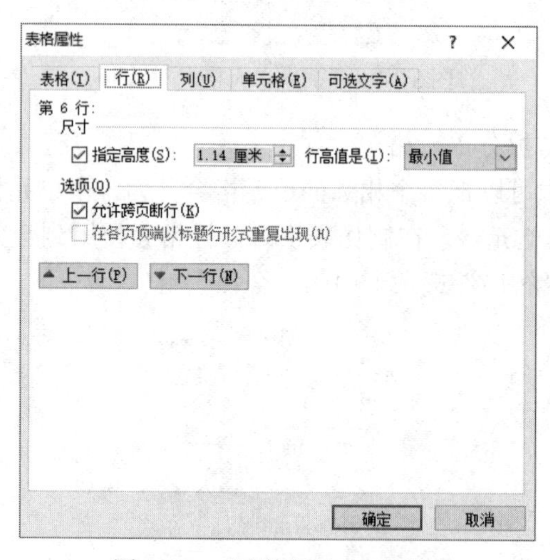


图 3-47 “表格属性”对话框

所选择的行可以是一行或多行。

**02** 勾选“指定高度”复选框，在“指定高度”微调框中输入具体的行高数值，单位是厘米，在“行高值是”下拉列表中选择“最小值”或“固定值”选项，如图 3-48 所示，单击“确定”按钮即可。

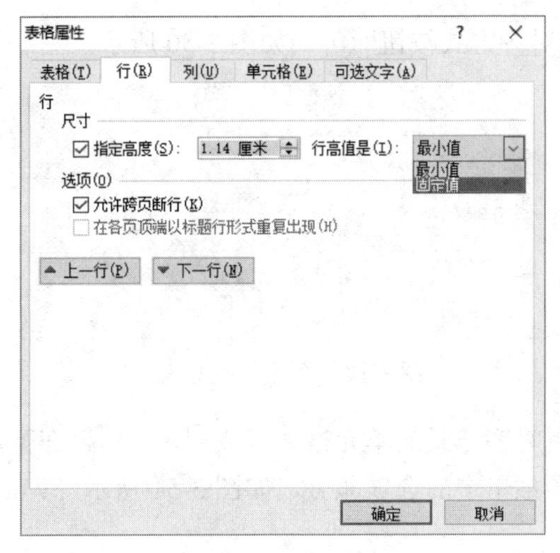


图 3-48　设置行高

对话框中参数的含义如下。

“最小值”指表格的高度最少要达到指定的高度，在表格不能容下文本信息时会自动增加行高。

“固定值”指表格的高度为固定的数值，不可更改，文本超出表格高度的部分将不再显示。

2）平均分配各行或各列的高度。

选择需要平均分配的各行或各列，在选择行的区域内右击，在弹出的快捷菜单中选择“平均分配各行”或“平均分配各列”选项，即可将表格中的行高或列宽设置为同样的高度或宽度。

也可单击“表格工具 布局”→“单元格大小”→“分布行”或“分布列”按钮，如图 3-49 所示。

图 3-49　单元格大小工具栏

（3）扩展知识

Word 提供了自动调整行高、列宽的功能。单击“表格工具 布局”→“单元格大小”组→“自动调整”下拉按钮 自动调整 ，可以进行自动调整。

下拉列表中各个选项的含义如表 3-2 所示。

**表 3-2　选项的含义**

| 调整类型 | 说　明 |
|---|---|
| 根据内容自动调整表格 | 按照表格中每一列的文本内容自动调整列宽，调整后的列宽更加紧凑、整齐 |
| 根据窗口自动调整表格 | 按照相同的比例扩大表格中每列的列宽，调整后表格的总宽度与文本区域的总宽度相同 |
| 固定列宽 | 按照用户指定的列宽值调整列宽 |

1）设置文本的对齐方式。

为了使表格更加美观，可以设置表格内文本的对齐方式，方法有以下两种。

① 选择需要设置对齐方式的单元格、行或列，单击“表格工具 布局”→“对

齐方式”组中相应的对齐方式按钮即可，如图 3-50 所示。

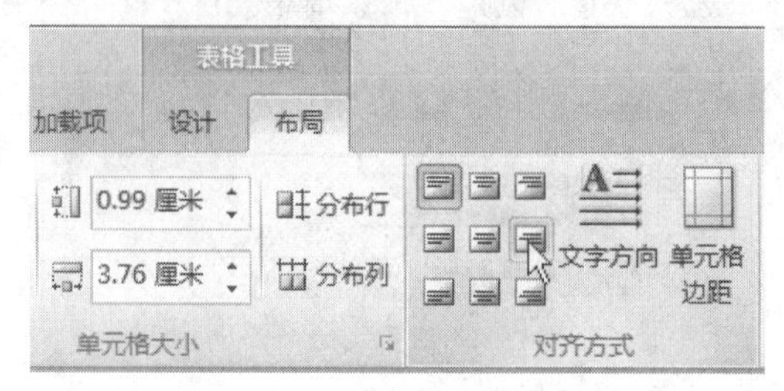


图 3-50 “对齐方式”组

② 选择需要设置对齐方式的单元格、行或列，右击，在弹出的快捷菜单中选择“单元格对齐方式”子菜单中的选项即可，如图 3-51 所示。Word 提供了 9 种对齐方式，所见即所得。

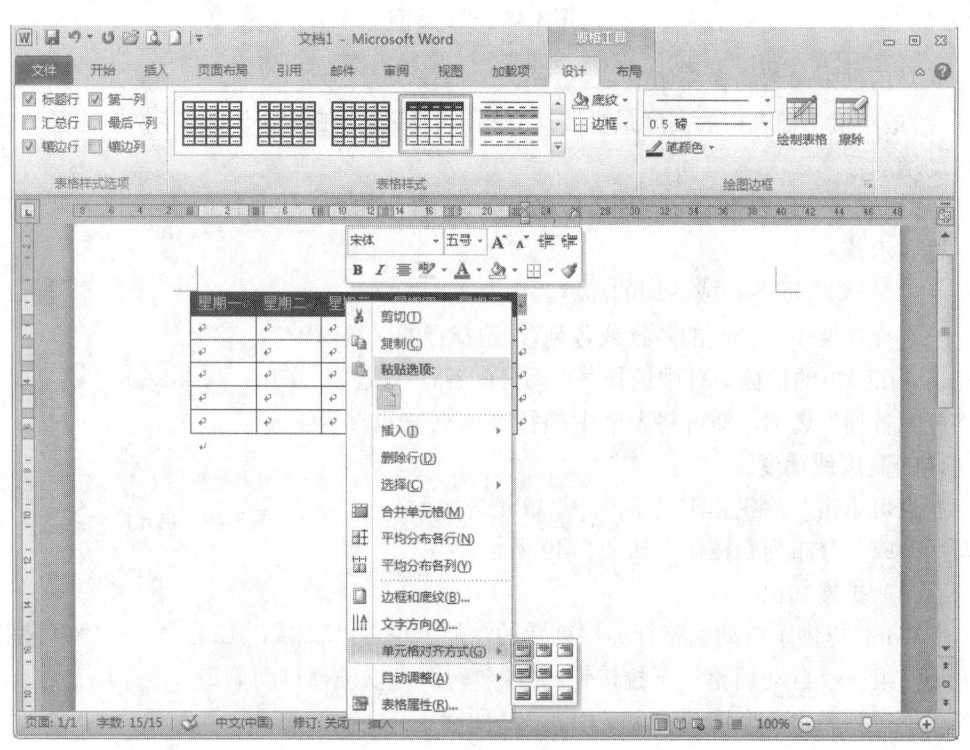


图 3-51 选择对齐方式

2）美化表格。

为了增强表格的视觉效果，使内容更为突出和醒目，可以对表格设置边框和底纹。

① 使用预设的表格样式。Word 2010 提供了近百种默认样式，以满足不同类型表格的需求。

a．将光标定位于表格的任意一个单元格内。

b．“表格工具 设计”选项卡的各个组如图 3-52 所示。

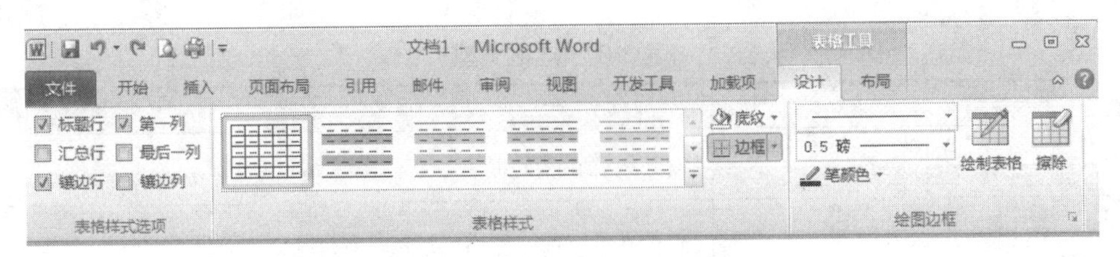


图 3-52 “表格工具 设计”的组

c．在“表格样式”组中选择相应的样式，或者单击“其他”下拉按钮，在弹出的下拉列表中选择所需要的样式即可，如图 3-53 所示。

| 星期一 | 星期二 | 星期三 | 星期四 | 星期五 |
|---|---|---|---|---|
| | | | | |
| | | | | |
| | | | | |
| | | | | |
| | | | | |

图 3-53 表格样式示例

② 设置表格的边框。默认情况下，创建的表格的边框都是 0.5 磅的黑色单实线。用户可以自行设置表格的边框。

选择需要设置边框的表格并右击，在弹出的快捷菜单中选择“边框和底纹”选项，弹出“边框和底纹”对话框，选择“边框”选项卡，对其进行设置即可。例如，设置表格边框的“线条”为“双线”，“颜色”为“蓝色”，“宽度”为“1.5”，效果如图 3-54 所示。

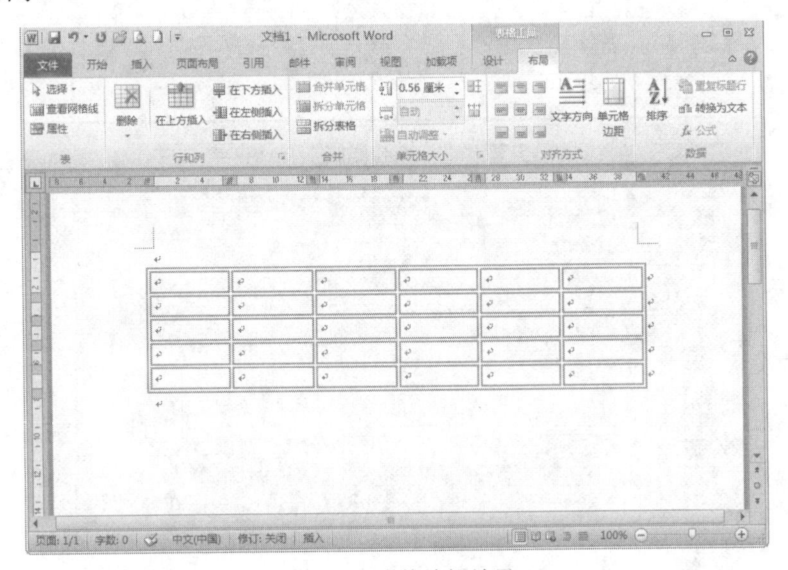


图 3-54 表格边框效果

在“边框和底纹”对话框的“设置”选项组中包含 5 个选项，各选项的含义如表 3-3 所示。

表 3-3　边框类型

| 图　标 | 名　称 | 描　述 |
| --- | --- | --- |
|  | 无 | 取消表格的所有边框 |
|  | 方框 | 取消表格内部的边线，只设置表格的外围边框 |
|  | 全部 | 将整个表格中的所有边框设置为指定的相同类型 |
|  | 虚框 | 只设置表格的外围边框，所有内部边框保留原样 |
|  | 自定义 | 根据需要自定义设置表格样式 |

③ 设置表格的底纹。利用“边框和底纹”对话框的“底纹”选项卡，可以设置表格的底纹。例如，设置一个表格底纹的“填充”为“橙色，强调文字颜色 6，淡色 60%”，“样式”为“20%”，“颜色”为“紫色”，如图 3-55 和图 3-56 所示。

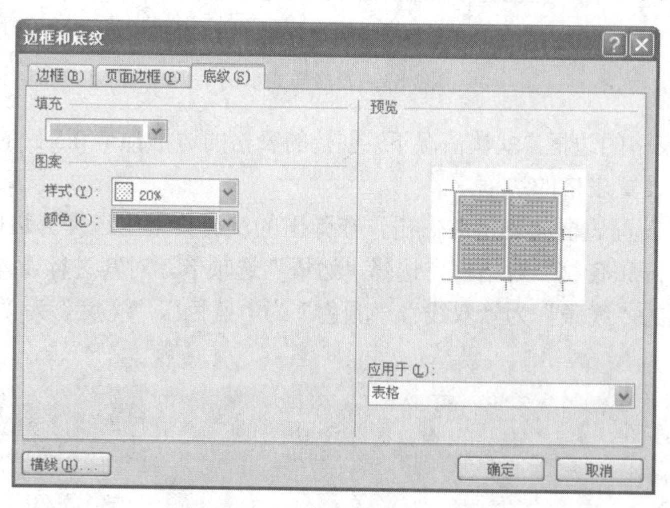


图 3-55　“边框和底纹”对话框

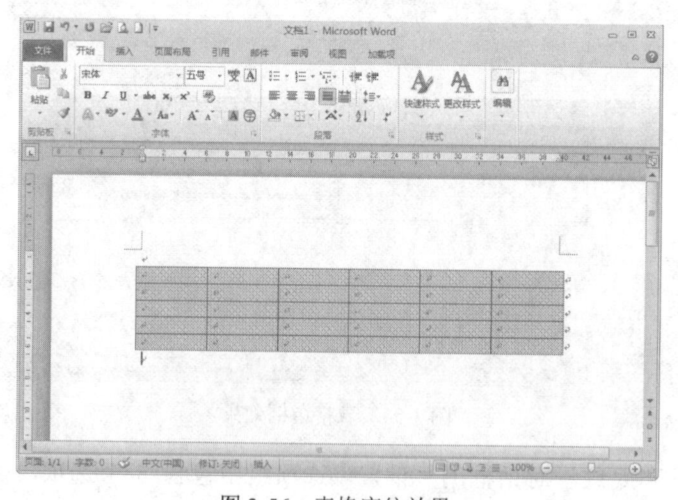


图 3-56　表格底纹效果

### 4．表格数据的设置

（1）目标

对“运动会奖励方案”进行分数统计。

（2）操作

**01** 打开“运动会奖励方案”素材。

**02** 总分的计算。将光标定位在“计算机1班”的“总分”单元格内，单击“表格工具 布局”→“数据”组→ *fx* 公式 按钮，弹出“公式”对话框，如图3-57所示，使用“SUM( )”函数计算总和，单击“确定”按钮。

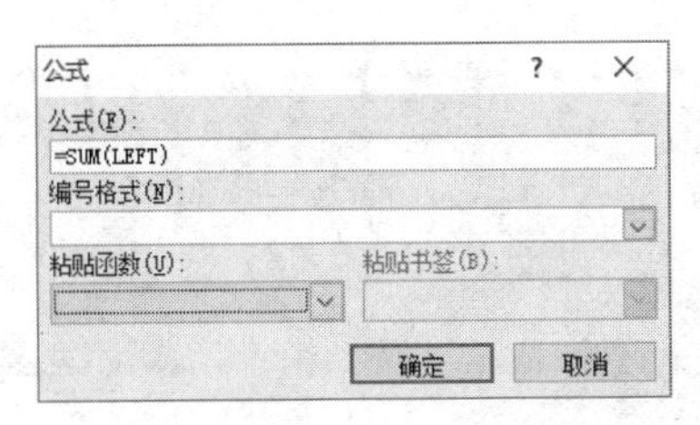


图3-57 “公式”对话框

**03** 用同样的方法，计算其余的班级总分。

**注意**

公式中，SUM中的参数在本例中是“left”，如果是计算所在单元格上面所有数据的和，则使用参数“above”。

## 任务3

# 运动会宣传册

### 任务描述

为本班做一个运动会的宣传册，为使文档更加赏心悦目，对宣传内容提出以下要求。

✧ 对文字进行分栏设置。

✧ 主标题醒目，使用艺术字。

✧ 使用绘制图形，对形状进行设置。

✧ 设置页面背景为彩色，色彩明亮，使文字更醒目。

根据大家的讨论意见，实现宣传册的编辑与排版。

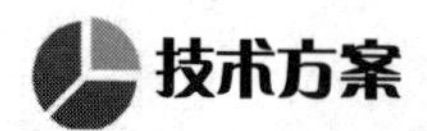

## 技术方案

本任务要求大家学会文档的基本操作和排版，技术要求如下。

✧ 通过“页面布局”选项卡中的“分栏”工具，可以将文字分为两栏。

✧ 通过“插入”选项卡中的“文本”组，可以标题设置为“艺术字”格式，插入“文本框”，对字体进行设置和美化。

✧ 通过“插入”选项卡中的“插图”组，可以插入图片、剪贴画、绘制形状等。

✧ 通过“页面布局”选项卡中的“页面背景”组，可以对页面颜色进行设置。

宣传册效果如图 3-58 所示。

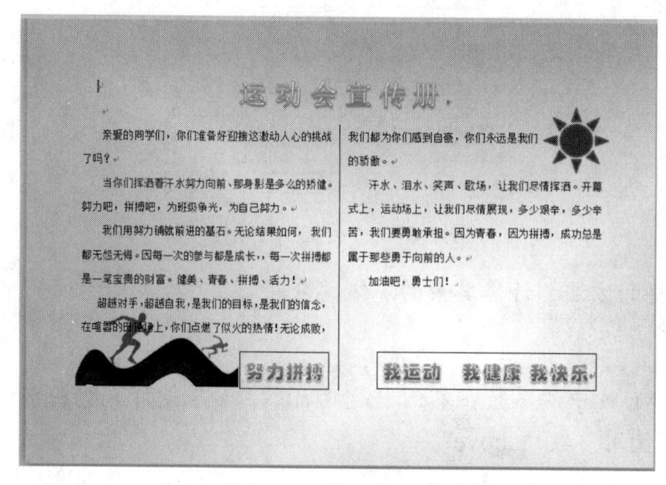


图 3-58 宣传册效果

## 任务实现

### 1. 进行“分栏”设置

（1）目标

打开“运动会宣传册”内容，将内容分为两栏。

（2）操作

选择“页面布局”选项卡，将纸张方向改为“横向”，在“页面设置”组中单击“分栏”下拉按钮，选择“两栏”选项。

（3）扩展知识

利用 Word 的分栏功能，能够使文本更方便阅读，同时增加版面的活泼性，Word 2010 在分栏的外观设置上，具有很大的灵活性，可以控制栏数、栏宽、栏距等。

1）单击“页面布局”→“页面设置”组→“分栏”下拉按钮，在弹出的下拉列表中选择“更多分栏”选项。

目的：更加详细地设置分栏的一些参数。

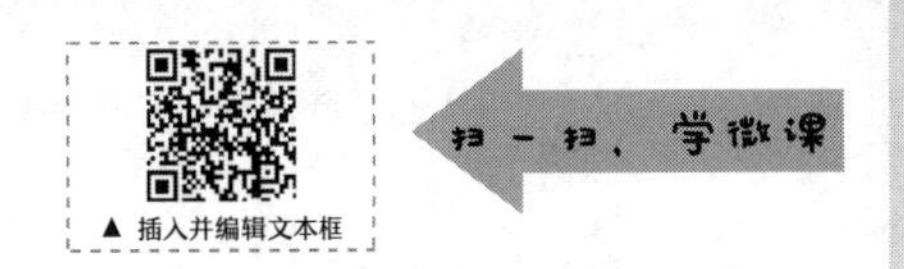




2）弹出“分栏”对话框，在“预设”选项组中选择“两栏”，分别勾选“分割线”和“栏宽相等”复选框，单击“确定”按钮，如图 3-59 所示。

注：可根据需要设置具体分栏数目。

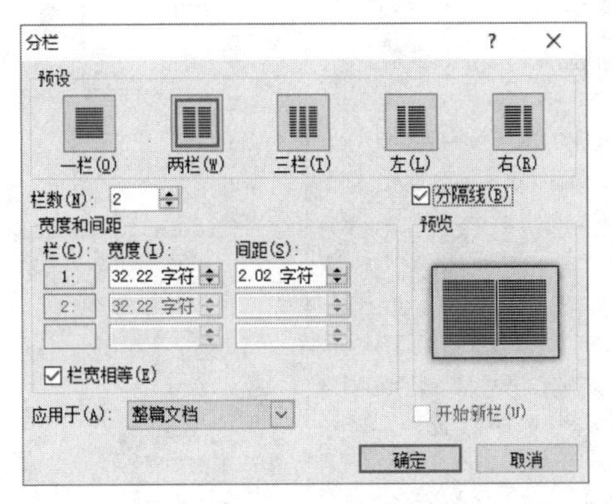


图 3-59 “分栏”对话框

效果：分为 2 栏，且均分，中间带分割线，效果如图 3-60 所示。

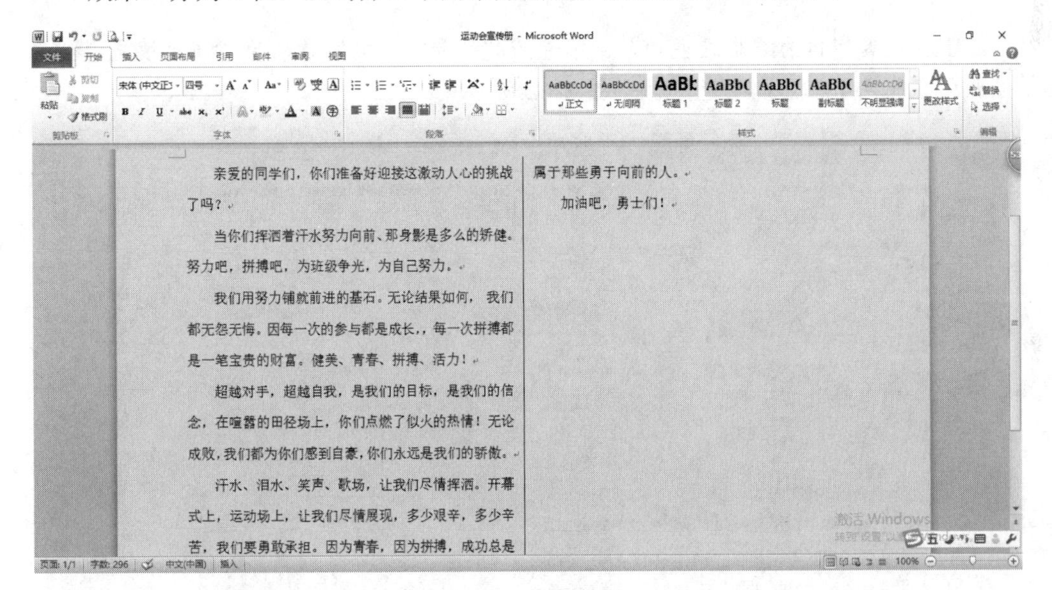


图 3-60 分栏效果

## 2. 插入文本框

（1）目标

在页面底部添加两个文本框，文字内容分别为“努力拼搏”、“我运动 我健康 我快乐”。

（2）操作

**01** 单击“插入”→“文本”组→“文本框”下拉按钮，选择“绘制文本框”选项，在页面底部拖动出一个文本框，输入内容，如图 3-61 所示。

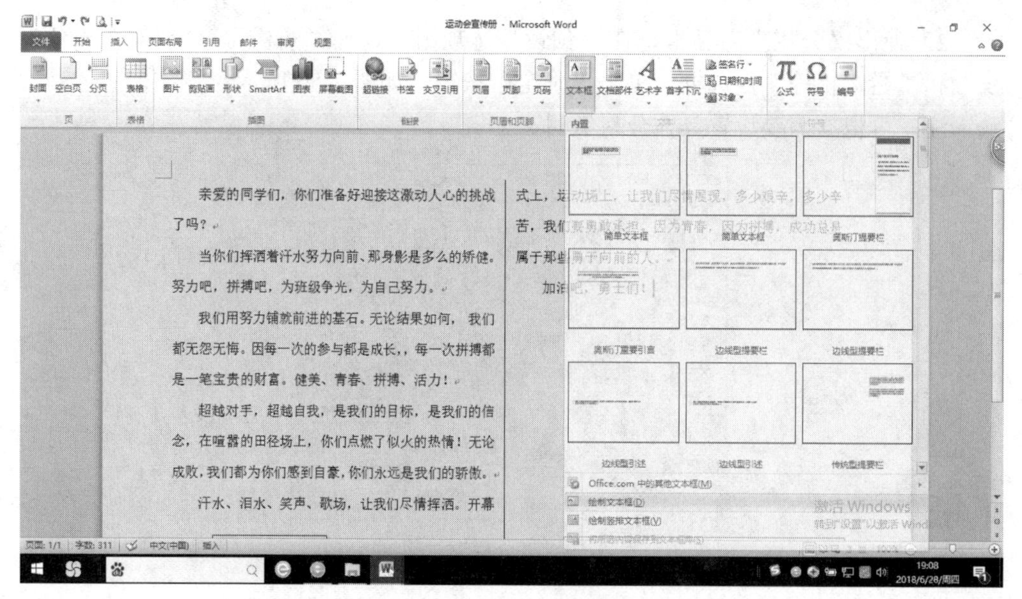


图 3-61　插入文本框

**02** 设置字体为“华文琥珀”，字号为“一号”，文字效果为“渐变填充-蓝色，强调文字颜色 1，轮廓-白色”，如图 3-62 所示。

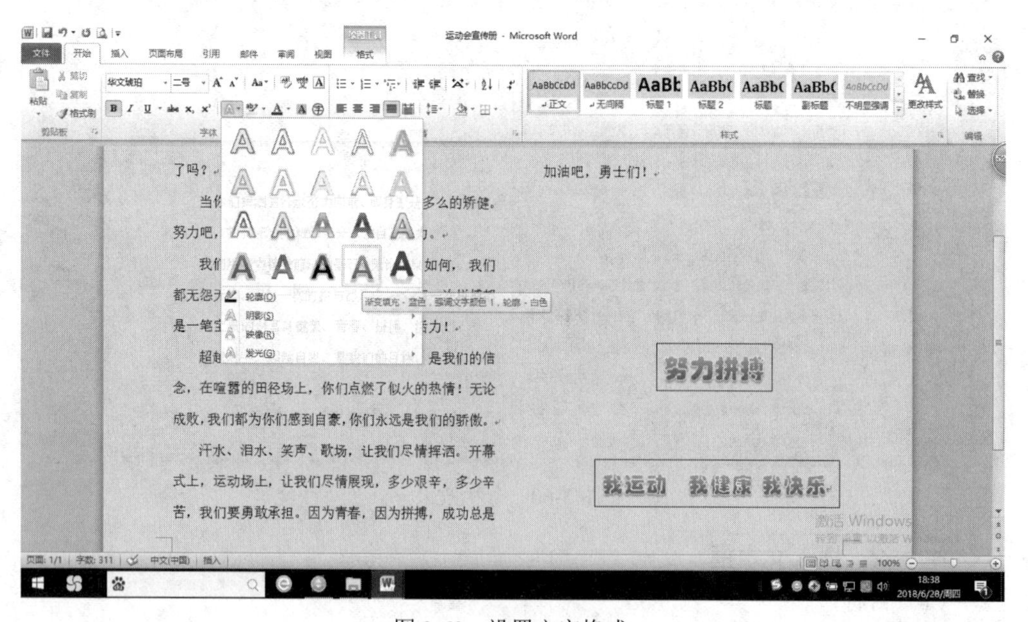


图 3-62　设置文字格式

**03** 将“努力拼搏”文本框拖动到页面左端底部，单击“绘图工具　格式”→“排列”组→“位置”下拉按钮，选择“其他布局选项…”选项，弹出“布局”对话框，如图 3-63 所示。

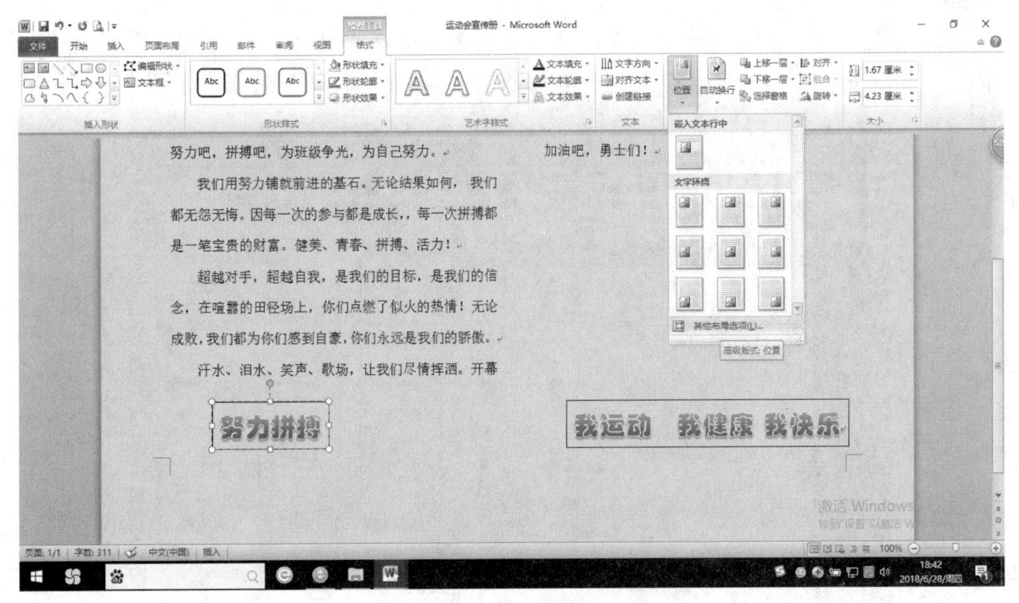


图 3-63　其他布局选项

**04** 在“布局”对话框中，选择“文字环绕”选项卡，将“环绕方式”设置为“上下型”，单击“确定”按钮，如图 3-64 所示。

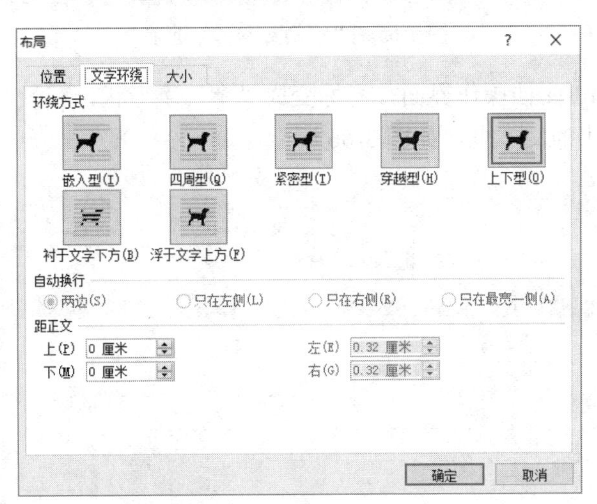


图 3-64　“布局”对话框

（3）扩展知识

1）插入文本框。

文本框是一个对象，用户可以在 Office 2010 文档中的任意位置放置和插入文本框。

文本框分为横排和竖排两类。可以根据需要插入相应的文本框，插入的方法一般包括直接插入空文本框和在已有的文本上插入文本框两种。

① 直接插入空文本框：在文档中插入空文本框的具体操作步骤如下。

a. 新建一个文档，单击文档中的任意位置，单击“插入”→“文本”组→“文本框”下拉按钮，在弹出的下拉列表中选择“绘制文本框”选项，如图 3-65 所示。

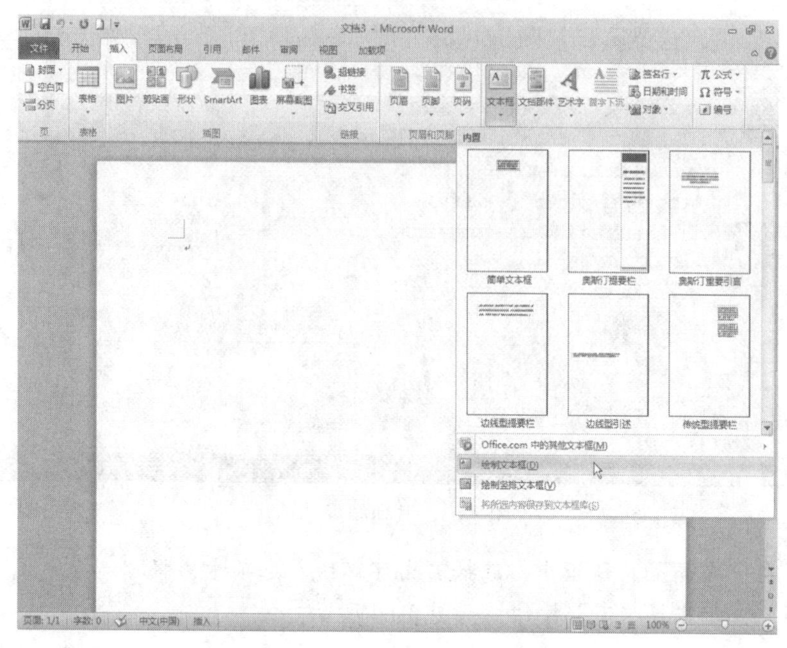


图 3-65 “绘制文本框”选项

b. 返回 Word 文档操作界面，光标变成“十”字形状，在画布中单击，通过拖动来绘制所需大小的文本框，如图 3-66 所示。

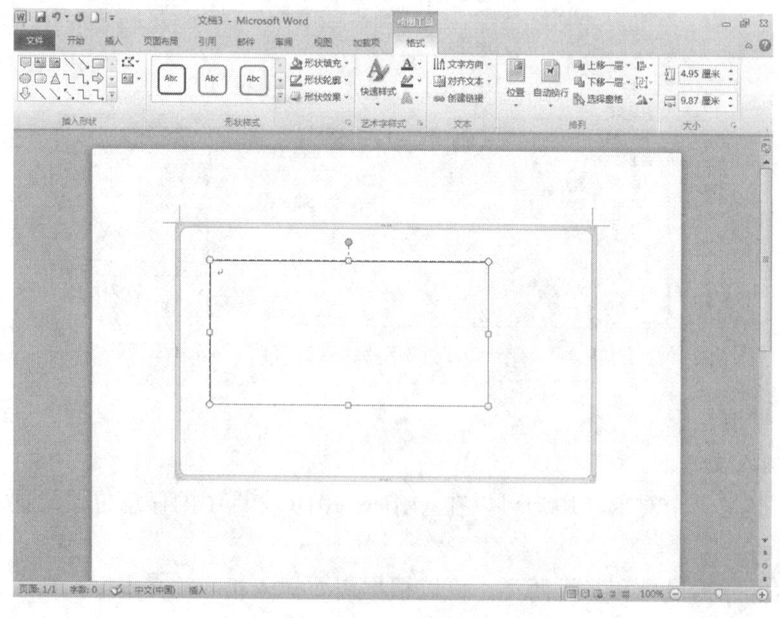


图 3-66 绘制文本框

c．单击“插入”→“文本”组→“文本框”下拉按钮，在弹出的下拉列表中选择“绘制竖排文本框”选项，可以绘制竖排文本框，如图 3-67 所示。

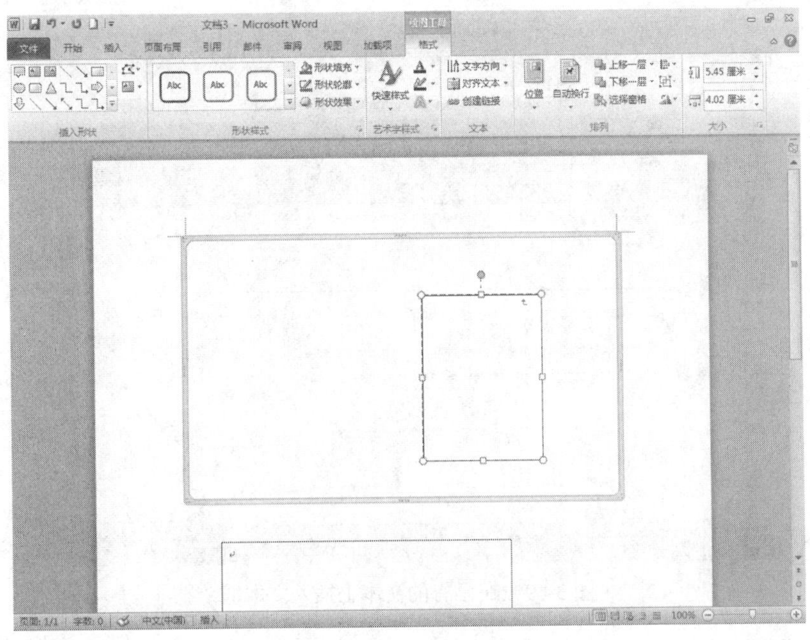

图 3-67　绘制竖排文本框

② 在已有的文本上插入文本框：除了插入空白文本框之外，还可以为选择的文本创建一个文本框，具体的操作步骤如下。

a．在新建文档中输入文字，然后选择输入的文字，如图 3-68 所示。

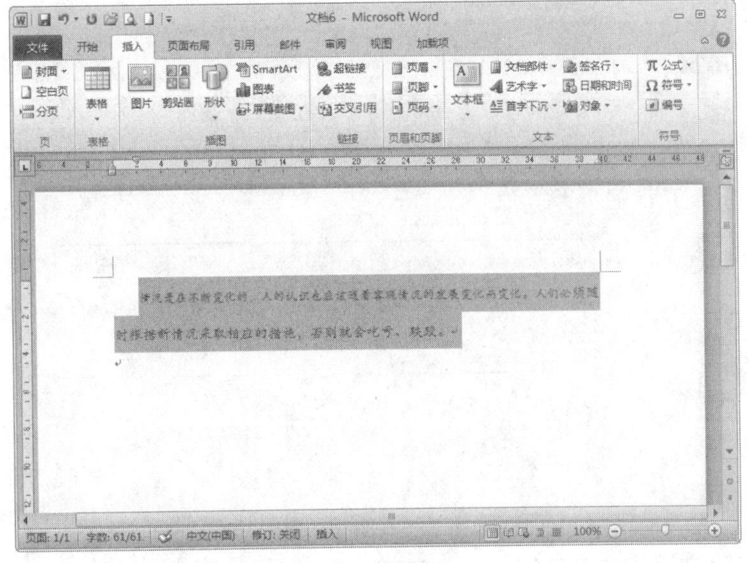

图 3-68　选择文本

b. 单击“插入”→“文本”组→“文本框”下拉按钮，在弹出的下拉列表中选择“绘制文本框”选项，此时在选择的文本上会添加一个文本框，如图 3-69 所示。

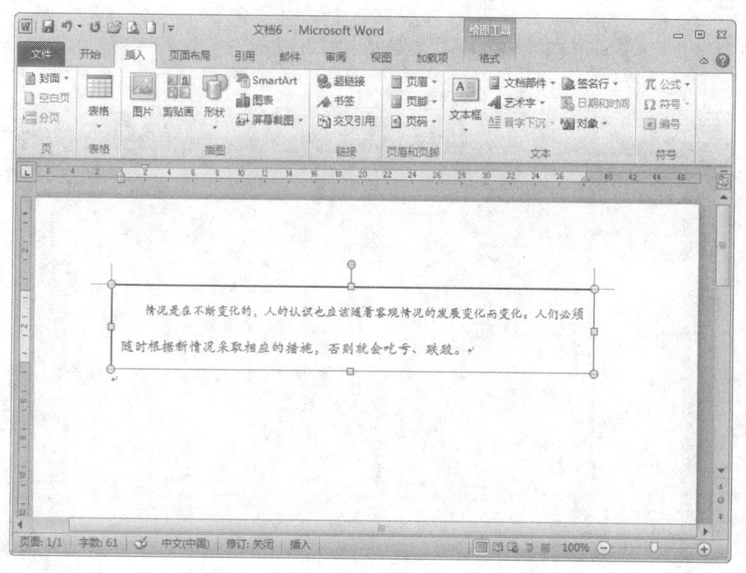


图 3-69　在已有的文本上插入文本框

2）调整文本框的大小。

文本框上有 8 个控制点，可以使用鼠标来调整文本框的大小，具体的操作步骤如下。

a. 在文本框上单击，然后移动鼠标指针到文本框的控制点上，此时鼠标指针会变为“十”字形状，如图 3-70 所示。

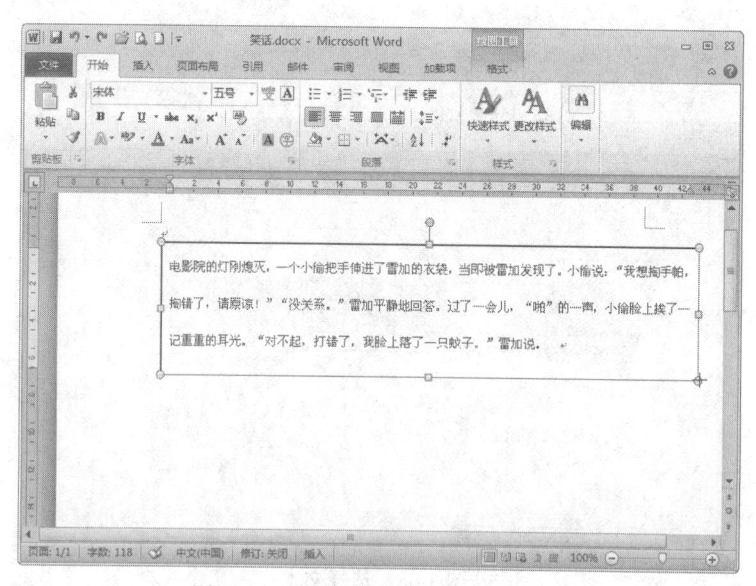


图 3-70　鼠标指针变为“十”字形状

b. 按住鼠标左键拖动文本框边框到合适的位置后松开，即可调整文本框的大小，如图 3-71 和图 3-72 所示。

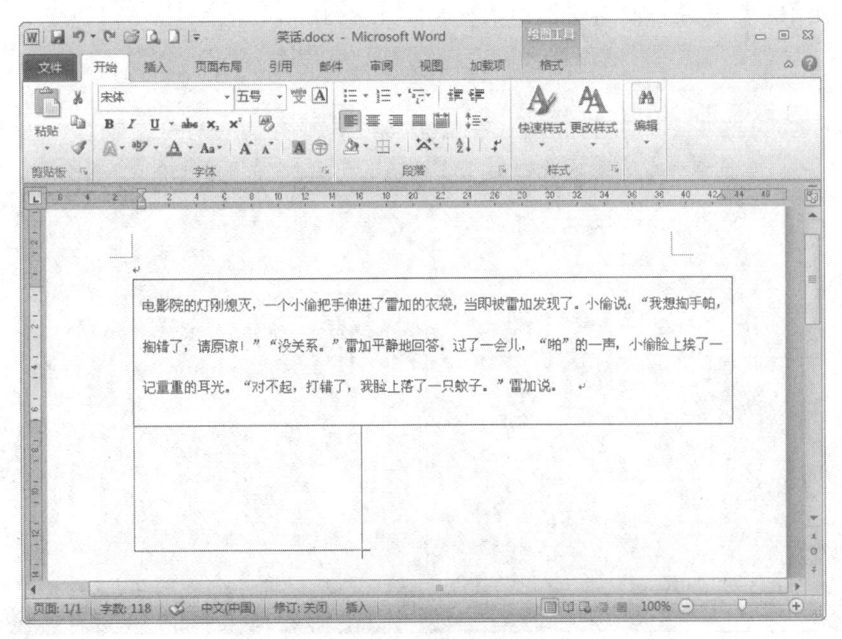


图 3-71　拖动文本框

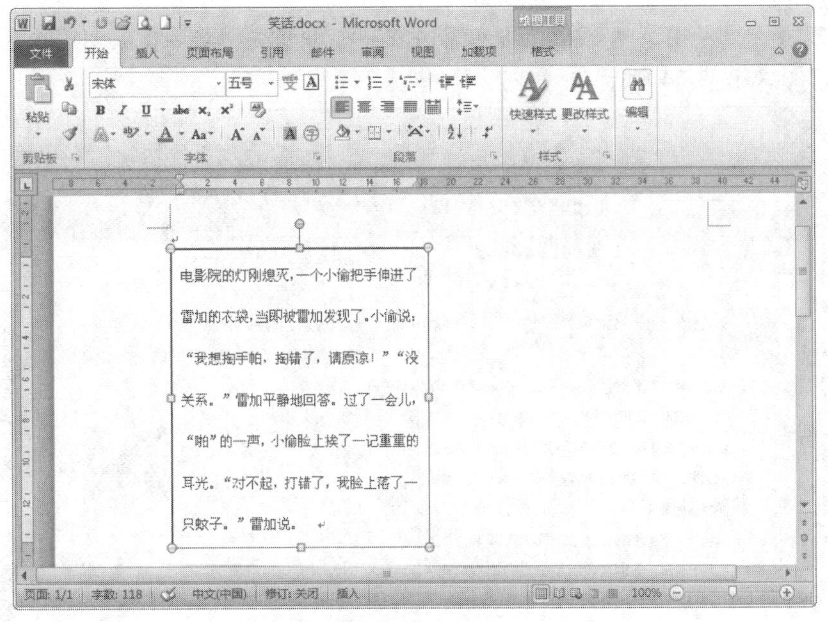


图 3-72　调整文本框大小

### 3. 绘制图形

（1）目标

在页面右上端添加一个“太阳形”图形。

（2）操作

**01** 单击“插入”→“插图”组→“文本框形状”下拉按钮，选择基本图形中的“太阳形”，拖动绘制出一个图形，如图3-73所示。

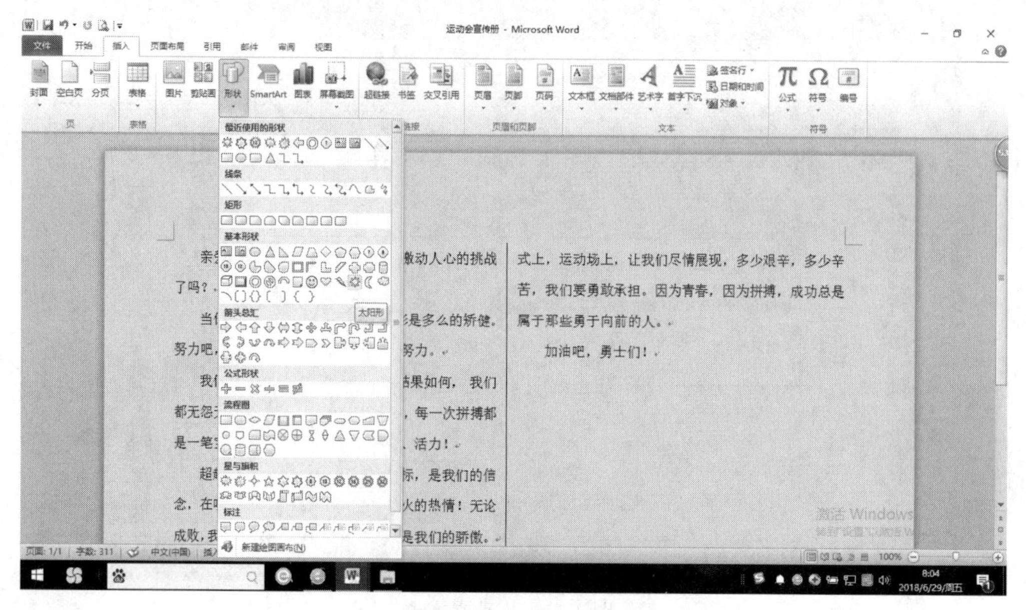


图3-73　选择形状

**02** 使用“绘图工具 格式”选项卡中的“形状填充”按钮，将图形颜色设置为“红色”，如图3-74所示。

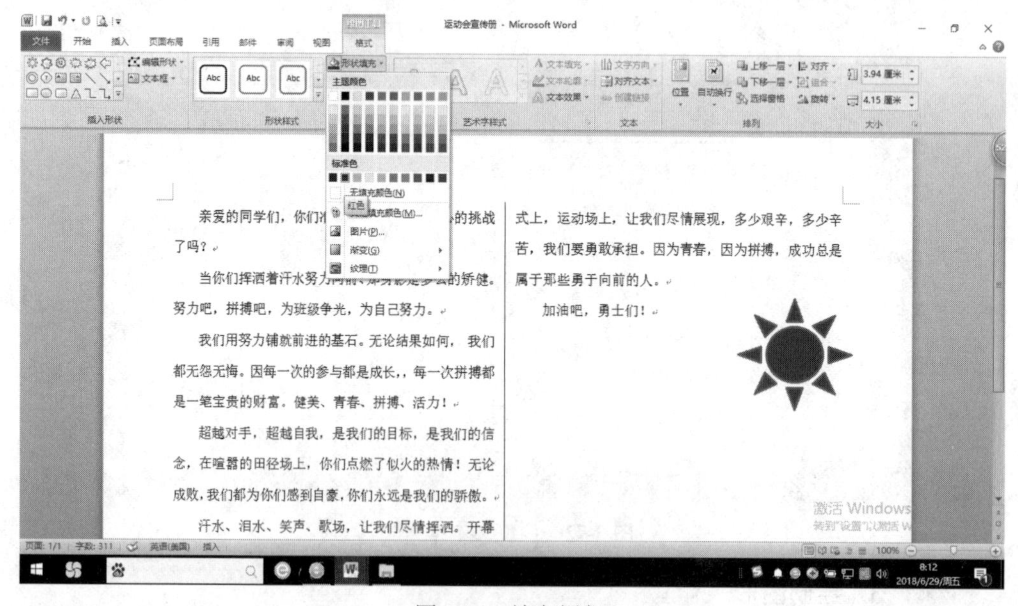


图3-74　填充颜色

**03** 将图形拖动到页面右上角，将“位置”设置为“顶端居右，四周型文字环绕”，如图3-75所示。

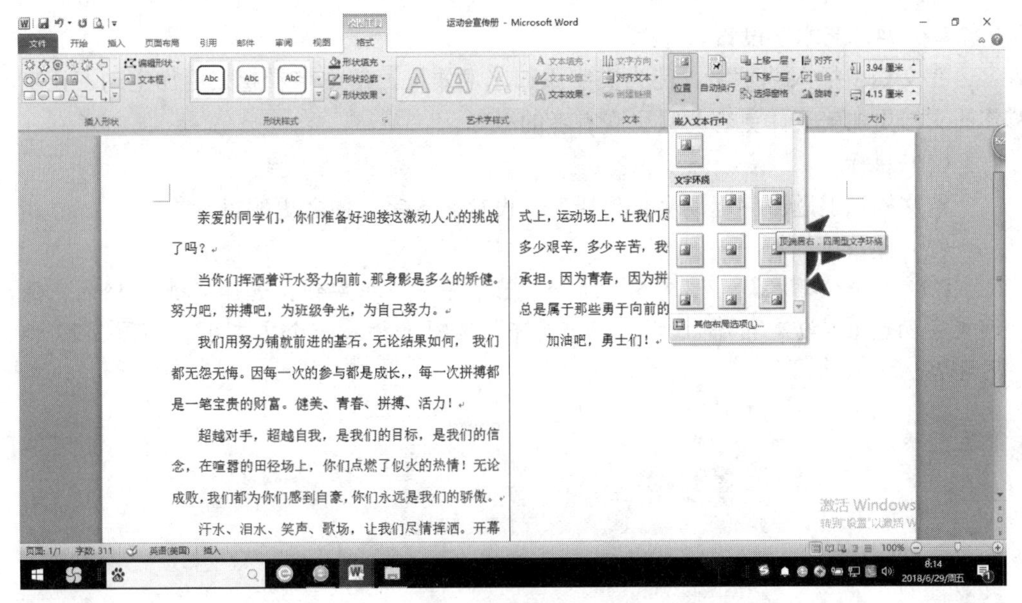


图 3-75　设置后效果

（3）扩展知识

在 Word 2010 中，可以利用“形状”按钮，绘制多种基本图形，如直线、箭头、方框和椭圆等，也可以在绘图画布上绘制出箭头、矩形和椭圆等图形，如图 3-76 所示。

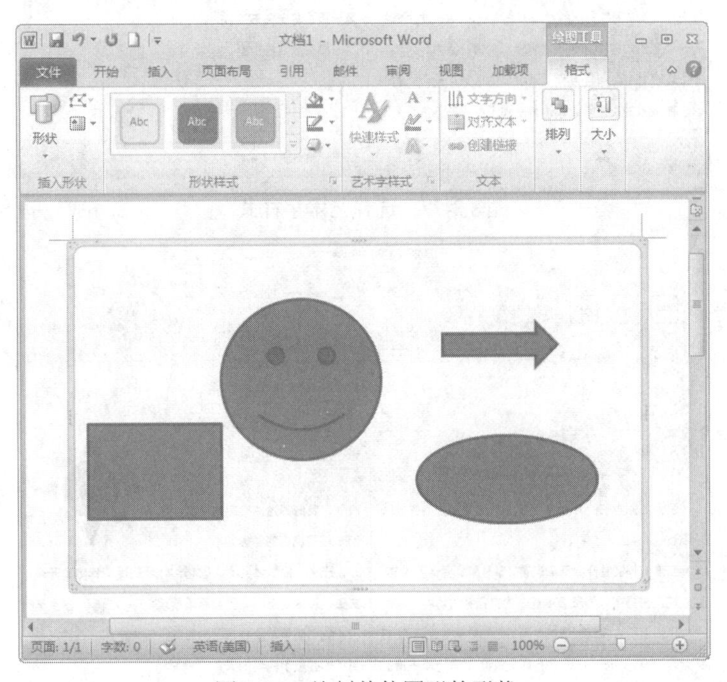


图 3-76　绘制其他图形的形状

在绘制的过程中，要尤其注意矩形和椭圆形的特例。要绘制正方形或圆形，要先单击“矩形”或“椭圆”按钮。但是在绘图画布上进行绘制时，要先按住“Shift”键，再拖动鼠标进行绘制。

## 4．艺术字设置

在文档中插入艺术字，能为文字添加艺术效果，使文字看起来更加生动，让制作的文档更加美观，更容易吸引观看者的眼球。

（1）目标

给文档加上题目“运动会宣传册”，设置艺术字，使之更醒目。

（2）操作

**01** 单击“插入”→“文本”组→“艺术字”下拉按钮，选择“填充-橙色，强调文字颜色 6，渐变轮廓-强调文字颜色 6”选项，插入一个文本框，如图 3-77 和图 3-78 所示。

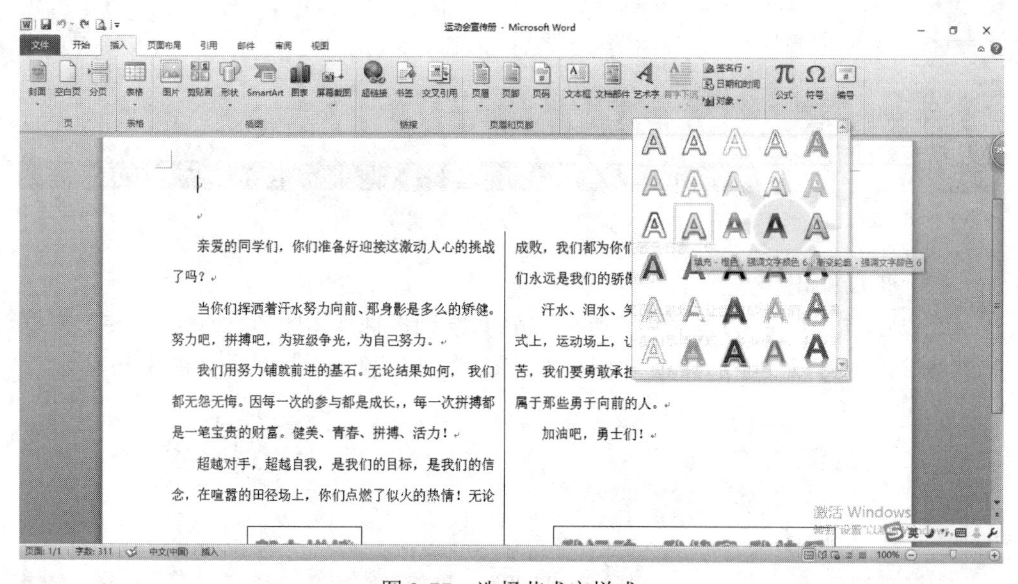


图 3-77 选择艺术字样式

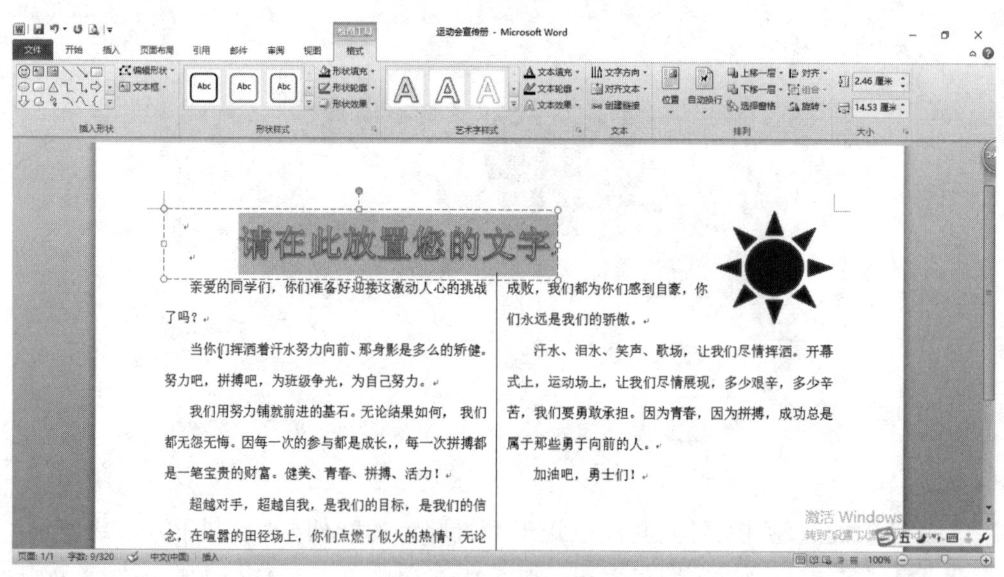


图 3-78 插入艺术字

**02** 输入文字“运动会宣传册”，设置“字符间距”为加宽 5 磅，拖动文本框，调整其位置，使此标题居中，如图 3-79 所示。

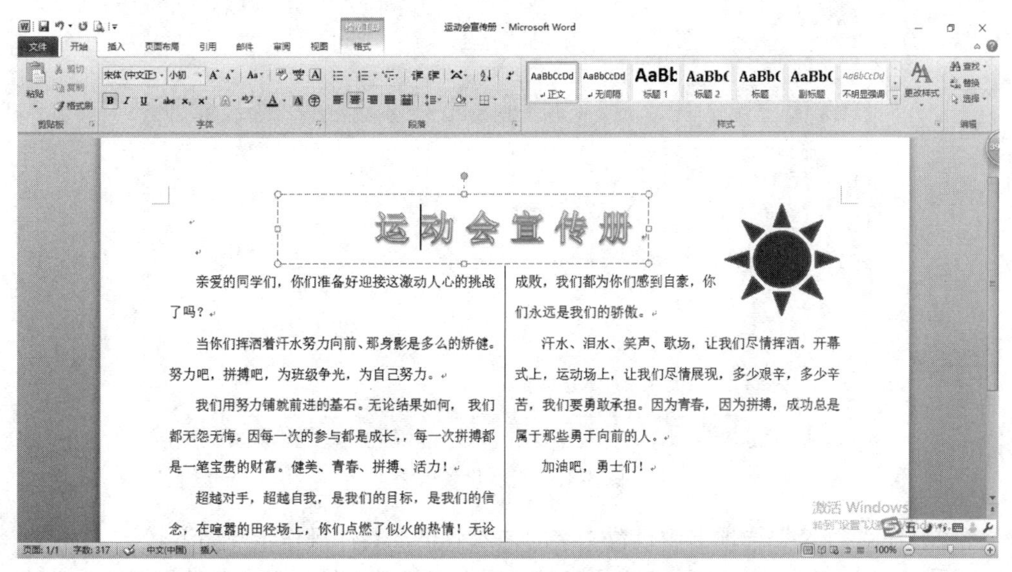


图 3-79　设置艺术字格式

（3）扩展知识

设置文字的艺术效果，是通过更改文字的填充、更改文字的边框，或者添加诸如阴影、发光、三维（3D）旋转或棱台之类的效果来实现的。

1）在“开始”选项卡中设置文字的艺术效果，操作步骤如下。

① 选择需要添加艺术效果的文字，单击“开始”→“字体”组→“字体颜色”下拉按钮，从弹出的下拉列表中选择更换字体的颜色。这里选择橙色，选中橙色颜色框，被选择文字颜色就会发生变化，如图 3-80 所示。

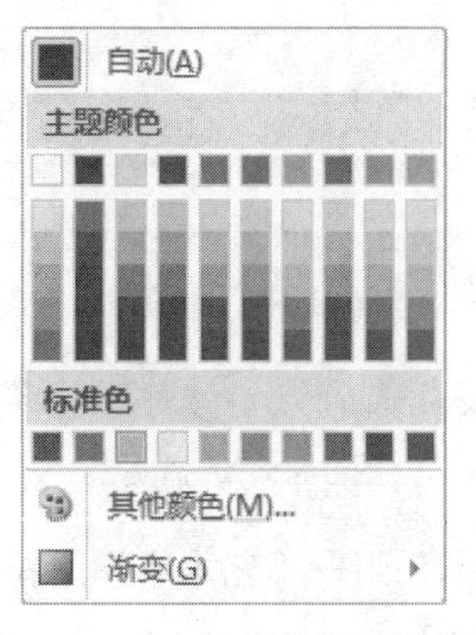


图 3-80　“字体颜色”下拉列表

② 再次选择需要添加艺术效果的文字，单击“开始”→“字体”组→“文本效果”下拉按钮，在弹出的下拉列表中选择第 1 种艺术效果，效果如图 3-81 所示。

图 3-81　查看设置效果

2）在“插入”选项卡中设置文字的艺术效果，具体操作步骤如下。

① 打开“素材\Word 2010 文本编辑、图文混排及表格\8 元 5 角的震撼.docx”文档，选择需要添加艺术效果的文字，如图 3-82 所示。

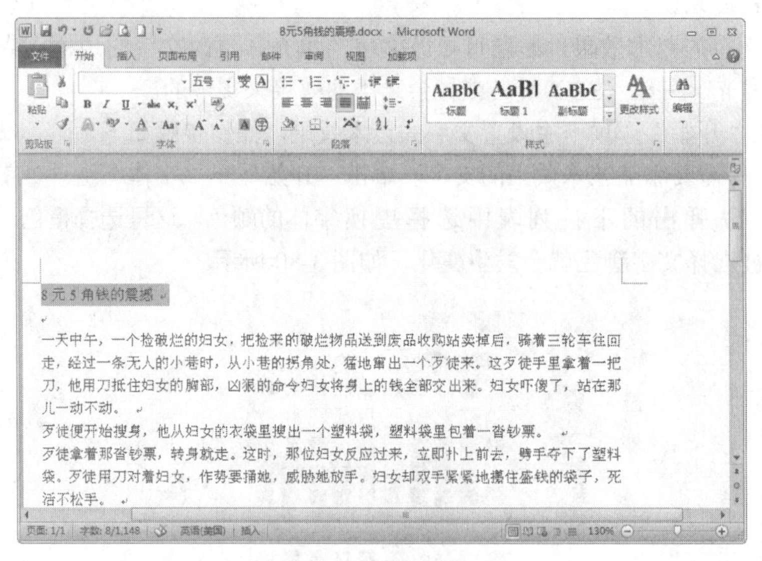


图 3-82　选择文字

② 单击“插入”→“文本”组→“艺术字”下拉按钮，在弹出的下拉列表中选择第 2 种艺术字样式，如图 3-83 所示。

③ 选择第 2 种艺术字样式后的文字效果如图 3-84 所示。

④ 选择一种艺术字样式后，用户还可以根据“艺术字工具 格式”选项卡中的按钮，设置被选文字的颜色、大小，以及调整艺术字的位置等，如图 3-85 所示。

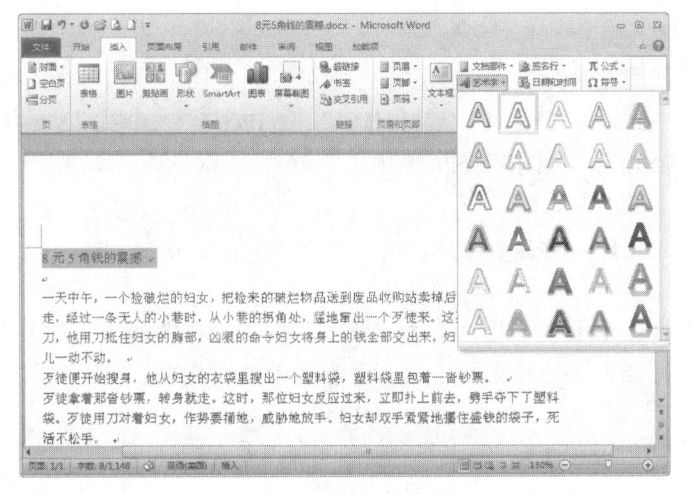

图 3-83　选择艺术字样式

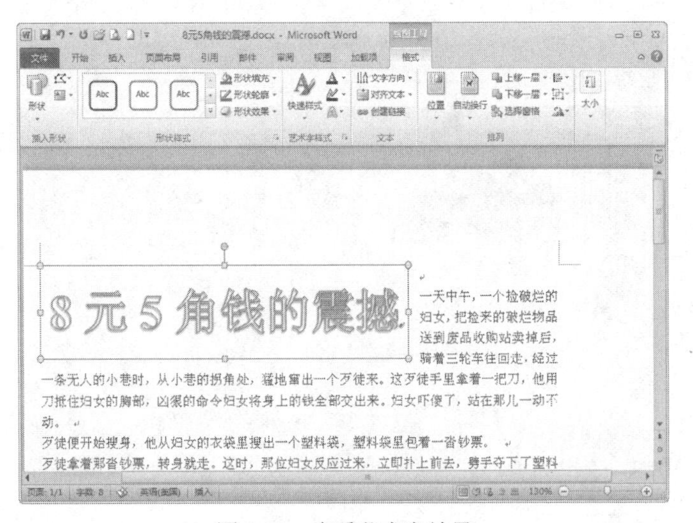

图 3-84　查看艺术字效果

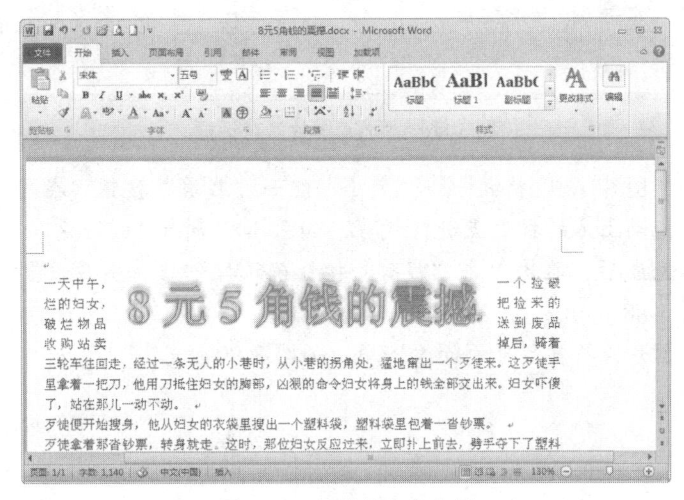

图 3-85　调整艺术字位置

## 5. 插入图片

如果需要使用图片为文档增色添彩，则可以在文档中插入一张图片。Word 2010支持很多图片格式，如“*.EMF”“*.WMF”“*.JPG”“*.JPEG”“*.JFIF”“*.JPE”“*.PNG”“*.BMP”“*.DIB”和“*.RLE”等。

（1）目标

为文档插入图片，并裁剪图片，衬于文字下方。

（2）操作

**01** 将光标置于文字末尾，单击“插入”→“插图”组→“图片”按钮，弹出“插入图片”对话框，选择素材中的“青春运动会”图片，并单击“插入”按钮，如图 3-86 所示。

图 3-86 “插入图片”对话框

**02** 单击“图片工具 格式”→“大小”组→“裁剪”按钮，在图片上出现 8 个裁剪控制点，拖动上方的控制点进行裁剪，如图 3-87 所示。

**03** 裁剪完成后，再次单击“裁剪”按钮确认操作。将图片设置为“衬于文字下方”，如图 3-88 所示。

**04** 拖动图片，将其置于页面左下角，如图 3-89 所示。

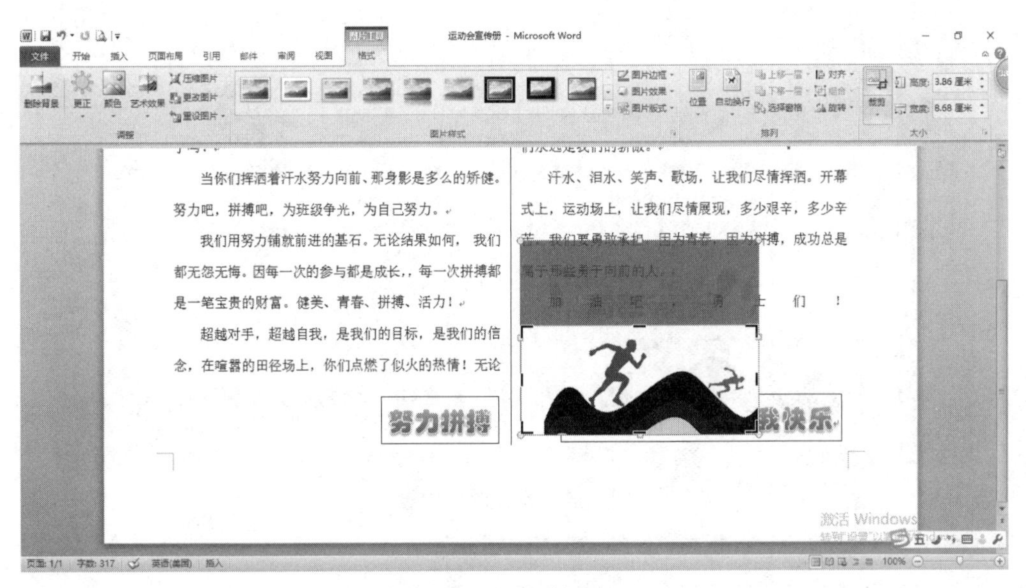


图 3-87 裁剪图片

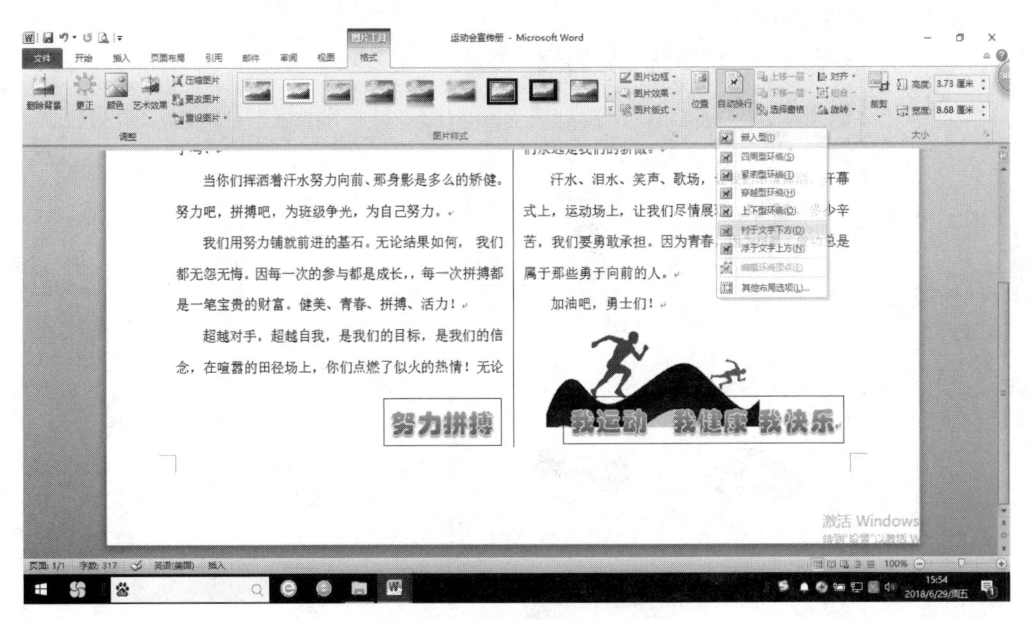


图 3-88 图片衬于文字下方

（3）扩展知识

插入剪贴画：Word 2010 收藏集中提供了许多类型的剪贴画，可以直接插入并使用，如图 3-90 所示。

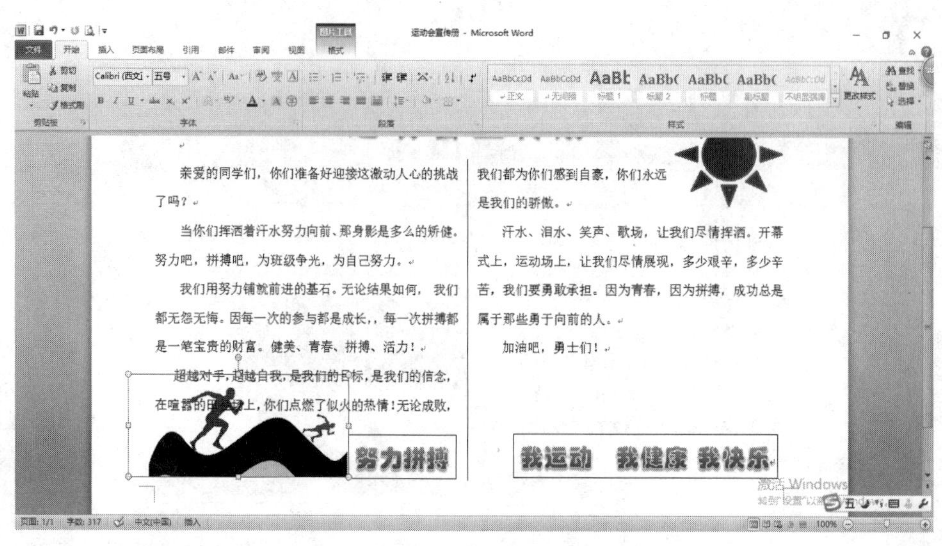


图 3-89　设置图片位置

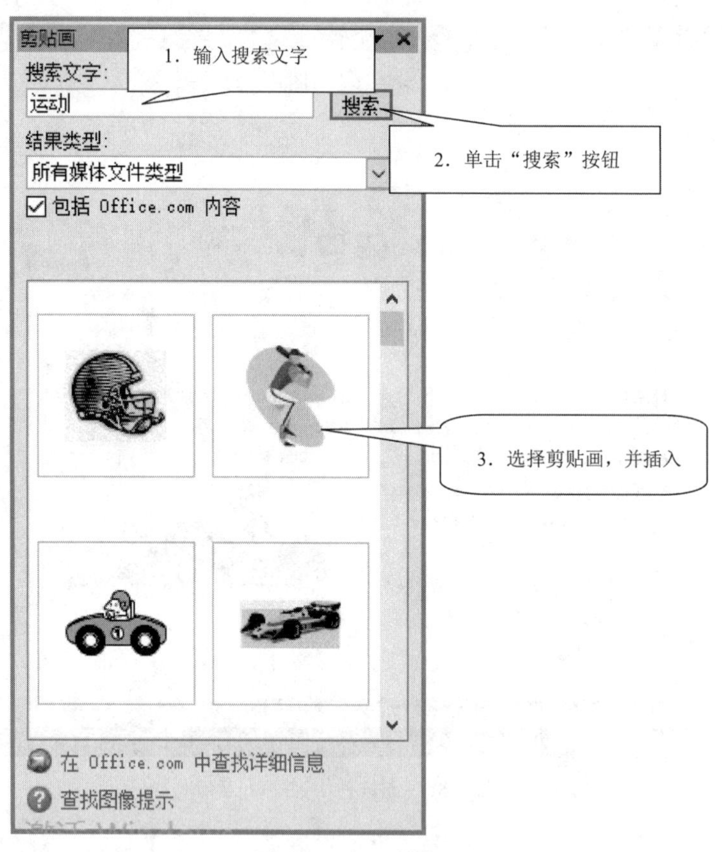


图 3-90　插入剪贴画

## 6．页面背景的设置

用户对文档进行编辑后，可以对页面进行整体的设置。可以通过设置页面的大小、方向和页边距等，决定文档输出的格式及大小。另外，用户还可以设置页面的颜色、边框、水印或稿纸等效果。

设置了自定义的文档背景页面后，仅供查阅使用，在打印文档时，所设置的背景不会被打印出来。

（1）目标

为“运动会宣传册”添加页面背景为渐变色、中心辐射。

（2）操作

**01** 单击“页面布局”→“页面背景”组→“页面颜色”，选择“填充效果”，如图 3-91 所示，弹出“填充效果”对话框。

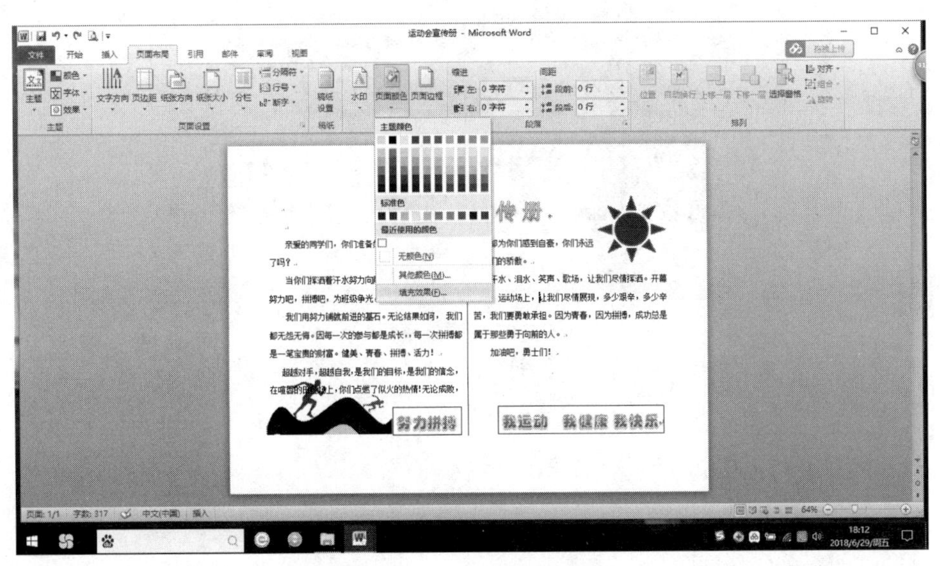


图 3-91 “填充效果”选项

**02** 设置“渐变”颜色为“双色”，颜色 1 为“白色”，颜色 2 为“橄榄色，强调文字颜色 3，淡色 40%”，底纹样式为“中心辐射”，单击“确定”按钮，如图 3-92 所示。

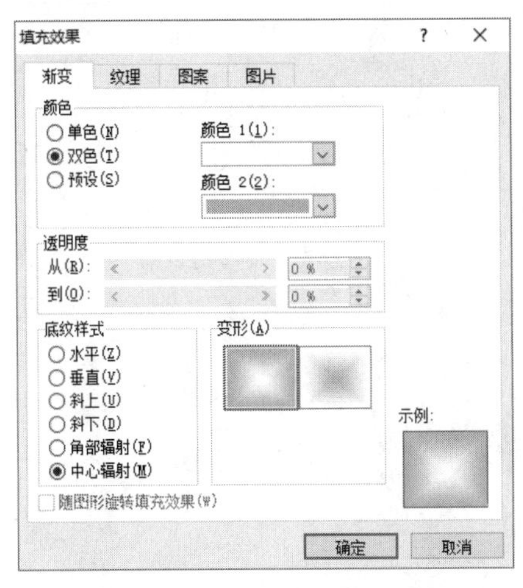


图 3-92 “填充效果”对话框

**03** 页面颜色设置完成后，图片底色是白色，显得不协调，调整图片底色，使之与页面背景色相同。调整步骤如下：单击“图片工具 格式”→“调整”组→“颜色”下拉按钮，选择“设置透明色（s）”选项，出现颜色笔时，单击图片的白色底色，使之变得透明，与整个页面融为一体，如图 3-93 所示。

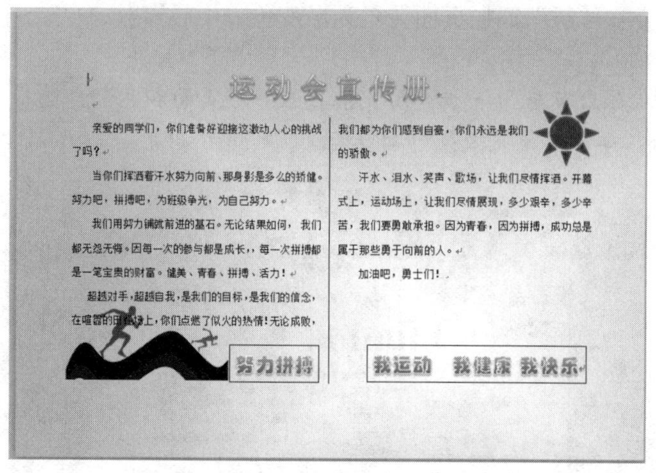


图 3-93 调整底色

# 模块 4 “我们的奖学金”

## ——电子表格处理软件 Excel 2010

在信息时代，工作与生活中人们会有更多数据要处理，Excel 2010 是 Office 2010 的重要组件之一，是目前最优秀的电子表格处理软件，具有创建表格、计算数据、制作图表、数据分析和管理及打印输出等功能，能满足企业、单位财务、统计、工程计算、文秘等方面的制表需要。

在本模块中，利用 Excel 强大的“算”（计算、计数等）的功能完成数据创建、格式设置、数据处理、数据分析及打印输出等任务。

### 任务描述

在紧张而充实的节奏中，计算机某学院的期末考试结束了，为了进一步提高全体学生的积极性，奖励先进，鞭策后进，形成良好的学习氛围，提高技能水平和文化素养，学校制定了奖学金的发放办法，但是如何完成这一任务呢？现以学院计算机班为例，用 Excel 2010 强大的数据处理功能对考试的成绩进行整理、统计、美化、计算、排序、名次分析、打印输出，完成奖学金的发放。具体安排如下。

- 对考试成绩进行整理，建立表格，进行表格美化。
- 根据成绩统计的要求，对每科的最高分、最低分，每个学生的总分、平均分，以及每个学生的实际评价和优秀率进行计算。
- 使用图表对各科、各班的成绩进行统计分析。
- 设计一个奖励方案，通过排序、筛选、分类汇总等操作，对考试学生进行系统科学的分析，完成奖学金的发放。

任务 1

# 创建学生成绩表

## 任务描述

计算机某学院为了让学生考试的成绩以更加醒目、美观的方式显示出来，特制定了一个成绩表。对成绩表内容提出以下要求。

✧ 主标题醒目，居中显示。
✧ 标题与正文之间有特定的字体和间距，能让大家一目了然，清楚地了解方案的结构。
✧ 表格行高、列宽设置得当。
✧ 表格内各类数据正确录入。
✧ 文本、数字设置恰当的格式。
✧ 正确设置表格边框、底纹。

根据大家的讨论意见，形成了成绩表的雏形。在技术分析的基础上，使用 Excel 2010 提供的相关功能，实现方案的编辑与设计。

## 技术方案

本任务要求大家学会 Excel 文件的建立、编辑及美化，技术要求如下。

✧ 通过“文件”选项卡中的“新建”和“保存”按钮，可以对文档进行新建和保存操作。
✧ 通过“开始”选项卡中的“字体”组，可以对字体进行设置和美化，包括设置字体、字号、字形、颜色、下画线等效果。
✧ 通过“开始”选项卡中的“对齐方式”组，可以设置单元格内数据的对齐方式、单元格的合并等效果。
✧ 通过“开始”选项卡中的“数字”组，可以对数字单元格进行统一设置。
✧ 通过“开始”选项卡中的“单元格”组，可以对表格中的行、列、单元格进行编辑。

## 任务实现

### 1. 创建“学生成绩表”文档

（1）目标

新建 Excel 文档，并保存。

（2）操作

**01** 选择“开始”→“所有程序”→“Microsoft Office”→“Microsoft Excel 2010”选项，即可进入 Excel 编辑环境，并新建一个名为“工作簿 1.xlsx”的文档，Excel 2010 主窗口如图 4-1 所示。

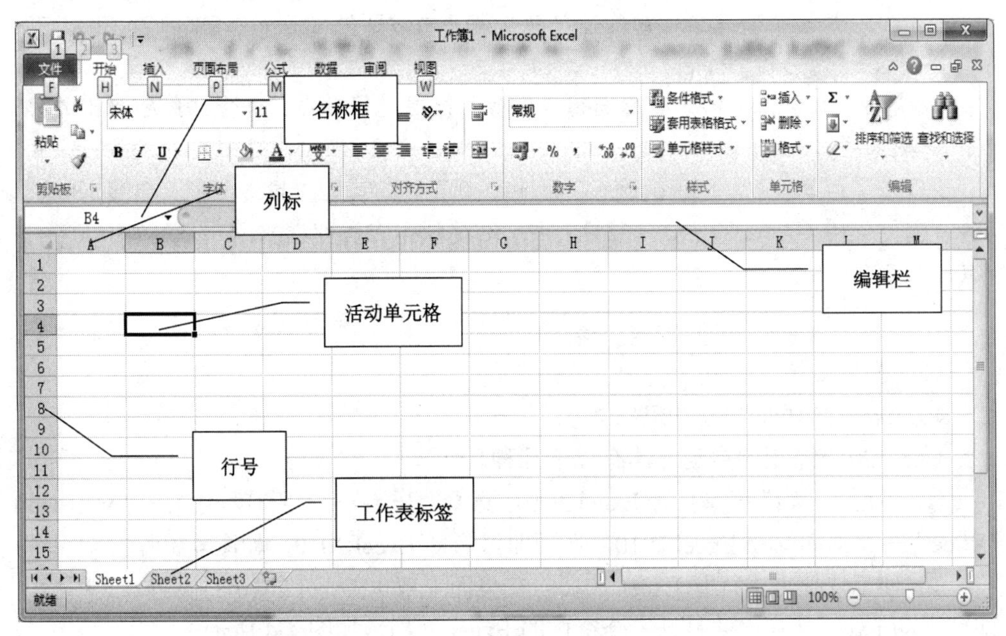

图 4-1　Excel 2010 主窗口

**02** 单击“文件”→“保存”按钮，弹出“另存为”对话框，在地址栏中选择文件存放路径，在“文件名”文本框中输入“学生成绩表”，在“保存类型”下拉列表中选择“Excel 文档”，单击“保存”按钮，将文件保存在刚才设定的位置，如图 4-2 所示。

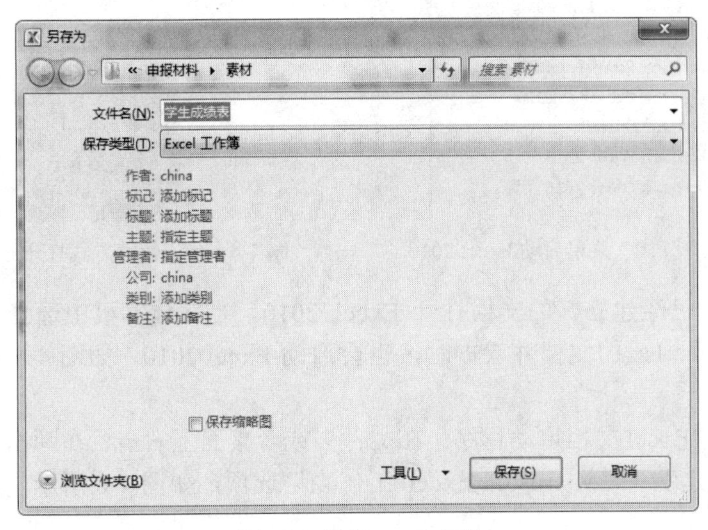

图 4-2　保存 Excel 文档

扫一扫，学微课

▲ 软件的启动与退出

**小贴士**

1）Excel 2010 启动后，将自动产生一个新的“工作簿 1”。在默认状态下，Excel 2010 为每个新建工作簿创建 3 张工作表，分别为 Sheet1、Sheet2、Sheet3，其中 Sheet1 为活动工作表。

2）第一次保存文档，不论选择“保存”还是“另存为”命令，最后弹出的都是“另存为”对话框。

保存文件类型时，Microsoft Excel 2010 是默认类型，其文件扩展名是.xlsx，如果需要使用 Excel 97—2003 程序打开，则建议保存类型选择“Excel 97—2003”，其扩展名为.xls。

（3）扩展知识

1）Excel 2010 的启动和退出。

Excel 2010 常用的启动方法有以下几种。

① 使用“开始”菜单打开 Excel 2010。选择“开始”→“所有程序”→“Microsoft Office”→“Microsoft Excel 2010”选项即可启动 Excel 2010，如图 4-3 所示。

② 使用快捷方式打开 Excel 2010。在桌面上双击 Excel 2010 的快捷方式图标，即可启动 Excel 2010，并打开一个空白的 Excel 文档，如图 4-4 所示。

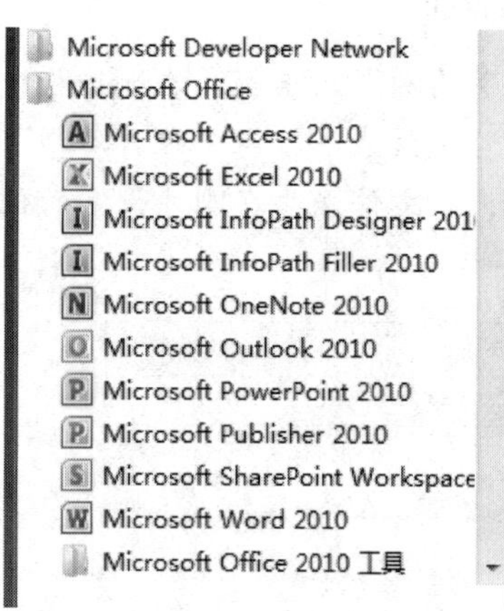


图 4-3 从“开始”菜单启动 Excel 2010

图 4-4 使用快捷方式打开 Excel 2010

③ 运行已经建立好的文档打开 Excel 2010。当在计算机中选择任意一个扩展名为.xls 或.xlsx 的文档并双击时，也会启动 Excel 2010，如图 4-5 所示，并打开该文档。

④ 新建 Excel 文档启动程序。在文件夹或者桌面上右击，在弹出的快捷菜单中选择“新建”→“Microsoft Excel 工作表”选项，如图 4-6 所示，也可以启动 Excel 2010。

图 4-5　运行 Excel 文档打开 Excel 2010

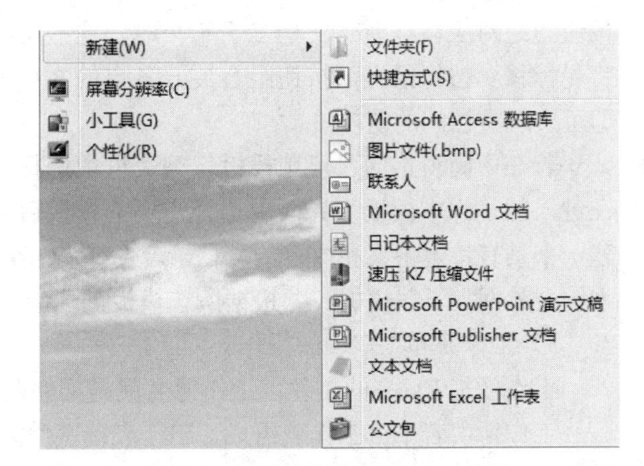


图 4-6　用右键菜单新建 Excel 文档

⑤ 通过任务栏快速启动。如果在任务栏上锁定了 Excel 2010 程序，则可以在 Excel 2010 的图标上右击，选择“Microsoft Excel 2010”选项，如图 4-7 所示。

使用下列步骤退出 Excel。

① 单击 Excel 窗口右上角的 ✕ 按钮。

② 如果对文档进行了任意更改（无论多么细微的更改）并单击了“关闭”按钮，则会弹出类似于下面图 4-8 的消息框。若要保存更改，请单击“保存”按钮。若要退出而不保存更改，请单击“不保存”按钮。如果错误地单击了按钮，请单击“取消”按钮。

图 4-7　通过任务栏快速启动

图 4-8　退出 Excel

2）创建新文档。

当启动 Excel 后，会自动打开一个新的空文档并暂时命名为“工作簿 1”，对应的默认磁盘文件名为“工作簿 1.xlsx”。如果在编辑文档的过程中需要另外创建一个或多个新文档，则可以使用以下方法来创建。

① 单击“文件”→“新建”按钮。

② 按组合键“Alt+F”打开“文件”选项卡，单击“新建”按钮或者直接按“N”键。

③ 按组合键“Ctrl+N”。

Excel 对“工作簿 1”以后新建的文档以创建的次序依次命名为“工作簿 2”、“工作簿 3”……每个新建文档对应一个独立的文档窗口，任务栏中也有相应的文档

▲ 新建并保存工作簿

▲ 插入工作表数据

按钮与之对应，当新建文档多于一个时，这些文档将会以叠置按钮组的形式出现。将光标移到按钮组上，按钮组会展开各自的文档窗口缩略图，单击文档窗口缩略图即可实现文档间的切换。

若在中间窗格的“可用模板”列表框中选择模板类型，如“样本模板”，然后在进入的“样本模板”界面中选择需要的模板后单击“创建”按钮，可按该模板创建一个具有特定格式和内容的文档。若选择“Office.com 模板”列表框中的模板，则系统会从网上下载模板，并根据所选模板创建新文档。

3）工作簿和工作表的操作。

工作簿是 Excel 的文件，工作簿名就是文件名。

工作簿由若干个工作表组成，工作表标签用来显示工作表的名称，默认有 3 个，需要时可以添加或删除工作表，当执行删除操作时，工作簿内至少含有一张可视工作表，如图 4-9 所示。工作簿与工作表的关系如图 4-10 所示。

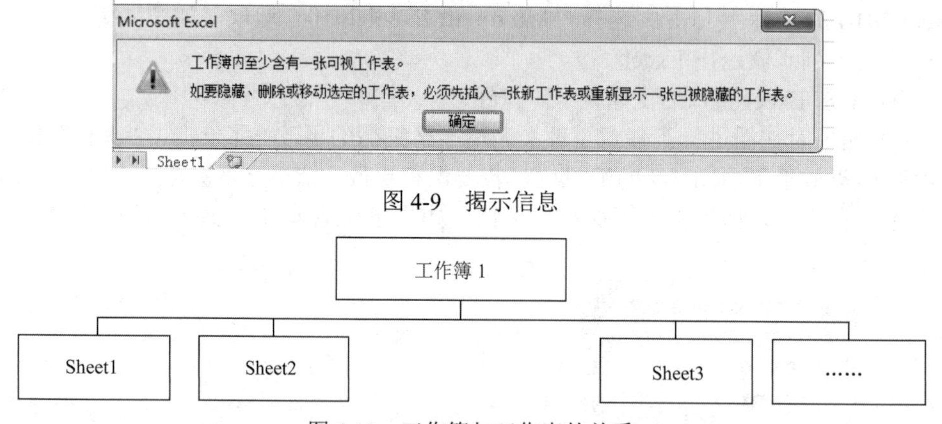


图 4-9　揭示信息

图 4-10　工作簿与工作表的关系

单击某个工作表标签，该工作表变为活动工作表，在工作表标签上右击，可弹出快捷菜单，如图 4-11 所示。在快捷菜单中可以进行插入、删除、重命名、移动或复制等操作。

图 4-11　工作表快捷菜单

单元格是工作表中的单个矩形小方格，每个单元格都是工作表的一个存储单元。活动单元格是 Excel 默认操作的单元格，它的地址或名称显示在数据的名称框中，它的数据显示在数据的编辑栏中。Excel 中行号用 1、2、3、…表示，列号用 A、B、C、…表示，单元格地址由单元格所在的“列标”和“行号”组成（列标在前，行号在后），如 B3。

### 2. 将 Sheet1 工作表标签改名为“原始数据”

（1）目标

将 Sheet1 工作表标签改名为“原始数据”，为录入数据做准备。

（2）操作

双击 Sheet1 工作表标签，当工作表标签高亮显示时（图 4-12），直接输入“原始数据”（图 4-13），也可以右击工作表标签，在弹出的快捷菜单中选择“重命名”选项，并输入“原始数据”。

图 4-12　高亮显示

原始数据　Sheet2

图 4-13　重命名

### 3. 在“原始数据”工作表中输入学生成绩表内容

（1）目标

根据期末考试安排及考试科目，在建立的表格中，录入原始数据，如图 4-14 所示。

| | A | B | C | D | E | F | G | H | I | J |
|---|---|---|---|---|---|---|---|---|---|---|
| 1 | 学生成绩表 | | | | | | | | | |
| 2 | 学号 | 姓名 | 性别 | 高数 | 哲学 | 英语 | 美术 | 图像处理 | 组装维修 | 网页制作 |
| 3 | 001 | 张小云 | 女 | 89 | 87 | 82 | 88 | 81 | 75 | 87 |
| 4 | 002 | 徐瑞思 | 女 | 88 | 92 | 90 | 97 | 95 | 81 | 75 |
| 5 | 003 | 王知欣 | 女 | 76 | 68 | 48 | 65 | 82 | 79 | 71 |
| 6 | 004 | 周由国 | 男 | 87 | 73 | 92 | 78 | 56 | 86 | 64 |
| 7 | 005 | 李世杰 | 男 | 92 | 98 | 89 | 99 | 98 | 88 | 94 |
| 8 | 006 | 王可 | 男 | 92 | 86 | 90 | 68 | 87 | 95 | 85 |
| 9 | 007 | 李明玉 | 男 | 86 | 66 | 88 | 92 | 74 | 80 | 83 |
| 10 | 008 | 刘甜 | 女 | 89 | 63 | 72 | 78 | 72 | 54 | 94 |
| 11 | 009 | 林小晓 | 女 | 72 | 62 | 67 | 74 | 68 | 69 | 66 |
| 12 | 010 | 孙玉林 | 男 | 78 | 47 | 40 | 54 | 82 | 83 | 92 |
| 13 | 011 | 赵运泽 | 男 | 91 | 83 | 46 | 83 | 84 | 66 | 78 |
| 14 | 012 | 徐欢欢 | 女 | 65 | 73 | 85 | 68 | 90 | 85 | 64 |

图 4-14　原始数据表

（2）操作

1）表头数据的输入。

**01** 在 Excel 2010 中，既可以输入数字，又可以输入汉字、英文、标点和一些特殊符号等。在输入数据时，应选择要输入数据的单元格，然后在该单元格内输入数据。

**02** 选择 A1 单元格，输入标题行“学生成绩表”；

**03** 在 A2：J2 单元格区域中分别输入各字段名：学号、姓名、性别、高数、哲学、英语、美术、图像处理、组装维修、网页制作。

2）表格内容的输入。

**01** 在工作表的第 3 行起输入 12 条数据记录，如图 4-14 所示。

**02** 在 A3、A4 单元格中分别输入 001 和 002；同时选中 A3：A4 单元格，移动光标至 A4 单元格右下角；当鼠标指针变成“+”形状时，按住鼠标左键往下拖至 A16 单元格后松开鼠标左键，完成“序号”列数据的输入。再依次输入表格的其他内容。单元格中输入的数据文本默认左对齐显示，数值默认右对齐显示。

**03** 复制“原始数据”表，放到“原始数据”表后，改名为“表头换行”，双击 C2 单元格，将光标移到“性别”之前，输入科目，按“Alt+Enter”组合键实现在 C2 单元格中的换行，用空格键调整科目靠右、“性别”靠左显示，如图 4-15 所示。

| | A | B | C | D | E | F | G | H | I | J |
|---|---|---|---|---|---|---|---|---|---|---|
| 1 | 学生成绩表 | | | | | | | | | |
| 2 | 学号 | 姓名 | 科目<br>性别 | 高数 | 哲学 | 英语 | 美术 | 图像处理 | 组装维修 | 网页制作 |

图 4-15　C2 单元格换行后的效果

（3）扩展知识

在输入“序号”列的数值时，为了留住数值 1 前面的三个 0，可使用以下两种方法：先输入单引号（英文标点符号）再输入 001，如’001；将该单元格设置为文本格式，再输入 001。

填充柄的自动填充功能：填充柄是位于选定单元格右下角的小黑色方块。当光标指向填充柄时，鼠标指针变为黑十字。填充柄的作用是填充数据。

填充柄的使用方法：将光标指向填充柄，光标由十字架形变为细黑十字形，按住鼠标左键拖动，即可利用填充柄来进行上、下、左、右的填充操作。

Excel 提供了两种在活动单元格中编辑数据的方式，即改写方式和插入方式。单击单元格可进入改写方式，输入的数据将覆盖单元格原来的数据。双击单元格可进入插入方式，输入的数据将插入到单元格光标所在位置。

在 Excel 2010 中，按“Alt+Enter”组合键可实现单元格中的换行。

Excel 中的主要数据类型为文本类型、数值类型、逻辑类型。

1）文本类型：文本类型就是平常所输入的汉字、空格、英文字母，默认左对齐。

2）数值类型：数值型的数据包含日期、时间、百分数、会计专用、科学计数、自定义等，默认右对齐，如图 4-16 中 B1、B2 单元格所示。

3）逻辑类型：Excel 中逻辑类型的数据只有两个值，即 True 和 False，默认居中对齐。

在 Excel 中可以输入多种数据类型，在单元格上右击，选择“设置单元格格式”选项，在“设置单元格格式”对话框中选择“数字”选项卡，即可设置需要的 Excel 数据类型，如图 4-17 所示。

图 4-16　数值类型

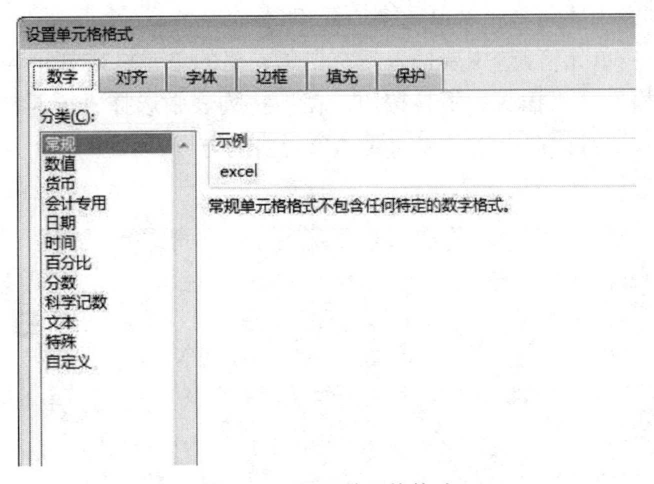

图 4-17　设置单元格格式

### 4．插入“组别”列

（1）目标

通过在 Excel 2010 中单击“开始”→“单元格”→“插入”按钮，在“学生成绩”表的“姓名”和“科目性别”列中间插入“组别”列。

（2）操作

复制“表头换行”表，并放到该表中，将其改名为“插入列”表，单击列号 B，选中“科目性别”列，如图 4-18 所示，单击“开始”→“单元格”→“插入”按钮，选择“插入工作表列”选项，即可在选中列左侧插入一新列，如图 4-19 所示。单击 B2 单元格，输入表头内容“组别”，以同样的方法输入该列其他单元格的内容，如图 4-20 所示。

▲ 插入单元格

| B | C | D |
|---|---|---|
| 姓名 | 科目<br>性别 | 高数 |
| 张小云 | 女 | 89 |
| 徐瑞思 | 女 | 88 |
| 王知欣 | 女 | 76 |
| 周由国 | 男 | 87 |
| 李世杰 | 男 | 92 |
| 王可 | 男 | 92 |
| 李明玉 | 男 | 86 |
| 刘甜 | 女 | 89 |
| 林小晓 | 女 | 72 |
| 孙玉林 | 男 | 78 |
| 赵运泽 | 男 | 91 |
| 徐欢欢 | 女 | 65 |

图 4-18　选定列

| B | C | D |
|---|---|---|
| 姓名 | | 科目<br>性别 |
| 张小云 | | 女 |
| 徐瑞思 | | 女 |
| 王知欣 | | 女 |
| 周由国 | | 男 |
| 李世杰 | | 男 |
| 王可 | | 男 |
| 李明玉 | | 男 |
| 刘甜 | | 女 |
| 林小晓 | | 女 |
| 孙玉林 | | 男 |
| 赵运泽 | | 男 |
| 徐欢欢 | | 女 |

图 4-19　插入的新列

| B | C | D |
|---|---|---|
| 姓名 | 组别 | 科目<br>性别 |
| 张小云 | 1组 | 女 |
| 徐瑞思 | 2组 | 女 |
| 王知欣 | 1组 | 女 |
| 周由国 | 2组 | 男 |
| 李世杰 | 3组 | 男 |
| 王可 | 3组 | 男 |
| 李明玉 | 2组 | 男 |
| 刘甜 | 1组 | 女 |
| 林小晓 | 1组 | 女 |
| 孙玉林 | 2组 | 男 |
| 赵运泽 | 3组 | 男 |
| 徐欢欢 | 3组 | 女 |

图 4-20　输入内容

（3）扩展知识

1）在工作表中插入与删除单元格、行和列。

① 插入空白单元格：选中要插入新空白单元格的单元格或单元格区域，单击“开始”→“单元格”→“插入”下拉按钮，在下拉列表中选择“插入单元格”选项，在弹出的“插入”对话框中选择移动活动单元格的方向，如图 4-21 所示，单击“确定”按钮。

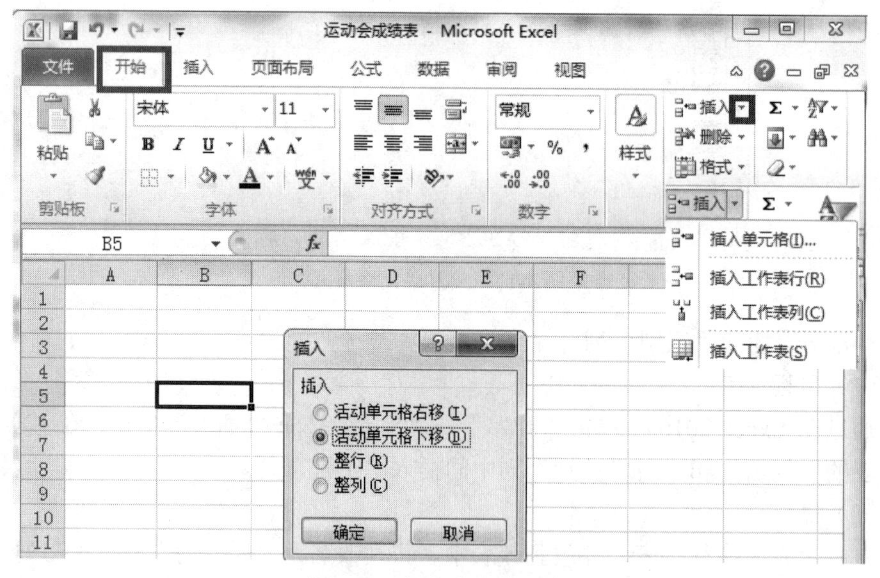


图 4-21　插入空白单元格

② 插入行：选择要在其上方插入新行的整行或该行中的一个单元格，单击“开始”→“单元格”→“插入”下拉按钮，选择“插入工作表行”选项。

③ 插入列：选择要在紧靠其右侧插入新列的列或该列中的一个单元格，单击“开始”→“单元格”→“插入”下拉列表，选择“插入工作表列”选项。

④ 删除单元格、行或列：选择要删除的单元格、行或列，单击“开始”→“单

元格”→“删除”下拉按钮，然后执行下列操作之一。

要删除所选的单元格，应选择“删除单元格”选项。

要删除所选的行，应选择“删除工作表行”选项。

要删除所选的列，应选择“删除工作表列”选项。

如果要删除单元格或单元格区域，可在“删除”对话框中选中“右侧单元格左移”、“下方单元格上移”、“整行”或“整列”单选按钮，如图4-22所示。

图4-22 “单元格”组删除下拉列表及删除对话框

2）移动与复制单元格。

移动或复制单元格时，Excel 2010将移动或复制整个单元格，包括公式及其结果、单元格格式和批注。

具体步骤：选择要移动或复制的单元格，在“开始”选项卡“剪贴板”组中，执行下列操作之一。

要移动单元格，单击“剪切”按钮，快捷键为“Ctrl+X”按钮；

要复制单元格，单击“复制”按钮，快捷键为“Ctrl+C”按钮；

选择位于粘贴区域左上角的单元格，单击“开始”→“剪贴板”→“粘贴”按钮，快捷键为“Ctrl+V”。

如果想在现有单元格间插入移动或复制的单元格，可右击粘贴区域左上角的单元格，在弹出的快捷菜单中选择“插入剪切的单元格”或“插入复制的单元格”选项。在“插入粘贴”对话框中，单击要移动周围单元格的方向。如果想插入整行或列，则周围的行和列将向下和向右移动。

3）移动与复制工作表。

移动工作表：选定要移动的工作表，按住鼠标左键将其拖动到目标位置后松开鼠标左键。

复制工作表：选定要复制的工作表，按住“Ctrl”键的同时按住左键将其拖动到目标位置后松开鼠标左键。

## 5. 设置行高和列宽

（1）目标

复制工作表并改名，单击“开始”→“单元格”“格式”下拉按钮，在下拉列表中选择“行高”（或“列宽）选项，将表格的第一行的行高设置为30，将第二行的行高设置为40，其余行高设置为20。各列的宽度根据数据内容的多少设置为最合适的宽度。

（2）操作

**01** 复制“表头换行”表，将其放到该表后，改名为“插入列”表。

**02** 单击表格第1行的行号，选定第1行单元格，单击“开始”→“单元格”→“格式”下拉按钮，在下拉列表中选择“行高…”选项，在弹出的“行高”对话框中输入行高为30，单击“确定”按钮。选定第2行，以同样的方法将第2行的行高设置为25。单行第3行的行号，选择第3行单元格，按住“Shift”键，单击第26行的行号，选中3～26行单元格，以同样的方法将其行高设置为20。

**03** 将鼠标指针指向第B列与第C列之间的列号，当鼠标指针变成“+”形状时按住左键不放拖动调整B列的宽度，当宽度合适时松开鼠标左键即可。（如果想调整到刚好能容纳本列内容，则双击要调整列与其后列之间的列线即可。）以同样的方法可调整其他列的宽度，如图4-23所示。

| | A | B | C | D | E | F | G | H | I | J | K |
|---|---|---|---|---|---|---|---|---|---|---|---|
| 1 | 学生成绩表 | | | | | | | | | | |
| 2 | 学号 | 姓名 | 组别 | 科目<br>性别 | 高数 | 哲学 | 英语 | 美术 | 图像处理 | 组装维修 | 网页制作 |
| 3 | 001 | 张小云 | 1组 | 女 | 89 | 87 | 82 | 88 | 81 | 75 | 87 |
| 4 | 002 | 徐瑞思 | 2组 | 女 | 88 | 92 | 90 | 97 | 95 | 81 | 75 |
| 5 | 003 | 王知欣 | 1组 | 女 | 76 | 68 | 48 | 65 | 82 | 79 | 71 |
| 6 | 004 | 周由国 | 2组 | 男 | 87 | 73 | 92 | 78 | 56 | 86 | 64 |
| 7 | 005 | 李世杰 | 3组 | 男 | 92 | 98 | 89 | 99 | 98 | 88 | 94 |
| 8 | 006 | 王可 | 3组 | 男 | 92 | 86 | 90 | 68 | 87 | 95 | 85 |
| 9 | 007 | 李明玉 | 2组 | 男 | 86 | 66 | 88 | 92 | 74 | 80 | 83 |
| 10 | 008 | 刘甜 | 1组 | 女 | 89 | 63 | 72 | 78 | 72 | 54 | 94 |
| 11 | 009 | 林小晓 | 1组 | 女 | 72 | 62 | 67 | 74 | 68 | 69 | 66 |
| 12 | 010 | 孙玉林 | 2组 | 男 | 78 | 47 | 40 | 54 | 82 | 83 | 92 |
| 13 | 011 | 赵运泽 | 3组 | 男 | 91 | 83 | 46 | 83 | 84 | 66 | 78 |
| 14 | 012 | 徐欢欢 | 3组 | 女 | 65 | 73 | 85 | 68 | 90 | 85 | 64 |

图4-23 调整行高和列宽后的效果

▲ 调整行高和列宽

**小贴士**

调整列宽时，将鼠标指针定位在需要调整的列标之间，当鼠标指针变成左右方向的箭头✥时双击，列宽将根据本列单元格数据宽度自动调整为合适的宽度。

（3）扩展知识

设置行高或列宽的方法如下。

**方法 1：** 将鼠标指针定位在需要调整的行号（列标）之间，当鼠标指针变成左右（✥）或上下（✥）方向的箭头时，拖动到合适的行高或列宽即可。（如果双击，则行高或列宽将根据本列单元格数据宽度自动调整为合适的高度或宽度。）

**方法 2：** 单击“开始”→“单元格”→“格式”下拉按钮，在下拉列表中选择“行高”（或“列宽”）选项，弹出“行高”（或“列宽”）对话框，精确设置行高或列宽。

### 6. 美化工作表

（1）目标

复制表，通过“设置单元格格式”对话框中的数字、对齐、字体、边框等，将标题设置为黑体、18 号、深蓝色；将表头行数据设置为楷体、14 号、红色，居中对齐，底纹颜色设置为“浅蓝”色；将其他数据区域的底纹颜色设置为“浅黄”色；表格数据区域外边框为粗线，内边框为细线，表头行的下边线为双实线，为 D2 单元格添加斜线。

（2）操作

1）设置标题行的格式。

**01** 选中标题行 A1：M1 单元格区域，单击“开始”→“对齐方式”→“合并后居中”按钮，将标题行 A1：M1 单元格区域合并且居中显示。单击“开始”→“字体”→“字体”、“字号”、“字体颜色”按钮，将标题设置为黑体、18 号、深蓝色。

**02** 复制“行列调整”表，放到该表后，改名为“格式化工作表”。

2）设置表头行的格式。

选中表头行 A2：M2 单元格区域，单击“开始”→“对齐方式”→“居中”按钮，将表头设置为居中对齐。利用和设置标题字体同样的方法将表头字体设置为楷体、14 号、红色。

3）设置填充颜色。

选择表头行 A2：M2 单元区域，单击“开始”→“字体”→“填充颜色”按钮，设置底纹颜色为“浅蓝”色。用同样的方法设置单元格区域 A3：H26 的底纹颜色为“浅黄”色。

4）设置表格线。

**01** 选择单元格区域 A2：K14，单击“开始”→“字体”→“边框”按钮，分别选择“所有框线”和“粗匣框线”，为表格加上表格线。用同样的方法设置表头行的下边线为双实线，并为 D2 单元格添加斜线。

**02** 最终设置效果如图 4-24 所示。

| | A | B | C | D | E | F | G | H | I | J | K |
|---|---|---|---|---|---|---|---|---|---|---|---|
| 1 | 学生成绩表 | | | | | | | | | | |
| 2 | 学号 | 姓名 | 组别 | 科目<br>性别 | 高数 | 哲学 | 英语 | 美术 | 图像处理 | 组装维修 | 网页制作 |
| 3 | 001 | 张小云 | 1组 | 女 | 89 | 87 | 82 | 88 | 81 | 75 | 87 |
| 4 | 002 | 徐瑞思 | 2组 | 女 | 88 | 92 | 90 | 97 | 95 | 81 | 75 |
| 5 | 003 | 王知欣 | 1组 | 女 | 76 | 68 | 48 | 65 | 82 | 79 | 71 |
| 6 | 004 | 周由国 | 2组 | 男 | 87 | 73 | 92 | 78 | 56 | 86 | 64 |
| 7 | 005 | 李世杰 | 3组 | 男 | 92 | 98 | 89 | 99 | 98 | 88 | 94 |
| 8 | 006 | 王可 | 3组 | 男 | 92 | 86 | 90 | 68 | 87 | 95 | 85 |
| 9 | 007 | 李明玉 | 2组 | 男 | 86 | 66 | 88 | 92 | 74 | 80 | 83 |
| 10 | 008 | 刘甜 | 1组 | 女 | 89 | 63 | 72 | 78 | 72 | 54 | 94 |
| 11 | 009 | 林小晓 | 1组 | 女 | 72 | 62 | 67 | 74 | 68 | 69 | 66 |
| 12 | 010 | 孙玉林 | 2组 | 男 | 78 | 47 | 40 | 54 | 82 | 83 | 92 |
| 13 | 011 | 赵运泽 | 3组 | 男 | 91 | 83 | 46 | 83 | 84 | 66 | 78 |
| 14 | 012 | 徐欢欢 | 3组 | 女 | 65 | 73 | 85 | 68 | 90 | 85 | 64 |

图 4-24　格式化工作表最终效果

（3）扩展知识

1）单元格的选择。

选择单个单元格的方法如下。

**方法 1**：单击要选择的单元格即可选中该单元格，并使其成为活动单元格。

**方法 2**：在名称框中输入要选择的单元格的名称，按“Enter”键，也可选中该单元格。

选择整行和整列：在工作表的行号上单击，即可选定该行；在列标上单击，即可选定该列。

选择连续的单元格区域：将鼠标指针指向该区域的第一个单元格，按住鼠标左键拖动至最后一个单元格，松开鼠标左键即可完成选择。

选择不连续的单元格区域：按住“Ctrl”键后分别选择每一个单元区域，左键即可完成选择。

选择整个工作表：若要选择整个工作表，则可单击工作表左上角的“选择整个工作表”按钮，选择后的单元格区域反白显示。如果要取消选择，则单击工作表中的任一单元格即可。

2）设置表格的字符格式、对齐方式和边框。

表格中的数据输入以后，下一步的操作就是设置表格的字符格式、对齐方式和边框，从而使表格更美观。具体的设置方法有以下两种。

**方法 1**：单击“开始”→“字体”、“对齐方式”、“数字”组中的按钮，如图 4-25 所示。

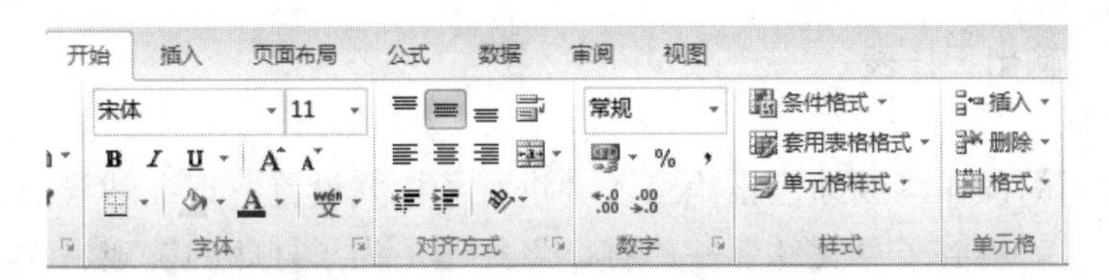


图 4-25 “开始”选项卡的部分按钮

**方法 2**：单击“开始”→“字体”或“对齐方式”或“数字”组右下角的对话框启动器按钮，弹出“设置单元格格式”对话框，在该对话框中选择“字体”、“对齐”、“数字”等选项卡来完成设置，如图 4-26 所示。

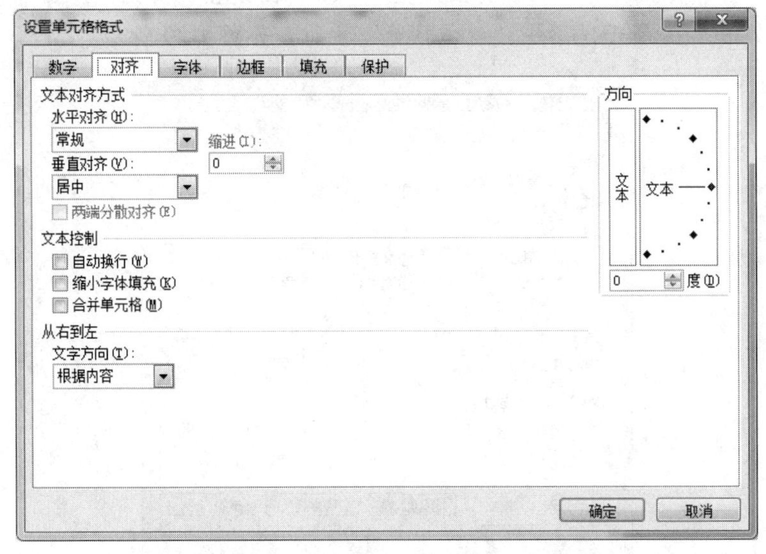


图 4-26 “设置单元格格式”对话框

3）合并及拆分单元格。

① 合并单元格：选择要合并的单元区域，单击“开始”→“对齐方式”→“合并后居中”下拉按钮，在弹出的下拉列表中选择“合并单元格”选项，如果要居中显示，则应选择“合并后居中”选项，如图 4-27 所示。如果合并的单元格有内容，则合并后仅保留左上角第一个单元格的内容。

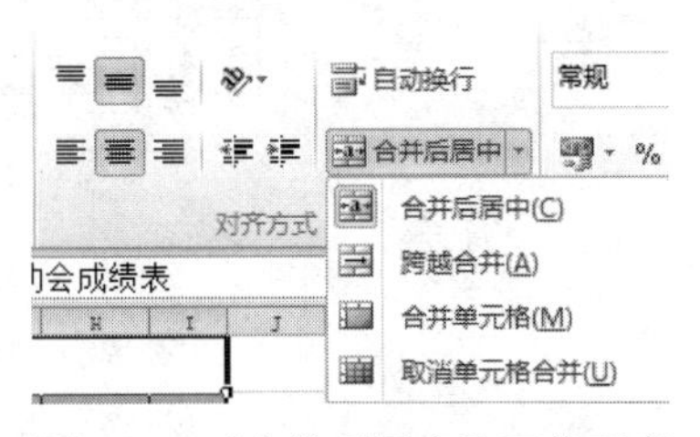


图 4-27 “合并后居中”下拉列表

② 拆分单元格：选择要拆分的单元格，单击“开始”→“对齐方式”→“合并后居中”下拉按钮，在弹出的下拉列表中选择“取消单元格合并”选项，如图 4-27 所示。

### 7. 输出工作表

（1）目标

经过前面的操作，成绩已正确录入并进行了格式设置，现在辅导员想把成绩表打印出来。这就用到了“文件”→“打印”按钮。为了打印的美观、大方，打印之前最好预览一下。超过一页的，最好设置好打印标题，保证每页表上都有标题和表头，使浏览者一目了然。

（2）操作

1）打印预览。

**01** 单击“页面布局”→“页面设置”→“页面设置”按钮，弹出“页面设置”对话框，如图 4-28 所示，单击“打印预览”按钮，如图 4-29 所示。

图 4-28 “页面设置”对话框

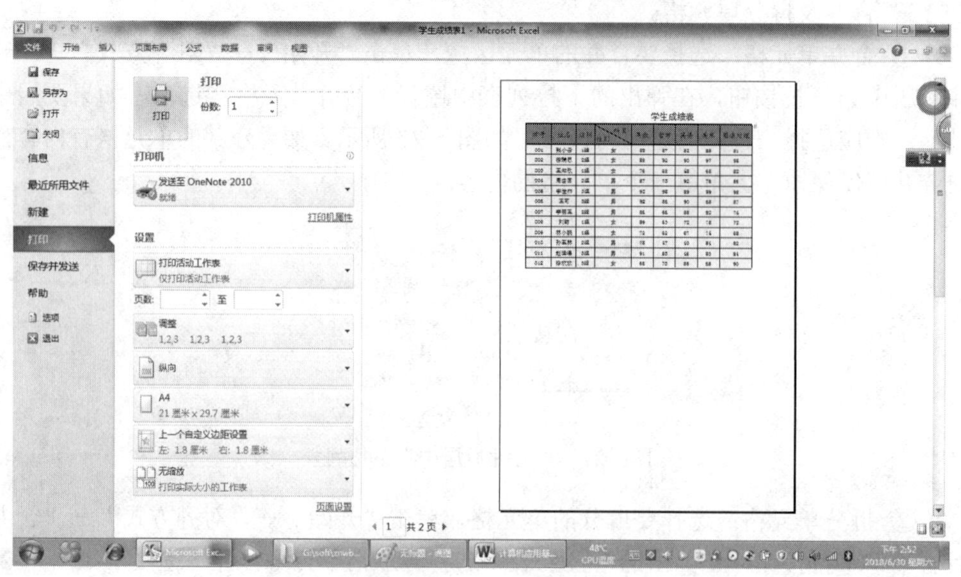


图 4-29 打印预览

**02** 根据打印预览的效果，可以看到，表格中的列比较多，一页无法完全显示，可以考虑改变纸张方向，设置纸张为“横向”，并调整各列的宽度，使其正好在一页上显示出来。

2）设置纸张方向。

在“页面设置”对话框中，在“方向”选项组中选中“横向”单选按钮，单击“确定”按钮，纸张即被设置成横向。再根据内容调整各列的宽度，使各列布满页面宽度即可。

3）设置打印标题。

当打印表格比较长，且超过一页时，在第二页没有标题和表头，如图 4-30 所示。

| 010 | 孙玉林 | 2组 | 男 | 78 | 47 | 40 | 54 | 82 | 83 | 92 |
|---|---|---|---|---|---|---|---|---|---|---|
| 011 | 赵运泽 | 3组 | 男 | 91 | 83 | 46 | 83 | 84 | 66 | 78 |
| 012 | 徐欢欢 | 3组 | 女 | 65 | 73 | 85 | 68 | 90 | 85 | 64 |

图 4-30　打印预览第二页

为了使第二页也有标题和表头，操作如下。

**01** 选中要设置标题的表格，在“页面设置”对话框中，选择“工作表”选项卡。

**02** 在“打印标题”选项组中单击“顶端标题行”右侧的收缩按钮，在表格中选中标题和表头行，如图 4-31 所示。

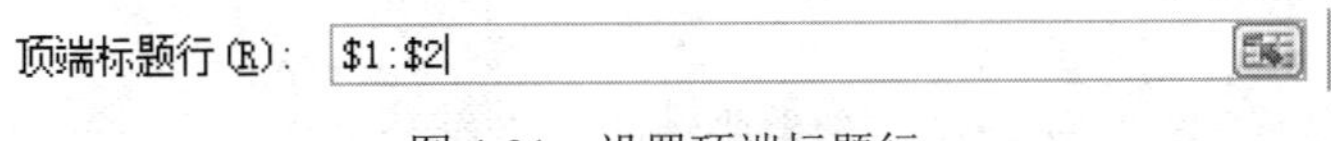


图 4-31　设置顶端标题行

**03** 单击图 4-31 中所示的展开按钮，单元格区域已经输入，如图 4-32 所示。

**04** 单击“打印预览”按钮，可发现第二页添加了标题和表头，如图 4-33 所示。

图 4-32　设置打印标题

学生成绩表

| 学号 | 姓名 | 组别 | 科目<br>性别 | 高数 | 哲学 | 英语 | 美术 | 图像处理 | 组装维修 | 网页制作 |
|---|---|---|---|---|---|---|---|---|---|---|
| 010 | 孙玉林 | 2组 | 男 | 78 | 47 | 40 | 54 | 82 | 83 | 92 |
| 011 | 赵运泽 | 3组 | 男 | 91 | 83 | 46 | 83 | 84 | 66 | 78 |
| 012 | 徐欢欢 | 3组 | 女 | 65 | 73 | 85 | 68 | 90 | 85 | 64 |

图 4-33　第二页设置了顶端标题和表头

任务 2

# 计算学生成绩

## 任务描述

经过本模块任务 1 的操作，学生成绩的表格已经制作好，并进行了美化。为了让班级的成绩尽快统计出来，下面使用 Excel 的计算功能完成本任务。

✧ 单元格地址能正确表示，并能灵活运用各种地址进行计算。
✧ 能把各科的最高、最低成绩正确表达出来。
✧ 能把每个班级的总分、平均分完美表达出来。
✧ 使用 IF 条件函数，能进行评价、奖学金字段的正确表达。
✧ 能使用图表直观地把数据表达出来，帮助教师对数据做出更精准的分析判断。
✧ 利用排序功能对数据进行有序排列，使用筛选、分类汇总功能对数据进行分类统计。

根据大家的讨论意见，确定了表格需要计算的各项目。在技术分析的基础上，使用 Excel 2010 提供的相关功能来完成表格中各项目的计算。

## 技术方案

本任务要求大家学会 Excel 中单元格地址的正确表示，正确使用各个函数完成数据的计算，技术要求如下。

✧ 通过“公式”选项卡中的“自动求和”按钮，完成总分的计算。
✧ 通过 MAX()、MIN()函数的正确使用，完成最大值、最小值的计算。

✧ 通过平均值函数 AVERAGE()或求平均值公式的正确应用，完成平均值的计算。

✧ 通过 IF()函数的正确使用，完成学生评价字段的填写。

## 任务实现

### 1. 计算总分

（1）目标

在 L2 单元格中输入“总分”，利用“自动求和”按钮计算总分。

（2）操作

**01** 将“格式化工作表”复制并放到该表后面，重命名为“学生成绩”表。

**02** 选择 L2 单元格，输入“总分”，利用格式刷快速设置 L 列与前面各列的格式相同。

**03** 选择 L3 单元格，单击“公式”→“函数库”→“自动求和”按钮，该单元格中出现公式“=SUM（E3:K3）”，单击“编辑”栏中的✓按钮，完成第一位学生总分的计算。

**04** 利用填充柄的快速填充功能，将其他学生的总分快速计算出来。

**小贴士**

在对数据进行求和时，如果数据区域和存放结果的空白单元格连续，则可以同时选中数据区域和空白单元格区域，如图 4-34 所示，单击“公式”→“函数库”→“自动求和”按钮，按“Enter”键确认，可同时把所有需要计算的数据计算出来。

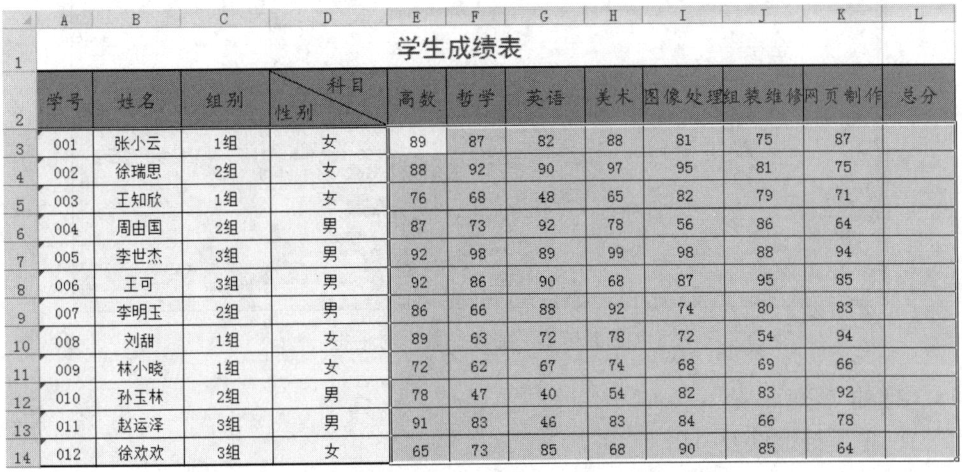

| | A | B | C | D | E | F | G | H | I | J | K | L |
|---|---|---|---|---|---|---|---|---|---|---|---|---|
| 1 | 学生成绩表 | | | | | | | | | | | |
| 2 | 学号 | 姓名 | 组别 | 科目/性别 | 高数 | 哲学 | 英语 | 美术 | 图像处理 | 组装维修 | 网页制作 | 总分 |
| 3 | 001 | 张小云 | 1组 | 女 | 89 | 87 | 82 | 88 | 81 | 75 | 87 | |
| 4 | 002 | 徐瑞思 | 2组 | 女 | 88 | 92 | 90 | 97 | 95 | 81 | 75 | |
| 5 | 003 | 王知欣 | 1组 | 女 | 76 | 68 | 48 | 65 | 82 | 79 | 71 | |
| 6 | 004 | 周由国 | 2组 | 男 | 87 | 73 | 92 | 78 | 56 | 86 | 64 | |
| 7 | 005 | 李世杰 | 3组 | 男 | 92 | 98 | 89 | 99 | 98 | 88 | 94 | |
| 8 | 006 | 王可 | 3组 | 男 | 92 | 86 | 90 | 68 | 87 | 95 | 85 | |
| 9 | 007 | 李明玉 | 2组 | 男 | 86 | 66 | 88 | 92 | 74 | 80 | 83 | |
| 10 | 008 | 刘甜 | 1组 | 女 | 89 | 63 | 72 | 78 | 72 | 54 | 94 | |
| 11 | 009 | 林小晓 | 1组 | 女 | 72 | 62 | 67 | 74 | 68 | 69 | 66 | |
| 12 | 010 | 孙玉林 | 2组 | 男 | 78 | 47 | 40 | 54 | 82 | 83 | 92 | |
| 13 | 011 | 赵运泽 | 3组 | 男 | 91 | 83 | 46 | 83 | 84 | 66 | 78 | |
| 14 | 012 | 徐欢欢 | 3组 | 女 | 65 | 73 | 85 | 68 | 90 | 85 | 64 | |

图 4-34　同时选中数据区域和空白单元格区域

▲ 使用求和函数 SUM

可以用 SUM()函数求和，如计算学号是 001 的学生的总分的步骤如下。

**01** 选择存放结果的空白单元格 L3，单击“公式”→“函数库”→ fx 插入函数 按钮，弹出“插入函数”对话框，如图 4-35 所示，选择 SUM 函数，单击“确定”按钮。弹出“函数参数”对话框，输入正确的求和区域，按“Enter”键。

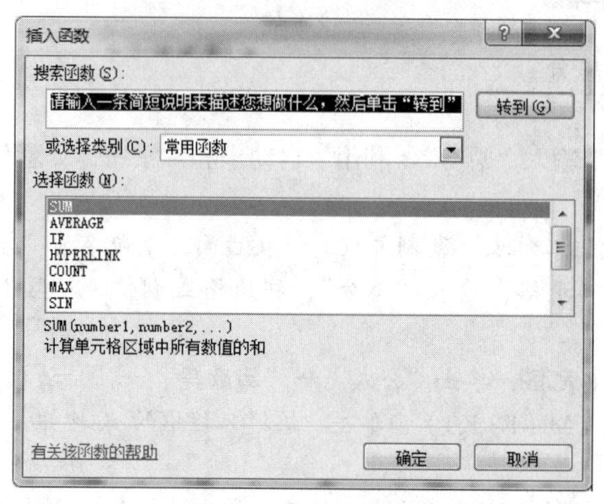


图 4-35　插入 SUM 函数

**02** 也可以用公式计算，输入公式时以英文状态下的等号（=）开头，后面跟相应的求和表达式。例如，计算学号是 001 的学生的总分，可输入“=E3+F3+G3+H3+I3+J3+K3”或输入“E3：K3”，按“Enter”键确认，如图 4-36 所示。

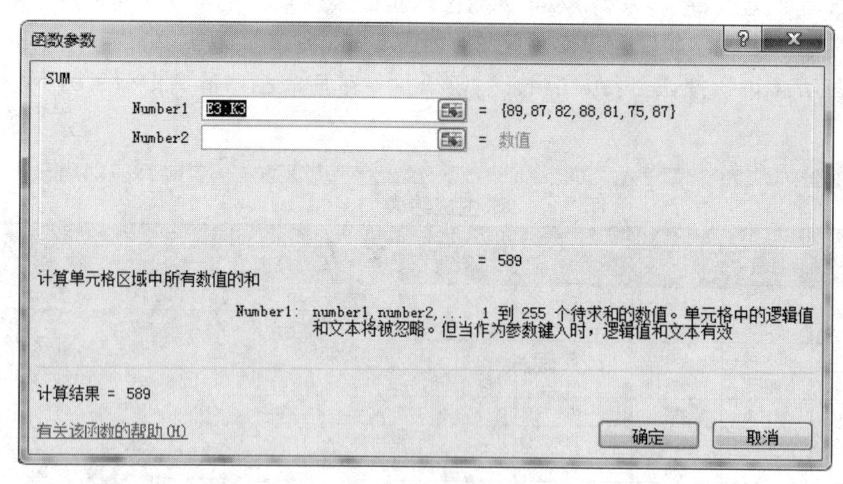


图 4-36　“函数参数”对话框

（3）扩展知识

1）单元格地址及引用。

① 单元格地址：单元格地址是单元格在工作表中的位置，每个单元格都有一个地址，用“列标”与“行号”直接表示单元格。单元格地址的引用有相对引用、绝对引用、混合引用 3 种。

② 相对引用：相对引用也称相对地址，直接用“列号行号”表示，如 D3。如果某个单元格内的公式被复制到另一个单元格中，原来单元格内的地址在新单元格中会发生相应的变化，这就需要用相对引用来实现。

例如，C1 单元格中输入公式“=A1+B1”，如图 4-37 所示，计算结果为 50，利用填充柄将公式复制到 C2 单元格中，公式变为“＝A2+B2”，如图 4-38 所示，计算结果为 90。

| | A | B | C |
|---|---|---|---|
| 1 | 20 | 30 | =A1+B1 |
| 2 | 40 | 50 | |
| 3 | 30 | 15 | |

图 4-37 相对引用时 C1 单元格中的公式

| | A | B | C |
|---|---|---|---|
| 1 | 20 | 30 | 50 |
| 2 | 40 | 50 | =A2+B2 |
| 3 | 30 | 15 | |

图 4-38 复制到 C2 中的单元格公式

在使用相对地址时，公式中所引用的单元格地址随活动单元格地址的变化而发生相对变化。例如，活动单元格地址向下变化一行，公式中所引用的单元格地址也向下变化一行，以此类推。

③ 绝对引用：如果希望在移动或复制公式后，仍然使用原来单元格或单元格区域中的数据，则需要使用绝对引用。在使用单元格的绝对引用时，必须在单元格的列标与行号前加“$”符号。例如，在 C1 单元格中输入公式“=$A$1+$B$1”，如图 4-39 所示，计算结果是 50，将其向下拖动复制到 C2 单元格中时，公式不变，仍然是“=$A$1+$B$1，如图 4-40 所示，计算结果仍然是 50。

| | A | B | C |
|---|---|---|---|
| 1 | 20 | 30 | =$A$1+$B$1 |
| 2 | 40 | 50 | 90 |
| 3 | 30 | 15 | |

图 4-39 绝对引用时 C1 单元格中的公式

| | A | B | C |
|---|---|---|---|
| 1 | 20 | 30 | 50 |
| 2 | 40 | 50 | =$A$1+$B$1 |
| 3 | 30 | 15 | |

图 4-40 复制到 C2 单元格中时的公式

④ 混合引用：相对引用与绝对引用混合使用即为混合引用。在混合引用中，绝对引用部分保持不变，而相对引用的部分将发生相应的变化。例如，在 C1 中输入公式“＝A$1+$B1”，向下拖动复制到 C2 单元格中时，公式变为“＝B$1+$B2”。

2）使用工作表的引用进行多个工作表的计算。

在 Excel 中，不但可以引用同一个工作表的单元格（内部引用），而且可以引用同一工作簿中不同工作表的单元格，还能引用不同工作簿中的单元格（外部引用）。

引用其他工作簿和工作表中的单元格可以用“[工作簿]工作表！单元格地址”的格式来表示。例如，“学生成绩表”工作簿中“Sheet2”工作表的 B3 单元格可用“[学生成绩表]Sheet2!B3”来表示。

**注意**

在不同的工作表或不同工作簿中引用单元格时，感叹号“!”（英文状态）不能省略。

扫一扫，学微课

## 2. 计算“学生成绩表”中各科目的最大值和最小值

（1）目标

在 D15、D16 单元格中输入文本“各科最大值”、“各科最小值”，使用 MAX()求各科最大值，结果存放在每科下方最大值行对应的空白单元格内，使用 MIN()求各科最小值，结果存放在每科下方最小值行对应的空白单元格内。

（2）操作

**01** 选中 D15 单元格，输入文本“各科最大值”，选中 D16 单元格，输入文本“各科最小值”。

**02** 选中 E15 单元格，单击“公式”→“函数库”→插入函数按钮，弹出“插入函数”对话框，选择求最大值函数 MAX()，如图 4-41 所示，单击“确定”按钮。弹出“函数参数”对话框，输入正确的求最大值区域 E3：E14，如图 4-42 所示，按“Enter”键。

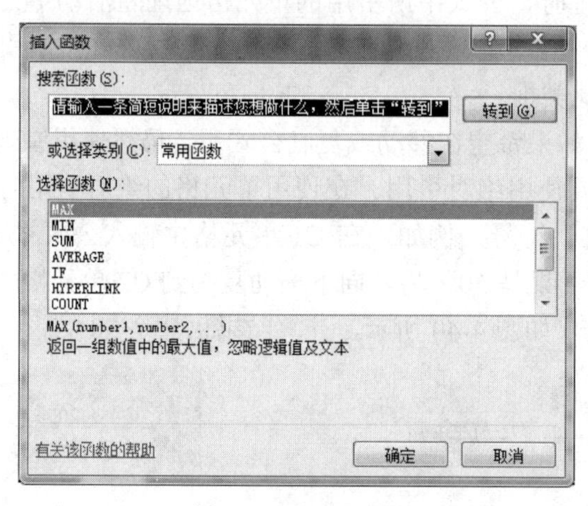


图 4-41　插入函数

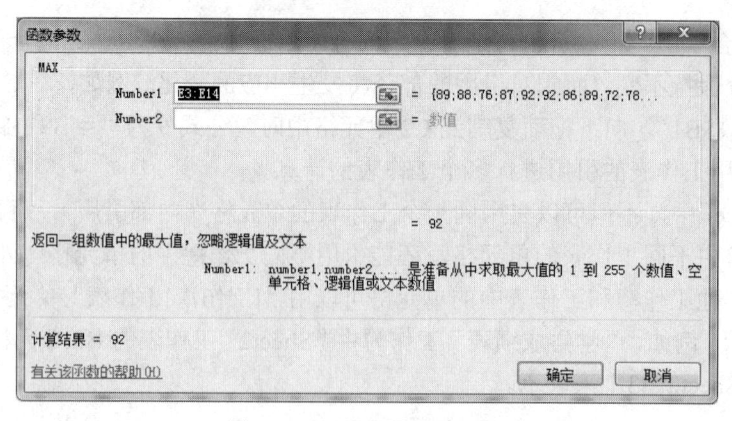


图 4-42　设置求最大值区域

**03** 选中 E16 单元格，单击“公式”→“函数库”→插入函数按钮，弹出“插入函数”对话框，类别选择“全部”，在“选择函数”列表框中选择求最小值函数 MIN，弹出“函数参数”对话框，输入正确的求最小值区域 E3：E14，按“Enter”键。

**04** 分别选中 E15、E16 单元格，将指针移动到选中单元格右下角的填充柄上，

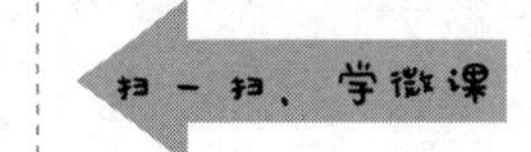


当指针变成黑色细十字时，按住鼠标左键不放，向右拖动至 K16 单元格后松开鼠标左键。

### 3．计算“学生成绩表”中每个学生的平均分

（1）目标

在 M 列中添加“平均分”列，在 M2 单元格中输入“平均分”，使用求平均值函数 AVERAGE()计算平均值，并保留 2 位小数。

（2）操作

**01** 选中 M3 单元格，单击“公式”→“函数库”→“插入函数”按钮，弹出“插入函数”对话框，选择求平均值函数 AVERAGE()，确认计算区域为 M3：M14。按“Enter”键，完成平均值的计算。

**02** 使用填充柄快速计算其他平均分，选中 M3：M14 区域，单击“开始”→“字体”→“字体”按钮，弹出“设置单元格格式”对话框，选择“数字”选项卡，小数位数设为“2”，单击“确定”按钮，如图 4-43 所示。

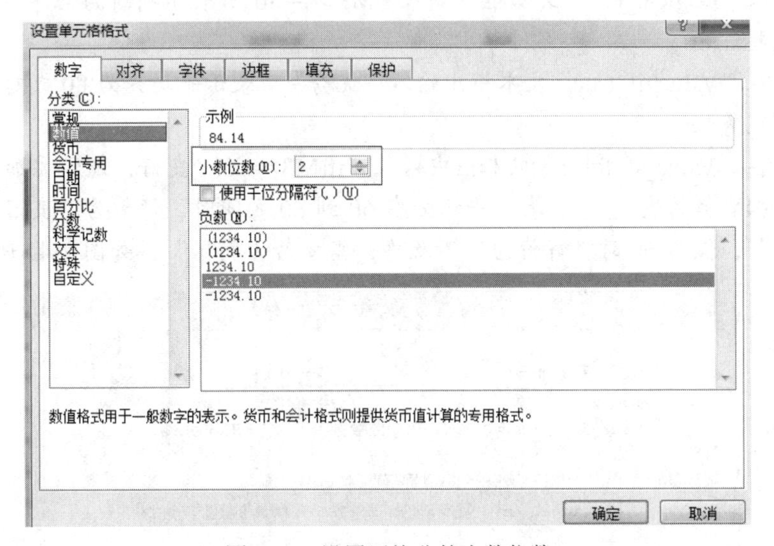


图 4-43　设置平均分的小数位数

### 4．根据“平均分”给每个学生填写正确的评价

（1）目标

使用 IF 函数，根据平均分字段，为每个学生填写正确的评价。平均分大于等于 80 的评价为“优秀”，成绩在 60 分（含 60 分）到 80 分（不含 80 分）的评价为“良好，还需加油啊！”，成绩在 60 分以下的评价为“不及格，需要努力啊！”

（2）操作

**01** 选中 N3 单元格，输入文本“评价”，添加评价列。与前面的方法相同，将该列格式设置得和前面的列一样。

**02** 选中 N4 单元格，单击编辑栏左侧的“插入函数”按钮，弹出“插入函数”对话框，在“或选择类别”下拉列表中选择“常用函数”选项，在“选择函数”列表框中选择 IF 函数，如图 4-44 所示，单击“确定”按钮。

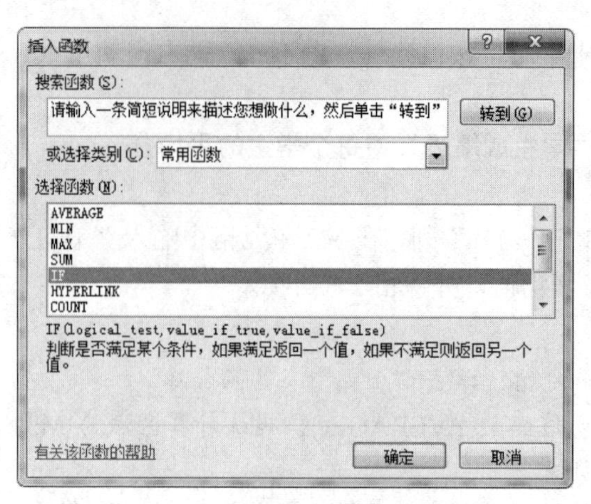


图 4-44　插入 IF 函数

**03** 在弹出的“函数参数”对话框中，设置相应的参数。

**04** 在“Logical_test”文本框中输入“M3>=80”，表示判断的条件为平均分是否等于或超过 80。

**05** 在“Value_if_true”文本框中输入“优秀”，表示平均分为 80 或超过 80 时，评价为“优秀”。

**06** 在“Value_if_false”文本框中输入“if(M3>=60, "良好，还需要加油啊！","不及格，需要努力啊！")”，表示平均分在 60 到 80 之间时，评价为“良好，还需要加油啊！”，低于 60 时，评价为“不及格，需要努力啊！”，如图 4-45 所示。

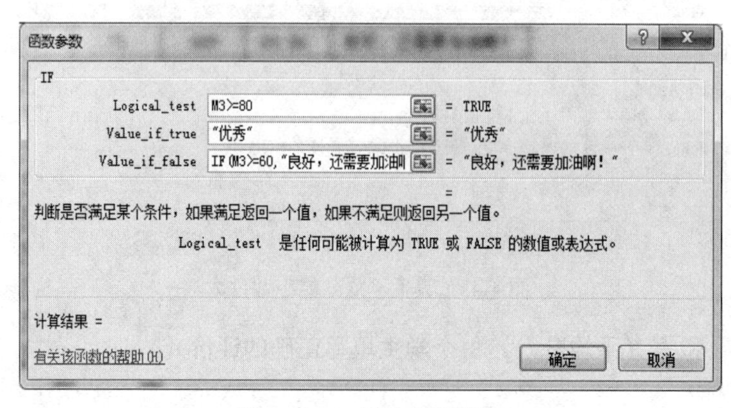


图 4-45　IF 函数参数设置

（3）扩展知识

逻辑函数 IF 的格式和功能如下。

格式：IF（逻辑表达式，条件成立时的值，条件不成立时的值）。

功能：对逻辑表达式进行测试，如果成立则取第一个值，否则取第二个值。使用时可以选择 IF 函数，也可以手工直接输入。如上述任务也可以输入“=IF(M3>=80,"优秀",IF(M3>=60,"良好，还需要加油啊！","不及格，需要努力啊！"))”，按“Enter”键确定，如图 4-46 所示。根据需要，这里使用了嵌套。

N3 =IF(M3>=80,"优秀",IF(M3>=60,"良好，还需要加油啊！","不及格，需要努力啊！"))

| | E | F | G | H | I | J | K | L | M | N |
|---|---|---|---|---|---|---|---|---|---|---|
| 1 | 学生成绩表 | | | | | | | | | |
| 2 | 高数 | 哲学 | 英语 | 美术 | 图像处理 | 组装维修 | 网页制作 | 总分 | 平均分 | 评价 |
| 3 | 89 | 87 | 82 | 88 | 81 | 75 | 87 | 589 | 84.14 | 优秀 |

图 4-46 逻辑函数 IF 示例

### 5. 根据“评价”字段或“平均分”字段计算优秀率

（1）目标

使用 COUT()、COUNTIF()函数，根据“评价”字段或“平均分”字段统计工作表中的优秀记录数、总记录数，最后计算优秀率。

（2）操作

1）选中 M17、M18、M19 单元格，分别输入文本“优秀记录数”、“总记录数”、“优秀率”。

**01** 用 COUNTIF()函数统计优秀个数，并存放到 N17 单元格中。

**02** 选中 N17 单元格，单击编辑栏左侧的“插入函数”按钮，弹出“插入函数”对话框，在“或选择类别”下拉列表中选择“全部”选项，在“选择函数”列表框中选择 COUNTIF 函数，如图 4-47 所示。

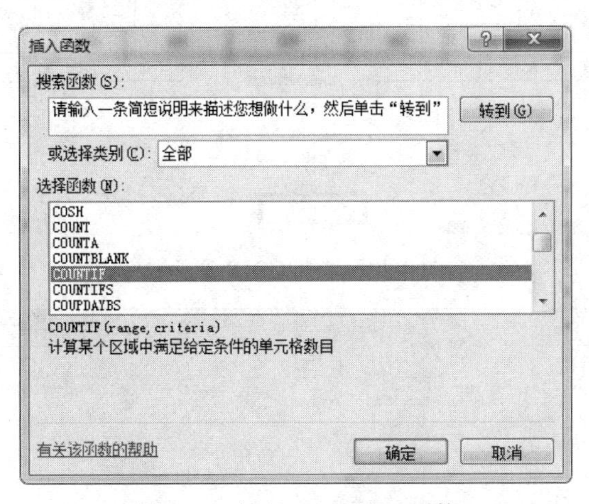


图 4-47 插入 COUNTIF 函数

**03** 单击“确定”按钮，弹出 COUNTIF 的“函数参数”对话框，在“Range”文本框中输入“N3：N14”，在“Criteria”文本框中输入“优秀”，如图 4-48 所示。

**04** 单击“确定”按钮，即可求出指定区域内“优秀”的人数。

2）用 COUNT 函数求出表中的总记录数，并存放到 N18 单元格中。

**01** 选中单元格 N18，单击“公式”→“函数库”→“其他函数”下拉按钮，选择“统计”→“COUNT”选项，如图 4-49 所示。

**02** 弹出“函数参数”对话框，在“Value l”文本框中输入“M3：M14”，如图 4-50 所示。单击“确定”按钮。

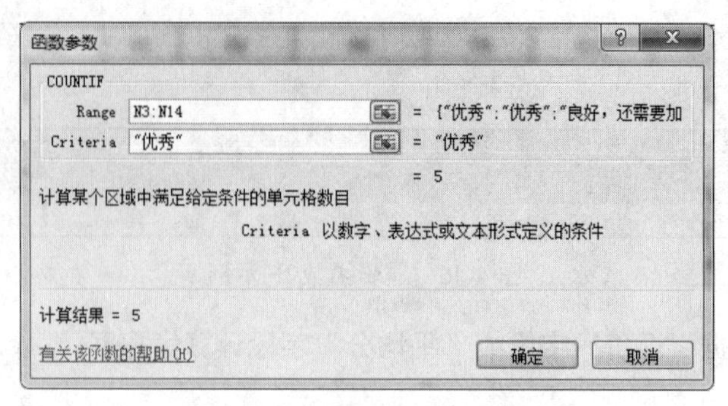


图 4-48 “函数参数”对话框

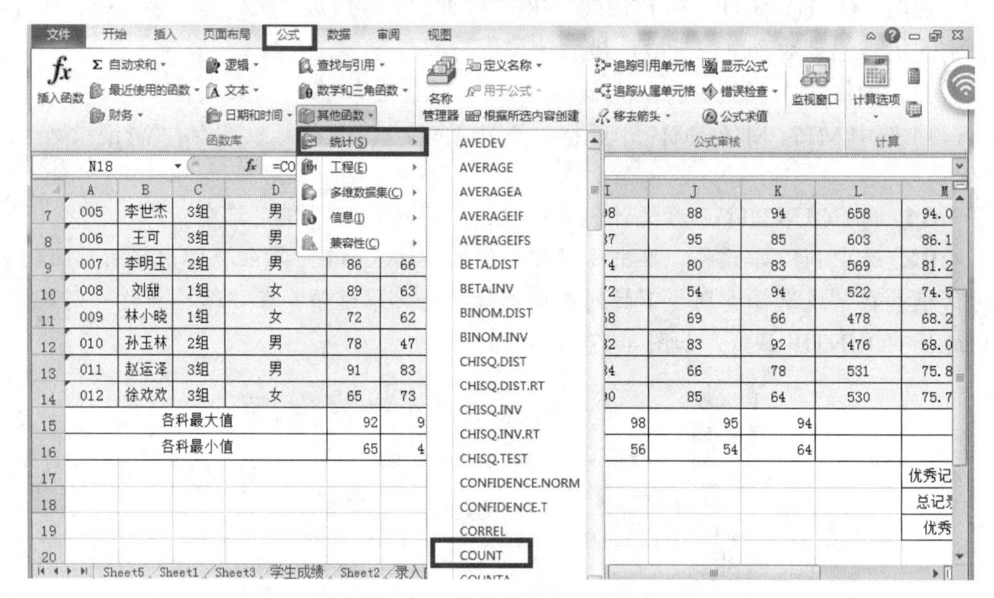


图 4-49 选择 COUNT 函数

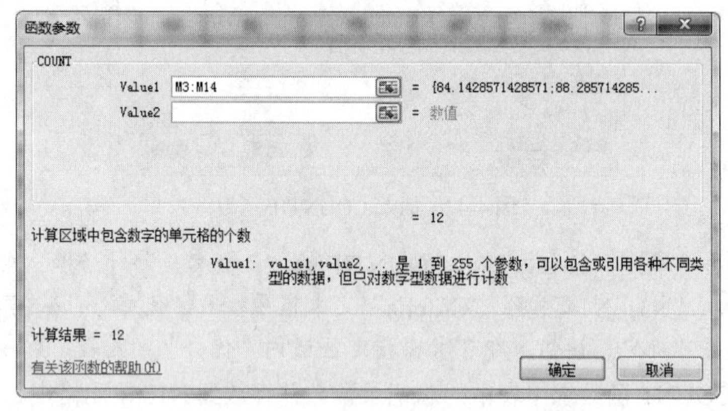


图 4-50 COUNT 的“函数参数”对话框

3）计算“优秀率”，将结果存放到 M19 单元格中。

**01** 选中 M19 单元格，输入公式“=N17/N18”，按“Enter”键。

**02** 再次选中该单元格，设置该单元格的计算结果为百分比样式。

**03** 设置相应的格式，设置后的效果如图 4-51 所示。

A1　$f_x$　学生成绩表

| 学生成绩表 | | | | | | | | | | | | | |
|---|---|---|---|---|---|---|---|---|---|---|---|---|---|
| 学号 | 姓名 | 组别 | 科目/性别 | 高数 | 哲学 | 英语 | 美术 | 图像处理 | 组装维修 | 网页制作 | 总分 | 平均分 | 评价 |
| 001 | 张小云 | 1组 | 女 | 89 | 87 | 82 | 88 | 81 | 75 | 87 | 589 | 84.14 | 优秀 |
| 002 | 徐瑞思 | 2组 | 女 | 88 | 92 | 90 | 97 | 95 | 81 | 75 | 618 | 88.29 | 优秀 |
| 003 | 王知欣 | 1组 | 女 | 76 | 68 | 48 | 65 | 82 | 79 | 71 | 489 | 69.86 | 良好，还需要加油啊！ |
| 004 | 周由国 | 2组 | 男 | 87 | 73 | 92 | 78 | 56 | 86 | 64 | 536 | 76.57 | 良好，还需要加油啊！ |
| 005 | 李世杰 | 3组 | 男 | 92 | 98 | 89 | 99 | 98 | 88 | 94 | 658 | 94.00 | 优秀 |
| 006 | 王可 | 3组 | 男 | 92 | 86 | 90 | 68 | 87 | 95 | 85 | 603 | 86.14 | 优秀 |
| 007 | 李明玉 | 2组 | 男 | 86 | 66 | 88 | 92 | 74 | 80 | 83 | 569 | 81.29 | 优秀 |
| 008 | 刘甜 | 1组 | 女 | 89 | 63 | 72 | 78 | 72 | 54 | 94 | 522 | 74.57 | 良好，还需要加油啊！ |
| 009 | 林小晓 | 1组 | 女 | 72 | 62 | 67 | 74 | 68 | 69 | 66 | 478 | 68.29 | 良好，还需要加油啊！ |
| 010 | 孙玉林 | 2组 | 男 | 78 | 47 | 40 | 54 | 82 | 83 | 92 | 476 | 68.00 | 良好，还需要加油啊！ |
| 011 | 赵运泽 | 3组 | 男 | 91 | 83 | 46 | 83 | 84 | 66 | 78 | 531 | 75.86 | 良好，还需要加油啊！ |
| 012 | 徐欢欢 | 3组 | 女 | 65 | 73 | 85 | 68 | 90 | 85 | 64 | 530 | 75.71 | 良好，还需要加油啊！ |
| 各科最大值 | | | | 92 | 98 | 92 | 99 | 98 | 95 | 94 | | | |
| 各科最小值 | | | | 65 | 47 | 40 | 54 | 56 | 54 | 64 | | | |
| | | | | | | | | | | | | 优秀记录数 | 5 |
| | | | | | | | | | | | | 总记录数 | 12 |
| | | | | | | | | | | | | 优秀率 | 41.67% |

图 4-51　学生成绩表最终效果

（3）扩展知识

1）计数函数 COUNT。

格式：COUNT（Value1，Value 2，Value 3……）。

功能：计算区域中包含数字的单元格个数。

2）条件统计函数 COUNTIF。

格式：COUNTIF（数据区域，条件表达式）。

功能：对区域中满足单个指定条件的单元格进行计数。

任务3

# 各科、各班成绩统计分析

## 任务描述

经过前面的操作，工作表中的数据计算已经完成，但同时发现 Excel 2010 可以轻松地对工作表的数据进行处理，但数字在工作表中不够直观。Excel 2010 能够根据工作表中的数据创建图表，即将行、列数据转换成有意义的图像。为了能够直观、生动地对成绩进行分析，让教师对数据做出更准确的分析和判断，需要创建图表，还需要学会对图表的对象进行编辑。

✧ 熟练利用图表向导创建图表。

✧ 能灵活设置各图表的选项。

扫一扫，学微课

✧ 熟练图表的类型，能灵活地根据任务要求选择恰当的类型创建图表。

✧ 图表创建后，能有效地利用图表分析数据。

根据大家的讨论意见，确定了图表创建需要做的准备工作。在技术分析的基础上，使用 Excel 2010 提供的相关功能，完成图表的创建及编辑。

## 技术方案

本任务要求大家学会 Excel 中图表的创建及编辑，技术要求如下。

✧ 熟练利用图表向导创建图表。

✧ 能灵活设置各图表的选项。

✧ 熟悉图表的类型，能灵活根据任务要求选择恰当的类型创建图表。

✧ 图表创建后，能有效地利用图表分析数据。

## 任务实现

### 1．使用“图表向导”创建柱状图

（1）目标

使用姓名、高数、英语字段为数据源创建柱状图。原始数据如图 4-52 所示。

C6 | 2组

| | A | B | C | D | E | F | G | H | I | J | K | L | M | N |
|---|---|---|---|---|---|---|---|---|---|---|---|---|---|---|
| 1 | 学生成绩表 | | | | | | | | | | | | | |
| 2 | 学号 | 姓名 | 组别 | 科目<br>性别 | 高数 | 哲学 | 英语 | 美术 | 图像处理 | 组装维修 | 网页制作 | 总分 | 平均分 | 评价 |
| 3 | 001 | 张小云 | 1组 | 女 | 89 | 87 | 82 | 88 | 81 | 75 | 87 | 589 | 84.14 | 优秀 |
| 4 | 002 | 徐瑞思 | 2组 | 女 | 88 | 92 | 90 | 97 | 95 | 81 | 75 | 618 | 88.29 | 优秀 |
| 5 | 003 | 王知欣 | 1组 | 女 | 76 | 68 | 48 | 65 | 82 | 79 | 71 | 489 | 69.86 | 良好，还需要加油啊！ |
| 6 | 004 | 周由国 | 2组 | 男 | 87 | 73 | 92 | 78 | 56 | 86 | 64 | 536 | 76.57 | 良好，还需要加油啊！ |
| 7 | 005 | 李世杰 | 3组 | 男 | 92 | 98 | 89 | 99 | 98 | 88 | 94 | 658 | 94.00 | 优秀 |
| 8 | 006 | 王可 | 3组 | 男 | 92 | 86 | 90 | 68 | 87 | 95 | 85 | 603 | 86.14 | 优秀 |
| 9 | 007 | 李明玉 | 2组 | 男 | 86 | 66 | 88 | 92 | 74 | 80 | 83 | 569 | 81.29 | 优秀 |
| 10 | 008 | 刘甜 | 1组 | 女 | 89 | 63 | 72 | 78 | 72 | 54 | 94 | 522 | 74.57 | 良好，还需要加油啊！ |
| 11 | 009 | 林小晓 | 1组 | 女 | 72 | 62 | 67 | 74 | 68 | 69 | 66 | 478 | 68.29 | 良好，还需要加油啊！ |
| 12 | 010 | 孙玉林 | 2组 | 男 | 78 | 47 | 40 | 54 | 82 | 83 | 92 | 476 | 68.00 | 良好，还需要加油啊！ |
| 13 | 011 | 赵运泽 | 3组 | 男 | 91 | 83 | 46 | 83 | 84 | 66 | 78 | 531 | 75.86 | 良好，还需要加油啊！ |
| 14 | 012 | 徐欢欢 | 3组 | 女 | 65 | 73 | 85 | 68 | 90 | 85 | 64 | 530 | 75.71 | 良好，还需要加油啊！ |

图 4-52　原始数据

（2）操作

**01** 打开“学生成绩表”中的“计算学生成绩”工作表，单击“插入”→“图表”→“柱形图”下拉按钮，如图 4-53 所示。

**02** 选择“二维柱形图”中的第一个图形，弹出“图表工具”选项卡，如图 4-54 所示。

**03** 单击图 4-54 中的“选择数据”按钮，弹出“选择数据源”对话框。选中“姓名”、“高数”、“英语”三列数据，如图 4-55 所示。单击“确定”按钮，即可生成所选数据的柱形图，如图 4-56 所示。

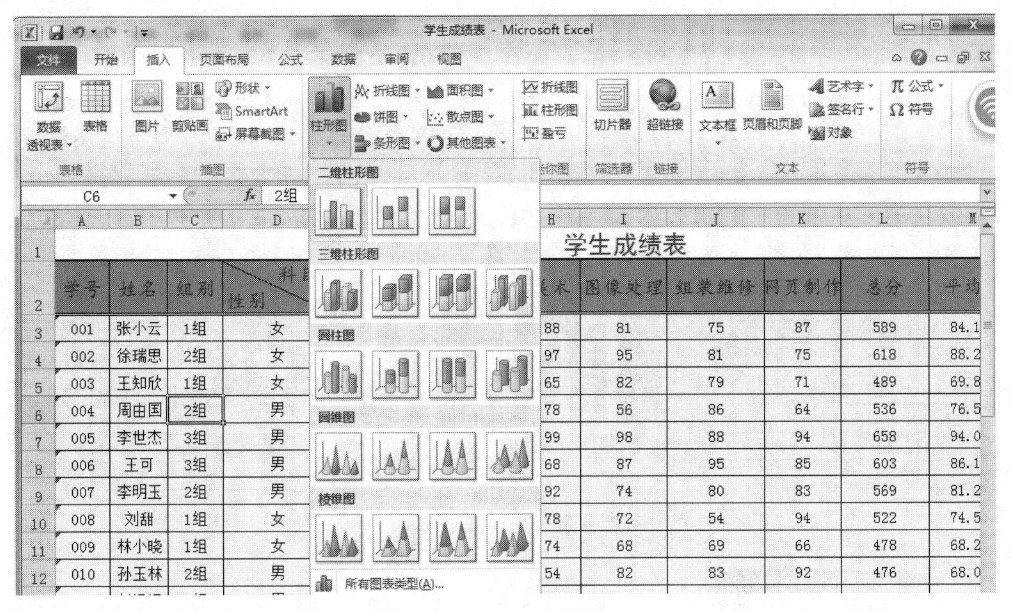


图 4-53　插入柱形图

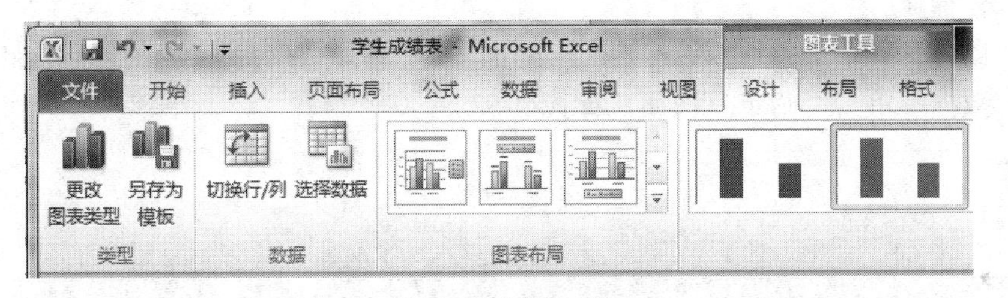


图 4-54　图表工具

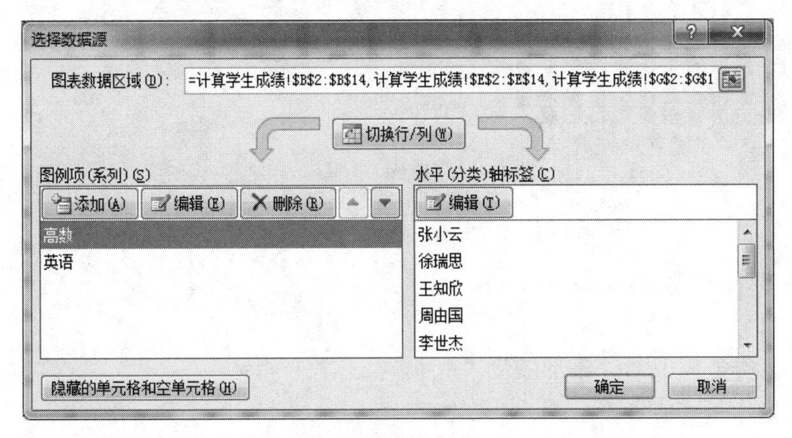


图 4-55　选择数据源

扫一扫，学微课

▲ 编辑图表

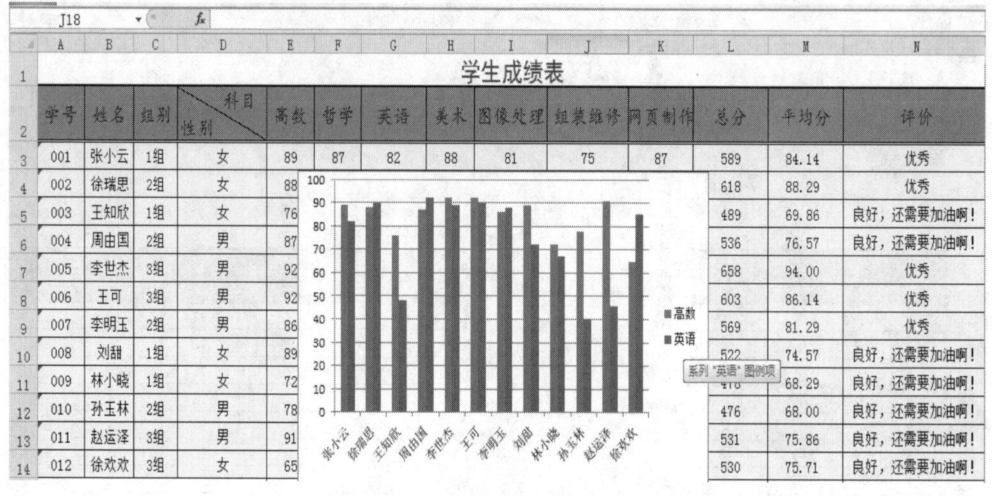


图 4-56　生成的柱状图

## 2．改变数据源

（1）目标

增加“图像处理”柱状图。

（2）操作

在图 4-54 中，单击“选择数据”按钮，在“选择数据源”对话框中添加“图像处理”数据，单击“确定”按钮，如图 4-57 所示。

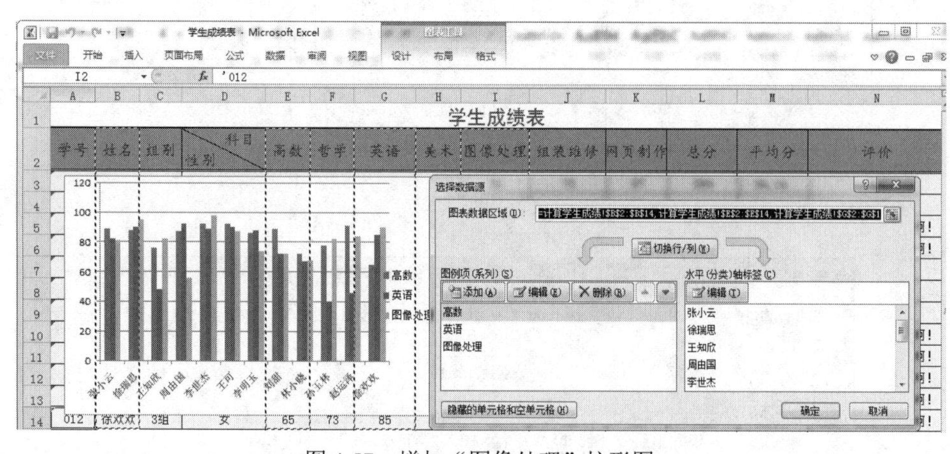


图 4-57　增加“图像处理”柱形图

## 3．改变图表类型

（1）目标

将图表类型修改为“条形图”。

（2）操作

在图 4-54 中，单击“更改图表类型”按钮，弹出“更改图表类型”对话框，选中“条形图”中第一行的最后一个图形，如图 4-58 所示，单击“确定”按钮，得到新的图表，如图 4-59 所示。

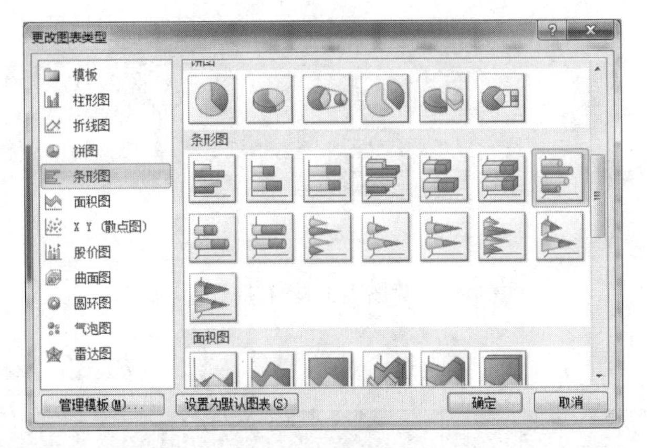


图 4-58 “更改图表类型”对话框

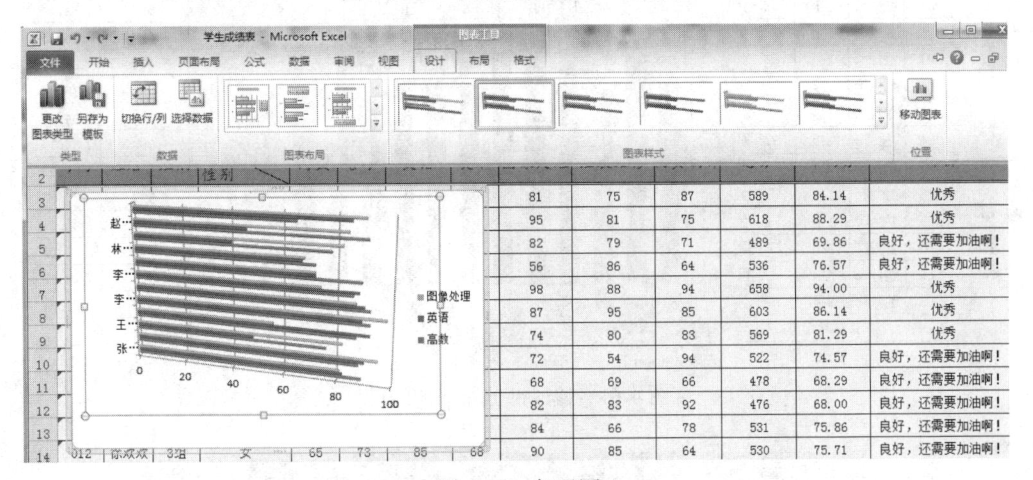


图 4-59 条形图

**注意**

以上两个目标是通过“图表工具 设计”选项卡中的功能来实现的。

## 4. 改变图表布局

（1）目标

对图 4-56 所示的柱状图进行重新布局，增加图表标题“成绩分析图”，横坐标为“姓名”，纵坐标为“成绩”，并将刻度最大值设为 100，刻度间隙为 20。

（2）操作

**01** 这里主要通过图 4-60 所示的“图表工具 布局”选项卡来实现。单击相应的“图表标题”、“坐标轴标题”、“图例”以及“数据标签”按钮进行添加操作，添加后如图 4-61 所示。

**02** 在图 4-61 中，改变纵坐标的刻度，将最高分设为 100，最低分设为 0，刻度间隙为 20。具体操作如下：单击“图表工具 布局”→“坐标轴”→“主要纵坐标轴”→“其他主要纵坐标轴选项”选项，弹出“设置坐标轴格式”对话框，如图 4-62 所示，在此可以进行最小值、最大值和主要刻度的设置。

图 4-60　“图表工具 布局”选项卡

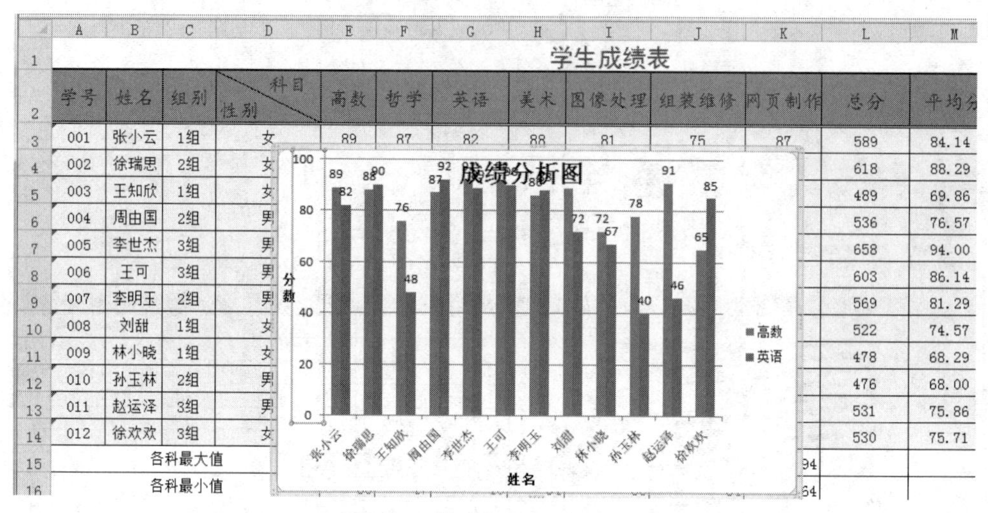


图 4-61　修改部分布局的结果

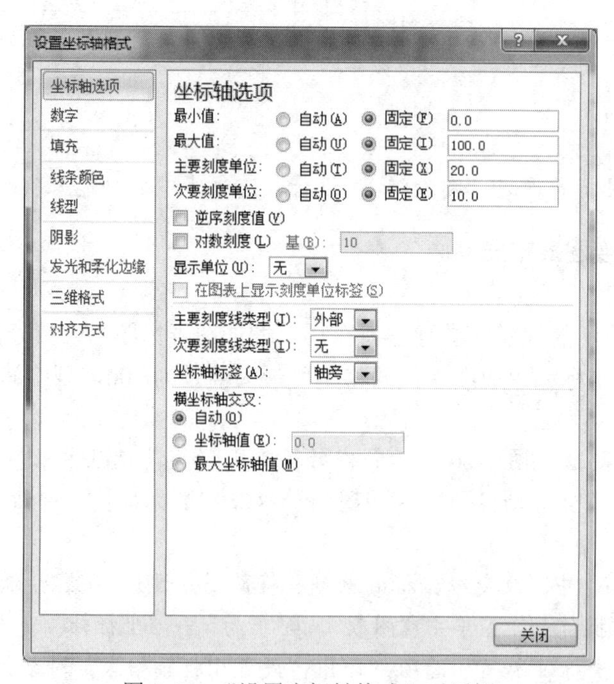


图 4-62　“设置坐标轴格式”对话框

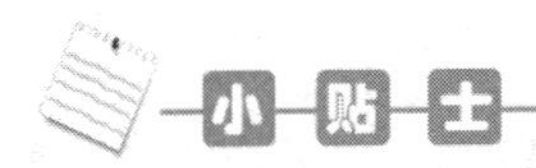


使用“图表工具 格式”选项卡中的功能，可以对图表的形状样式、艺术字样式等进行设置，如图4-63所示。

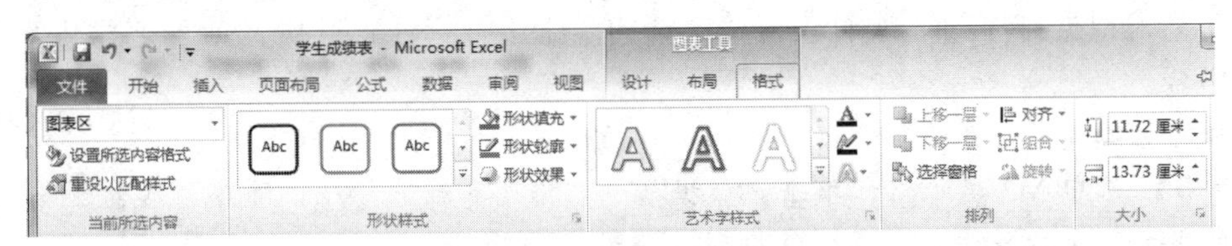


图4-63 “图表工具 格式”选项卡

对图表的编辑操作，无论是对“图表区”、“绘图区”、“图例”、“分类轴标题”，还是对“数值轴标题”区域进行修改，只要双击修改区域，即可弹出快捷菜单，在快捷菜单中可以对各项进行编辑修改。



任务4

# 本学期奖学金的计算

## 任务描述

学生成绩表各科成绩的分析、每个学生的成绩计算已经完成，为了鼓励优秀，学校对成绩优异的学生发放奖学金，并对学生进行分类分析、汇总。

根据大家的讨论意见，确定了奖学金发放前要做的准备工作。在技术分析的基础上，使用Excel 2010提供的相关功能，完成数据的排序、筛选、汇总。

## 技术方案

本任务要求大家学会Excel中数据的处理，包括数据排序、数据筛选、数据分类汇总，技术要求如下。

- ✧ 对于“学生成绩表”，根据总分或平均分进行有序排列，计算出每个学生的名次。
- ✧ 能对数据根据设置条件进行筛选。
- ✧ 能根据某一标准进行汇总。
- ✧ 图表创建后，能有效利用图表分析数据。

## 任务实现

### 1. 数据排序

（1）目标

对“学生成绩表”，根据平均分由高到低排列，然后在平均分后添加“奖学金”列，根据排序的名次对获得奖学金的学生进行标注，其中，前 5 名学生享有奖学金。

（2）操作

**01** 选中 M3 单元格，单击“数据”→“排序和筛选”→“降序”按钮，表中的数据，会按平均分由高到低排列，如图 4-64 所示。

学生成绩表

| 学号 | 姓名 | 组别 | 科目/性别 | 高数 | 哲学 | 英语 | 美术 | 图像处理 | 组装维修 | 网页制作 | 总分 | 平均分 |
|---|---|---|---|---|---|---|---|---|---|---|---|---|
| 005 | 李世杰 | 3组 | 男 | 92 | 98 | 89 | 99 | 98 | 88 | 94 | 658 | 94.00 |
| 002 | 徐瑞思 | 2组 | 女 | 88 | 92 | 90 | 97 | 95 | 81 | 75 | 618 | 88.29 |
| 006 | 王可 | 3组 | 男 | 92 | 86 | 90 | 68 | 87 | 95 | 85 | 603 | 86.14 |
| 001 | 张小云 | 1组 | 女 | 89 | 87 | 82 | 88 | 81 | 75 | 87 | 589 | 84.14 |
| 007 | 李明玉 | 2组 | 男 | 86 | 66 | 88 | 92 | 74 | 80 | 83 | 569 | 81.29 |
| 004 | 周由国 | 2组 | 男 | 87 | 73 | 92 | 78 | 56 | 86 | 64 | 536 | 76.57 |
| 011 | 赵运泽 | 3组 | 男 | 91 | 83 | 46 | 83 | 84 | 66 | 78 | 531 | 75.86 |
| 012 | 徐欢欢 | 3组 | 女 | 65 | 73 | 85 | 68 | 90 | 85 | 64 | 530 | 75.71 |
| 008 | 刘甜 | 1组 | 女 | 89 | 63 | 72 | 78 | 72 | 54 | 94 | 522 | 74.57 |
| 003 | 王知欣 | 1组 | 女 | 76 | 68 | 48 | 65 | 82 | 79 | 71 | 489 | 69.86 |
| 009 | 林小晓 | 1组 | 女 | 72 | 62 | 67 | 74 | 68 | 69 | 66 | 478 | 68.29 |
| 010 | 孙玉林 | 2组 | 男 | 78 | 47 | 40 | 54 | 82 | 83 | 92 | 476 | 68.00 |

图 4-64　平均分由高到低排序

**02** 选中 N2 单元格，输入“奖学金”，选中前 5 名学生对应的空白单元格，输入“奖学金”，按“Ctrl+Enter”组合键进行填充。将单元格设置为与前面单元格相同的格式，如图 4-65 所示。

学生成绩表

| 学号 | 姓名 | 组别 | 科目/性别 | 高数 | 哲学 | 英语 | 美术 | 图像处理 | 组装维修 | 网页制作 | 总分 | 平均分 | 奖学金 |
|---|---|---|---|---|---|---|---|---|---|---|---|---|---|
| 005 | 李世杰 | 3组 | 男 | 92 | 98 | 89 | 99 | 98 | 88 | 94 | 658 | 94.00 | 奖学金 |
| 002 | 徐瑞思 | 2组 | 女 | 88 | 92 | 90 | 97 | 95 | 81 | 75 | 618 | 88.29 | 奖学金 |
| 006 | 王可 | 3组 | 男 | 92 | 86 | 90 | 68 | 87 | 95 | 85 | 603 | 86.14 | 奖学金 |
| 001 | 张小云 | 1组 | 女 | 89 | 87 | 82 | 88 | 81 | 75 | 87 | 589 | 84.14 | 奖学金 |
| 007 | 李明玉 | 2组 | 男 | 86 | 66 | 88 | 92 | 74 | 80 | 83 | 569 | 81.29 | 奖学金 |
| 004 | 周由国 | 2组 | 男 | 87 | 73 | 92 | 78 | 56 | 86 | 64 | 536 | 76.57 | |
| 011 | 赵运泽 | 3组 | 男 | 91 | 83 | 46 | 83 | 84 | 66 | 78 | 531 | 75.86 | |
| 012 | 徐欢欢 | 3组 | 女 | 65 | 73 | 85 | 68 | 90 | 85 | 64 | 530 | 75.71 | |
| 008 | 刘甜 | 1组 | 女 | 89 | 63 | 72 | 78 | 72 | 54 | 94 | 522 | 74.57 | |
| 003 | 王知欣 | 1组 | 女 | 76 | 68 | 48 | 65 | 82 | 79 | 71 | 489 | 69.86 | |
| 009 | 林小晓 | 1组 | 女 | 72 | 62 | 67 | 74 | 68 | 69 | 66 | 478 | 68.29 | |
| 010 | 孙玉林 | 2组 | 男 | 78 | 47 | 40 | 54 | 82 | 83 | 92 | 476 | 68.00 | |

图 4-65　添加并填充“奖学金”列后的效果

扫一扫，学微课

▲ 数据排序

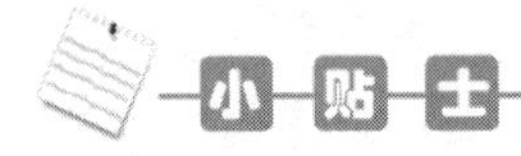

如果要升序排序，则应单击“升序”按钮，数据即由低到高排列。

一般不在选中某个区域的状态下进行排序，因为 Excel 默认只对选定的区域进行排序，未选中的区域不参与排序，会造成数据混乱。

按“Ctrl+Enter”组合键可为选中的多个单元格填充相同数据。

在排序时，当关键字段相同时，可设置按多个关键字段进行排序。

如果想不改变数据的物理顺序，直接排序并计算出名次，则可用 RANK()函数。

### 2. 按多个关键字段进行数据排序

（1）目标

对“学生成绩表”，先以“组别”为依据升序排序，组别相同的再按“总分”字段降序排序。

（2）操作

**01** 选择数据区的任一单元格（或选择所有数据区域）。

**02** 单击“数据”→“排序和筛选”→“排序”按钮，弹出“排序”对话框，如图 4-66 所示。在“主要关键字”字段中选择“组别”，在“次序”下拉列表中选择“升序”，单击“添加条件”按钮，在“次要关键字”下拉列表中选择“总分”，在“次序”下拉列表中选择“降序”，单击“确定”按钮，如图 4-67 所示。

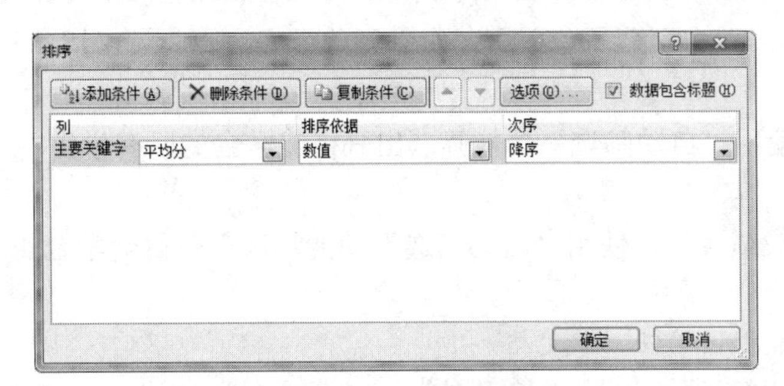


图 4-66 “排序”对话框

H8 | 92

学生成绩表

| 学号 | 姓名 | 组别 | 科目<br>性别 | 高数 | 哲学 | 英语 | 美术 | 图像处理 | 组装维修 | 网页制作 | 总分 | 平均分 |
|---|---|---|---|---|---|---|---|---|---|---|---|---|
| 001 | 张小云 | 1组 | 女 | 89 | 87 | 82 | 88 | 81 | 75 | 87 | 589 | 84.14 |
| 008 | 刘甜 | 1组 | 女 | 89 | 63 | 72 | 78 | 72 | 54 | 94 | 522 | 74.57 |
| 003 | 王知欣 | 1组 | 女 | 76 | 68 | 48 | 65 | 82 | 79 | 71 | 489 | 69.86 |
| 009 | 林小晓 | 1组 | 女 | 72 | 62 | 67 | 74 | 68 | 69 | 66 | 478 | 68.29 |
| 002 | 徐瑞思 | 2组 | 女 | 88 | 92 | 90 | 97 | 95 | 81 | 75 | 618 | 88.29 |
| 007 | 李明玉 | 2组 | 男 | 86 | 66 | 88 | 92 | 74 | 80 | 83 | 569 | 81.29 |
| 004 | 周由国 | 2组 | 男 | 87 | 73 | 92 | 78 | 56 | 86 | 64 | 536 | 76.57 |
| 010 | 孙玉林 | 2组 | 男 | 78 | 47 | 40 | 54 | 82 | 83 | 92 | 476 | 68.00 |
| 005 | 李世杰 | 3组 | 男 | 92 | 98 | 89 | 99 | 98 | 88 | 94 | 658 | 94.00 |
| 006 | 王可 | 3组 | 男 | 92 | 86 | 90 | 68 | 87 | 95 | 85 | 603 | 86.14 |
| 011 | 赵运泽 | 3组 | 男 | 91 | 83 | 46 | 83 | 84 | 66 | 78 | 531 | 75.86 |
| 012 | 徐欢欢 | 3组 | 女 | 65 | 73 | 85 | 68 | 90 | 85 | 64 | 530 | 75.71 |

图 4-67 按多个关键字段排序的效果

### 3. 使用 RANK()函数计算名次

（1）目标

为“学生成绩表”添加“名次”列，根据“平均分”列的值，为“名次”列填充名次。

（2）操作

**01** 选中 N3 单元格，输入文本“名次”。

**02** 选中 N4 单元格，单击编辑栏左侧的“插入函数”按钮 $f_x$，弹出“插入函数”对话框，在“或选择类别”下拉列表中选择“全部”，在“选择函数”列表框中选择“RANK”，单击“确定”按钮。

**03** 弹出“函数参数”对话框，在 Number 内输入或选择 M3，在 Ref 内输入 $M$3:$M$14，单击“确定”按钮。第 1 名学生的名次即可算出。

**04** 使用“填充柄”快速计算其他学生的名次。

**05** 如果想根据名次为每个获得奖学金的学生填充“奖学金”，其他学生填充空格，即可用 IF 函数完成，参考的 IF 函数是“=IF(N3<=5,"奖学金"," ")”，有兴趣的同学可以试一试。

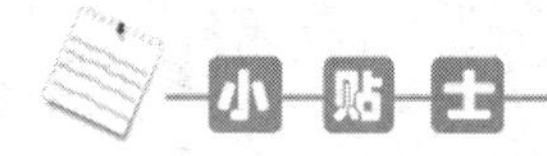


使用 RANK（）函数时，因为 Ref 表示的是计算名次的数值所在的单元格为数字列表数组或对数字列表的引用，为固定的范围，因此要使用绝对地址。

### 4. 使用“自动筛选”功能筛选出获得奖学金的所有学生

（1）目标

对“学生成绩表”，使用“自动筛选”功能筛选出获得奖学金的所有学生。

（2）操作

**01** 选中数据区的任一单元格。

**02** 单击“数据”→“排序和筛选”→“筛选”按钮，打开自动筛选器，如图 4-68 所示。

学生成绩表

| 学号 | 姓名 | 组别 | 科目/性别 | 高数 | 哲学 | 英语 | 美术 | 图像处理 | 组装维修 | 网页制作 | 总分 | 平均分 | 名次 | 奖学金 |
|---|---|---|---|---|---|---|---|---|---|---|---|---|---|---|
| 001 | 张小云 | 1组 | 女 | 89 | 87 | 82 | 88 | 81 | 75 | 87 | 589 | 84.14 | 4 | 奖学金 |
| 002 | 徐瑞思 | 2组 | 女 | 88 | 92 | 90 | 97 | 95 | 81 | 75 | 618 | 88.29 | 2 | 奖学金 |
| 003 | 王知欣 | 1组 | 女 | 76 | 68 | 48 | 65 | 82 | 79 | 71 | 489 | 69.86 | 10 | |
| 004 | 周由国 | 2组 | 男 | 87 | 73 | 92 | 78 | 56 | 86 | 64 | 536 | 76.57 | 6 | |
| 005 | 李世杰 | 3组 | 男 | 92 | 98 | 89 | 99 | 98 | 88 | 94 | 658 | 94.00 | 1 | 奖学金 |
| 006 | 王可 | 3组 | 男 | 92 | 86 | 90 | 68 | 87 | 95 | 85 | 603 | 86.14 | 3 | 奖学金 |
| 007 | 李明玉 | 2组 | 男 | 86 | 66 | 88 | 92 | 74 | 80 | 83 | 569 | 81.29 | 5 | 奖学金 |
| 008 | 刘甜 | 1组 | 女 | 89 | 63 | 72 | 78 | 72 | 54 | 94 | 522 | 74.57 | 9 | |
| 009 | 林小晓 | 1组 | 女 | 72 | 62 | 67 | 74 | 68 | 69 | 66 | 478 | 68.29 | 11 | |
| 010 | 孙玉林 | 2组 | 男 | 78 | 47 | 40 | 54 | 82 | 83 | 92 | 476 | 68.00 | 12 | |
| 011 | 赵运泽 | 3组 | 男 | 91 | 83 | 46 | 83 | 84 | 66 | 78 | 531 | 75.86 | 7 | |
| 012 | 徐欢欢 | 3组 | 女 | 65 | 73 | 85 | 68 | 90 | 85 | 64 | 530 | 75.71 | 8 | |

图 4-68　打开自动筛选器

▲ 高级筛选

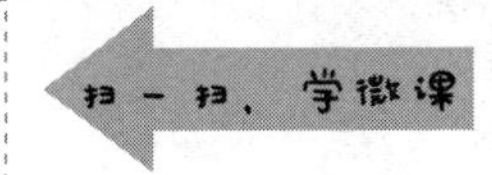


**03** 单击“奖学金”字段名右侧的自动筛选器，在弹出的下拉列表中保留“奖学金”前面的“☑”，数据只显示获得奖学金的记录，如图 4-69 所示。

| | A | B | C | D | E | F | G | H | I | J | K | L | M | N | O |
|---|---|---|---|---|---|---|---|---|---|---|---|---|---|---|---|
| 1 | 学生成绩表 | | | | | | | | | | | | | | |
| 2 | 学号 | 姓名 | 组别 | 科目<br>性别 | 高数 | 哲学 | 英语 | 美术 | 图像处理 | 组装维修 | 网页制作 | 总分 | 平均分 | 名次 | 奖学金 |
| 3 | 001 | 张小云 | 1组 | 女 | 89 | 87 | 82 | 88 | 81 | 75 | 87 | 589 | 84.14 | 4 | 奖学金 |
| 4 | 002 | 徐瑞思 | 2组 | 女 | 88 | 92 | 90 | 97 | 95 | 81 | 75 | 618 | 88.29 | 2 | 奖学金 |
| 7 | 005 | 李世杰 | 3组 | 男 | 92 | 98 | 89 | 99 | 98 | 88 | 94 | 658 | 94.00 | 1 | 奖学金 |
| 8 | 006 | 王可 | 3组 | 男 | 92 | 86 | 90 | 68 | 87 | 95 | 85 | 603 | 86.14 | 3 | 奖学金 |
| 9 | 007 | 李明玉 | 2组 | 男 | 86 | 66 | 88 | 92 | 74 | 80 | 83 | 569 | 81.29 | 5 | 奖学金 |

图 4-69　自动筛选结果

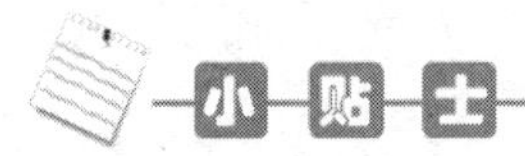


进行自动筛选时，必须选定数据区的任一单元格，不能选择数据区外的单元格。

仔细观察，此实例也可以改变一下筛选条件，同样可以实现相同的效果。可以把条件设置为“名次小于 6 或平均分小于 80”。

名次小于 6 的操作如下：单击“名次”字段名右侧的自动筛选器，在弹出的下拉列表中选择“数字筛选”→“自定义筛选”选项，弹出“自定义自动筛选方式”对话框，输入 6，单击“确定”按钮。

平均分小于 80 的操作：同名次小于 6 的操作，只是在“自定义自动筛选方式”对话框中输入 80。

### 5. 使用“高级筛选”功能筛选出一组获得奖学金的学生

（1）目标

对“学生成绩表”，使用“高级筛选”筛选出一组获得奖学金的所有学生的信息。

（2）操作

**01** 选择“学生成绩表”中的任意空白单元格并填写条件区域，如图 4-70 中下方的小方框（E16：F17）所示。

| | A | B | C | D | E | F | G | H | I | J | K | L | M | N | O |
|---|---|---|---|---|---|---|---|---|---|---|---|---|---|---|---|
| 1 | 学生成绩表 | | | | | | | | | | | | | | |
| 2 | 学号 | 姓名 | 组别 | 科目<br>性别 | 高数 | 哲学 | 英语 | 美术 | 图像处理 | 组装维修 | 网页制作 | 总分 | 平均分 | 名次 | 奖学金 |
| 3 | 001 | 张小云 | 1组 | 女 | 89 | 87 | 82 | 88 | 81 | 75 | 87 | 589 | 84.14 | 4 | 奖学金 |
| 4 | 002 | 徐瑞思 | 2组 | 女 | 88 | 92 | 90 | 97 | 95 | 81 | 75 | 618 | 88.29 | 2 | 奖学金 |
| 5 | 003 | 王知欣 | 1组 | 女 | 76 | 68 | 48 | 65 | 82 | 79 | 71 | 489 | 69.86 | 10 | |
| 6 | 004 | 周由国 | 2组 | 男 | 87 | 73 | 92 | 78 | 56 | 86 | 64 | 536 | 76.57 | 6 | |
| 7 | 005 | 李世杰 | 3组 | 男 | 92 | 98 | 89 | 99 | 98 | 88 | 94 | 658 | 94.00 | 1 | 奖学金 |
| 8 | 006 | 王可 | 3组 | 男 | 92 | 86 | 90 | 68 | 87 | 95 | 85 | 603 | 86.14 | 3 | 奖学金 |
| 9 | 007 | 李明玉 | 2组 | 男 | 86 | 66 | 88 | 92 | 74 | 80 | 83 | 569 | 81.29 | 5 | 奖学金 |
| 10 | 008 | 刘甜 | 1组 | 女 | 89 | 63 | 72 | 78 | 72 | 54 | 94 | 522 | 74.57 | 9 | |
| 11 | 009 | 林小晓 | 1组 | 女 | 72 | 62 | 67 | 74 | 68 | 69 | 66 | 478 | 68.29 | 11 | |
| 12 | 010 | 孙玉林 | 2组 | 男 | 78 | 47 | 40 | 54 | 82 | 83 | 92 | 476 | 68.00 | 12 | |
| 13 | 011 | 赵运泽 | 3组 | 男 | 91 | 83 | 46 | 83 | 84 | 66 | 78 | 531 | 75.86 | 7 | |
| 14 | 012 | 徐欢欢 | 3组 | 女 | 65 | 73 | 85 | 68 | 90 | 85 | 64 | 530 | 75.71 | 8 | |
| 15 | | | | | | | | | | | | | | | |
| 16 | | | | | 组别 | 奖学金 | | | | | | | | | |
| 17 | | | | | 1组 | 奖学金 | | | | | | | | | |

图 4-70　选取条件区域

**02** 单击“数据”→“排序和筛选”→“高级”按钮，在弹出的“高级筛选”对话框中，选中“将筛选结果复制到其他位置”单选按钮，分别选取“列表区域”和“条件区域”，“复制到”位置可选取A18单元格，具体设置如图4-71所示。选取的列表区域和条件区域内必须包含标题行。

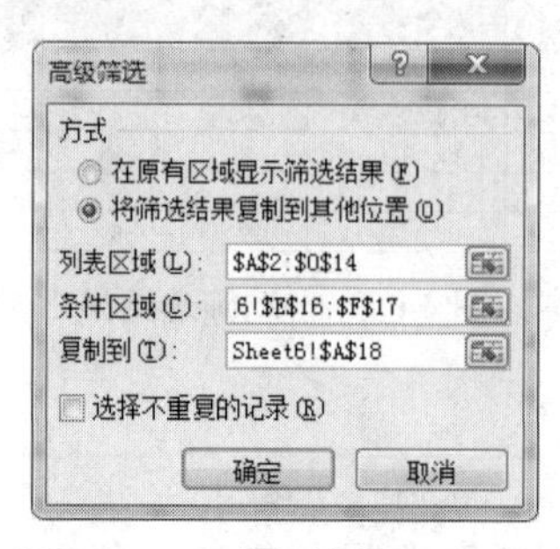


图4-71 “高级筛选”对话框

**03** 单击“确定”按钮，筛选后的结果如图4-72所示。

| | 学号 | 姓名 | 组别 | 科目<br>性别 | 高数 | 哲学 | 英语 | 美术 | 图像处理 | 组装维修 | 网页制作 | 总分 | 平均分 | 名次 | 奖学金 |
|---|---|---|---|---|---|---|---|---|---|---|---|---|---|---|---|
| 1 | 学生成绩表 | | | | | | | | | | | | | | |
| 2 | 学号 | 姓名 | 组别 | 科目<br>性别 | 高数 | 哲学 | 英语 | 美术 | 图像处理 | 组装维修 | 网页制作 | 总分 | 平均分 | 名次 | 奖学金 |
| 3 | 001 | 张小云 | 1组 | 女 | 89 | 87 | 82 | 88 | 81 | 75 | 87 | 589 | 84.14 | 4 | 奖学金 |
| 4 | 002 | 徐瑞思 | 2组 | 女 | 88 | 92 | 90 | 97 | 95 | 81 | 75 | 618 | 88.29 | 2 | 奖学金 |
| 5 | 003 | 王知欣 | 1组 | 女 | 76 | 68 | 48 | 65 | 82 | 79 | 71 | 489 | 69.86 | 10 | |
| 6 | 004 | 周由国 | 2组 | 男 | 87 | 73 | 92 | 78 | 56 | 86 | 64 | 536 | 76.57 | 6 | |
| 7 | 005 | 李世杰 | 3组 | 男 | 92 | 98 | 89 | 99 | 98 | 88 | 94 | 658 | 94.00 | 1 | 奖学金 |
| 8 | 006 | 王可 | 3组 | 男 | 92 | 86 | 90 | 68 | 87 | 95 | 85 | 603 | 86.14 | 3 | 奖学金 |
| 9 | 007 | 李明玉 | 2组 | 男 | 86 | 66 | 88 | 92 | 74 | 80 | 83 | 569 | 81.29 | 5 | 奖学金 |
| 10 | 008 | 刘甜 | 1组 | 女 | 89 | 63 | 72 | 78 | 72 | 54 | 94 | 522 | 74.57 | 9 | |
| 11 | 009 | 林小晓 | 1组 | 女 | 72 | 62 | 67 | 74 | 68 | 69 | 66 | 478 | 68.29 | 11 | |
| 12 | 010 | 孙玉林 | 2组 | 男 | 78 | 47 | 40 | 54 | 82 | 83 | 92 | 476 | 68.00 | 12 | |
| 13 | 011 | 赵运泽 | 3组 | 男 | 91 | 83 | 46 | 83 | 84 | 66 | 78 | 531 | 75.86 | 7 | |
| 14 | 012 | 徐欢欢 | 3组 | 女 | 65 | 73 | 85 | 68 | 90 | 85 | 64 | 530 | 75.71 | 8 | |
| 15 | | | | | | | | | | | | | | | |
| 16 | | | | | 组别 | 奖学金 | | | | | | | | | |
| 17 | | | | | 1组 | 奖学金 | | | | | | | | | |
| 18 | 学号 | 姓名 | 组别 | 科目<br>性别 | 高数 | 哲学 | 英语 | 美术 | 图像处理 | 组装维修 | 网页制作 | 总分 | 平均分 | 名次 | 奖学金 |
| 19 | 001 | 张小云 | 1组 | 女 | 89 | 87 | 82 | 88 | 81 | 75 | 87 | 589 | 84.14 | 4 | 奖学金 |

图4-72 高级筛选结果

**小贴士**

高级筛选与自动筛选不同，它要求在一个工作表区域内单独指定筛选条件，与数据区域分开。高级筛选的功能有如下几个：指定与两列或两列以上有关的筛选条件及连接符“或”；对既定的某列指定3个或更多的筛选条件，此时，至少要用到一个“或”连接符；指定计算条件。

### 6. 使用“分类汇总”功能统计各组中获得奖学金的学生人数

（1）目标

单击“数据”→“分级显示”→“分类汇总”按钮，完成各组中获得奖学金的

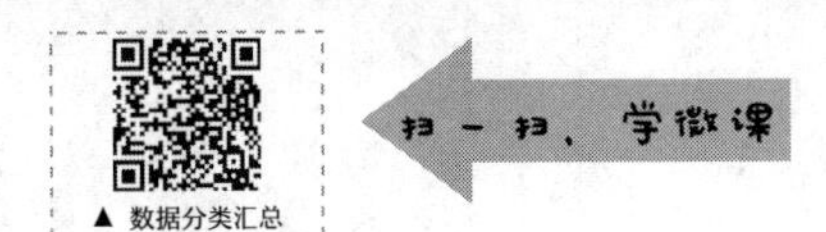




人数统计。

（2）操作

**01** 将光标定位到“组别”列中的任一单元格，单击“数据”→“排序和筛选”→“排序”按钮，按“组别”进行“升序”或“降序”排序。

**02** 单击“数据”→“分级显示”→“分类汇总”按钮，弹出“分类汇总”对话框。

**03** 在“分类字段”下拉列表中选择“组别”，在“汇总方式”下拉列表中选择“计数”，在“选定汇总项”列表框中勾选“奖学金”复选框，如图4-73所示。

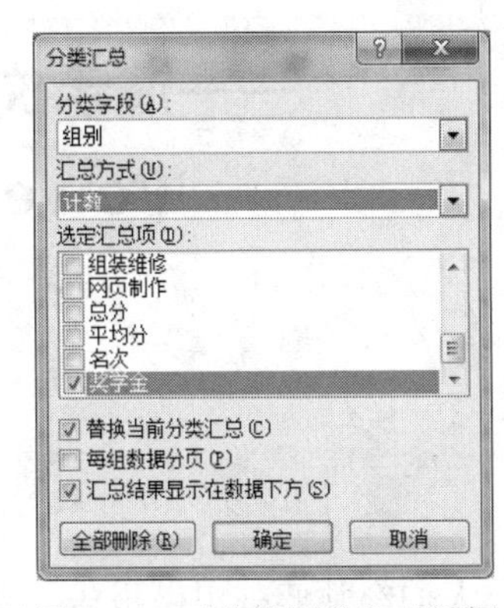


图4-73 “分类汇总”对话框

**04** 单击“确定”按钮，得到的汇总结果如图4-74所示。

学生成绩表

| 学号 | 姓名 | 组别 | 科目/性别 | 高数 | 哲学 | 英语 | 美术 | 图像处理 | 组装维修 | 网页制作 | 总分 | 平均分 | 名次 | 奖学金 |
|---|---|---|---|---|---|---|---|---|---|---|---|---|---|---|
| 001 | 张小云 | 1组 | 女 | 89 | 87 | 82 | 88 | 81 | 75 | 87 | 589 | 84.14 | 4 | 奖学金 |
| | | 1组 计数 | | | | | | | | | | | | 1 |
| 002 | 徐瑞思 | 2组 | 女 | 88 | 92 | 90 | 97 | 95 | 81 | 75 | 618 | 88.29 | 2 | 奖学金 |
| 007 | 李明玉 | 2组 | 男 | 86 | 66 | 88 | 92 | 74 | 80 | 83 | 569 | 81.29 | 5 | 奖学金 |
| | | 2组 计数 | | | | | | | | | | | | 2 |
| 005 | 李世杰 | 3组 | 男 | 92 | 98 | 89 | 99 | 98 | 88 | 94 | 658 | 94.00 | 1 | 奖学金 |
| 006 | 王可 | 3组 | 男 | 92 | 86 | 90 | 68 | 87 | 95 | 85 | 603 | 86.14 | 3 | 奖学金 |
| | | 3组 计数 | | | | | | | | | | | | 2 |
| | | 总计数 | | | | | | | | | | | | 5 |

图4-74 汇总结果

（3）扩展知识

分类汇总：分类汇总可以使数据按照不同的类别进行统计。分类汇总时不需要输入公式，也不需要使用函数，Excel 2010将自动处理并插入分类结果。

分类汇总可分以下两步完成。

1）按进行分类的字段进行排序，即分类的字段名为主关键字。

2）进行汇总计算。

图4-74中汇总结果窗口左侧显示了分类汇总的标志，其中[+]是“显示明细数据符号”；[-]是“隐藏明细数据符号”；[1][2][3]为分级显示标记。单击[1]将只显示总的汇总值；单击[2]将显示各类汇总值；单击[3]将显示所有的明细数据。

# 模块 5 “我们的团队”

## ——演示文稿制作软件 PowerPoint 2010

随着信息化的不断发展，人们经常要外出做报告，我们可以使用 PowerPoint 创建演示文稿，将文本、声音、图像、视频等有机结合起来，更有效地将信息传达展示出来，使观看者更直观地了解、接受信息，并增加了趣味性，所以 PowerPoint 是进行宣传的良好工具。

### 任务描述

学校组织班级风采展示，学校鼓励各班制作本班的专业学习、活动场景，以展现自己班级的风采。班委会根据同学们的讨论意见，对宣传片的内容做了初步确定。

- 班级介绍。
- 同学们学习或生活的照片。
- 所取得的成绩和奖励。
- 放映效果要丰富，展现计算机专业学生的风采。

▲ 本任务所需素材

▲ 新建并保存演示文稿

# 任务 1

# 团队展示幻灯片的编辑

## 任务描述

确定宣传片的内容，完成演示文稿的初步制作。

✧ 新建演示文稿。

✧ 输入内容并进行编辑。

✧ 幻灯片操作。

## 技术方案

本任务要求大家学会演示文稿的基本操作和排版，技术要求如下。

✧ 通过“文件”选项卡中的“新建”和“保存”按钮，可以对幻灯片进行新建和保存操作。

✧ 启动 PowerPoint 2010，进入 PowerPoint 2010 的操作界面后，单击“开始”→“幻灯片”→“新建幻灯片”下拉按钮，在弹出的下拉列表中选择“标题幻灯片”选项。

✧ 在普通视图中，幻灯片中会出现“单击此处添加标题”或“单击此处添加副标题”等提示文本框，这种文本框统称为“文本占位符”。

✧ 在文本占位符中可以直接输入标题、文本等内容，除此之外，还可以利用文本框输入文本、符号及公式等。

## 任务实现

### 1. 创建“××班运动会”演示文稿

（1）目标

新建演示文稿并保存。

（2）操作

**01** 选择“开始”→“所有程序”→“Microsoft Office”→“Microsoft PowerPoint 2010”选项，即可进入 PowerPoint 2010 编辑环境，并新建一个名为“演示文稿 1.pptx”的文档，如图 5-1 所示。

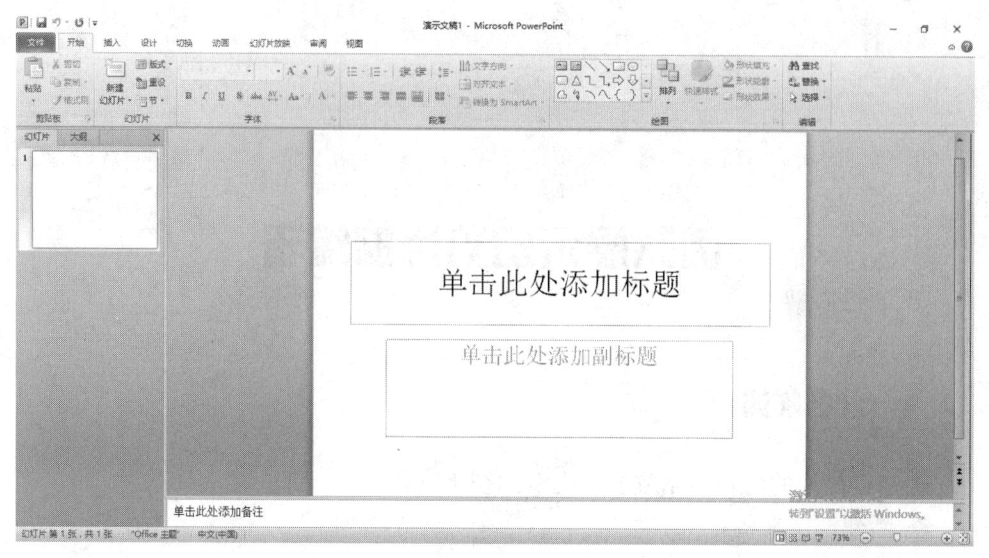

图 5-1 新建 PowerPoint 演示文稿

**02** 单击“文件”→“保存”按钮，弹出“另存为”对话框，在地址栏中选择文件存放路径，在“文件名”文本框中输入“××班运动会”，在“保存类型”下拉列表中选择“PowerPoint 演示文稿”，单击“保存”按钮，将文件保存在刚才设定的位置。

（3）扩展知识

PowerPoint 2010 的工作界面由“快速访问”工具栏、标题栏、功能选项卡和功能区、大纲/幻灯片、幻灯片编辑区、状态栏和视图栏等组成，如图 5-2 所示，窗口格式与 Microsoft Office 其他组件功能类似。

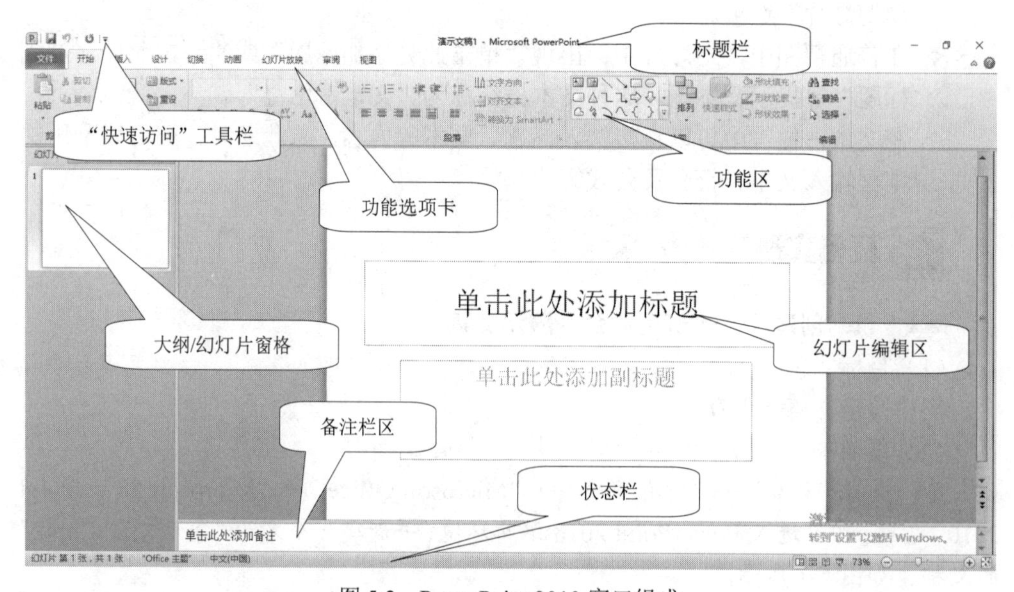

图 5-2 PowerPoint 2010 窗口组成

1）“快速访问”工具栏。

“快速访问”工具栏位于标题栏左侧，它包含了一些 PowerPoint 2010 最常用的工具按钮，如“保存”按钮、“撤销”按钮和“恢复”按钮等。

单击“快速访问”工具栏右侧的下拉按钮，在弹出的下拉列表中可以自定义快速访问工具栏中的按钮，如图 5-3 所示。

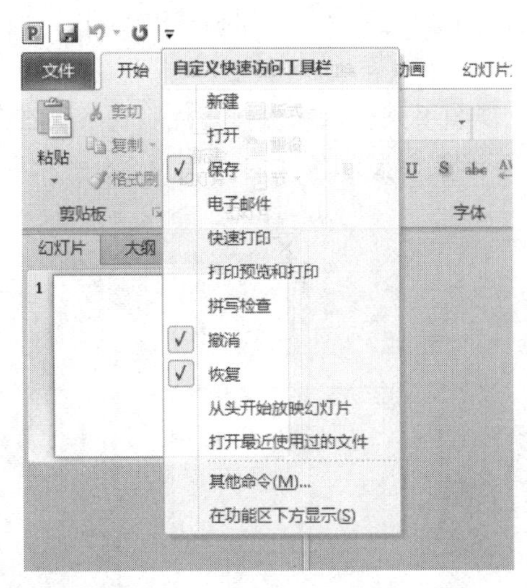


图 5-3　“快速访问”工具栏

2）大纲/幻灯片窗格。

大纲/幻灯片窗格位于窗口的左侧，用于显示当前演示文稿的幻灯片数量及位置，包括“大纲”和“幻灯片”两个选项卡，选中选项卡的名称可以在不同的选项卡之间切换。

如果仅希望在编辑窗口中观看当前幻灯片，则可以将大纲/幻灯片窗格暂时关闭。在编辑中，通常需要将“大纲/幻灯片”窗格显示出来。单击“视图”→“演示文稿视图”→“普通视图”按钮，即可恢复“大纲/幻灯片”窗格。

3）幻灯片编辑区。

幻灯片编辑区位于工作界面的中间，用于显示和编辑当前的幻灯片。

PowerPoint 中有 4 种常用视图，在“视图”选项卡的“演示文稿视图”组中可以进行切换，如图 5-4 所示，从左到右分别为“普通视图”、“幻灯片浏览”、“备注页”、“阅读视图”。单击相应的按钮，即可进入相应的视图。状态栏的右边也有视图切换按钮，以方便进行视图切换，如图 5-5 所示。

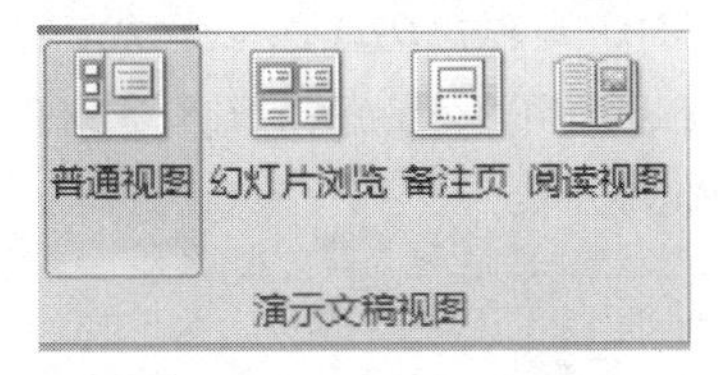


图 5-4　“演示文稿视图”组

100%

图 5-5　视图切换按钮

① 普通视图：PowerPoint 2010 的默认视图，能够预览幻灯片整体情况，可切换到相应的幻灯片下对其进行编辑，可以逐张为幻灯片添加文本和剪贴画，并对幻灯片的内容进行编排与格式化，易于展示演示文稿的整体效果，在此种视图下可以编辑备注项。

② 幻灯片浏览视图：在这种视图中可以同时显示多张幻灯片，可以看到整个演示文稿，因此可以轻松地添加、删除、复制和移动幻灯片，但不能编辑幻灯片中的内容。

③ 备注页视图：此视图用来显示和编排备注页内容。在备注页视图中，视图的上半部分显示幻灯片，下半部分显示备注内容。图 5-6 所示为备注页视图。

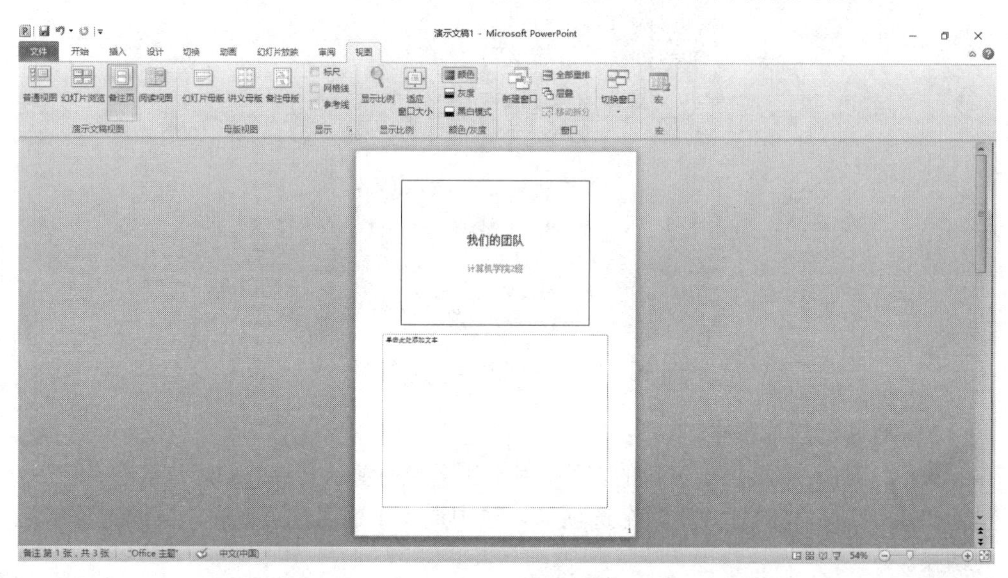


图 5-6　备注页视图

备注页视图可以使用户看到整个版面中各张幻灯片的主要内容，也可以让用户直接在其中进行排版与编辑。可以在大纲视图中查看整个演示文稿的主要构想，以及插入新的大纲文件。

④ 阅读视图：此视图可将演示文稿转换为适应窗口大小的幻灯片进行放映查看。

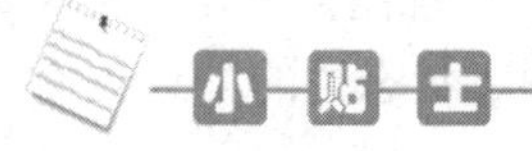


保存文件类型时，Microsoft PowerPoint 2010 是默认的 PowerPoint 类型，其文件扩展名是.pptx，如果需要让 PowerPoint 97-2003 程序打开，建议保存类型选择“PowerPoint 97-2003”，其扩展名为.ppt。

▲ 新建幻灯片并输入文本

扫一扫，学微课

## 2. 文字录入与编辑内容

（1）目标

录入第一张标题幻灯片“我们的团队”。

（2）操作

在幻灯片编辑区中单击“单击此处添加标题”，录入标题“我们的团队”，在“单击此处添加副标题处”录入“计算机学院 2 班”，如图 5-7 所示。

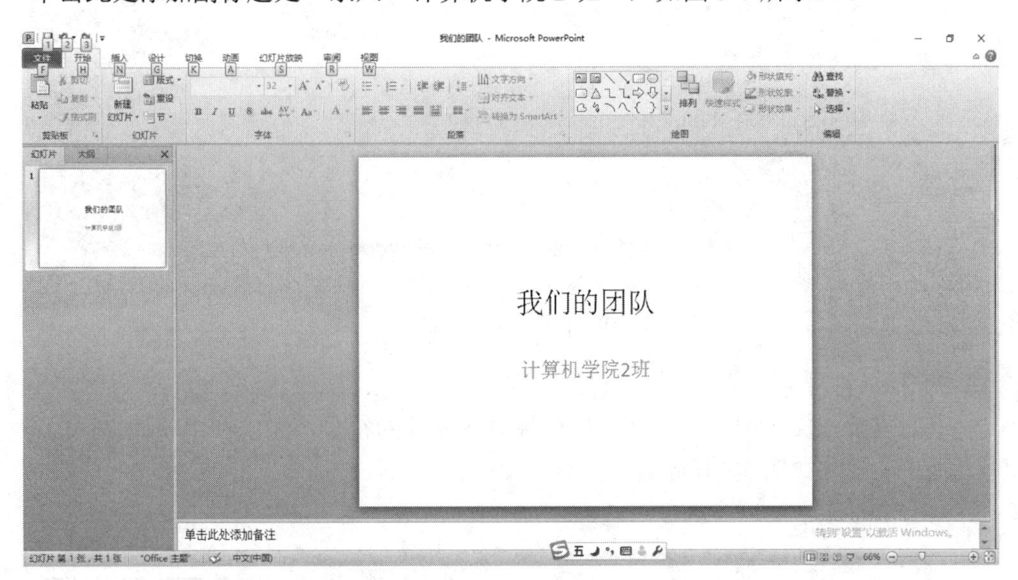


图 5-7　第一张幻灯片

（3）扩展知识

编辑演示文稿时，一般要求内容简洁、重点突出，所以在编辑 PowerPoint 时，可以将内容以多种灵活的方式添加至幻灯片中。

在普通视图中，幻灯片中会出现“单击此处添加标题”或“单击此处添加副标题”等提示文本框，这种文本框统称为“文本占位符”。

在文本占位符中可以直接输入标题、文本等内容。除此之外，还可以利用文本占位符输入文本、符号及公式等，占位符可以像文本框一样移动、改变大小，也可以删除。

1）在文本占位符中输入文本。

在文本占位符中输入文本非常简单，在其上单击并输入文本即可。同时，输入的文本会自动替换文本占位符中的提示性文字。它是 PowerPoint 2010 最基本、最方便的一种输入方式。

2）在文本框中输入文本。

幻灯片中文本占位符的位置是固定的，如果想在幻灯片的其他位置输入文本，则可以先绘制一个文本框，再在文本框中输入文本。

输入完成后还可以调整文本框的位置和文字格式，如图 5-8 所示。

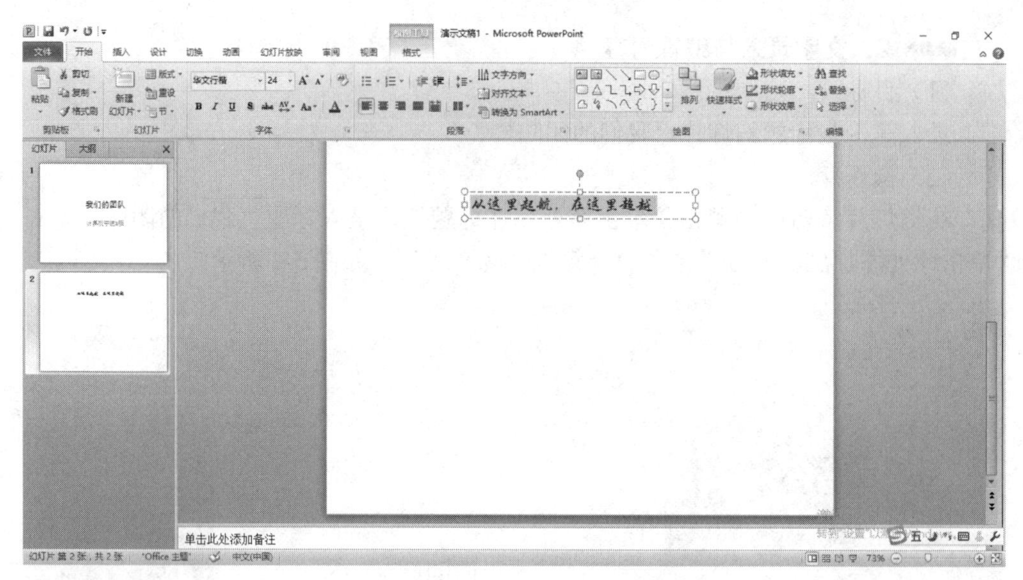

图 5-8　使用文本框输入文本

3）插入符号。

有时需要在文本中输入一些比较个性的或专业的符号，可以利用软件提供的符号功能来实现，如图 5-9 所示。

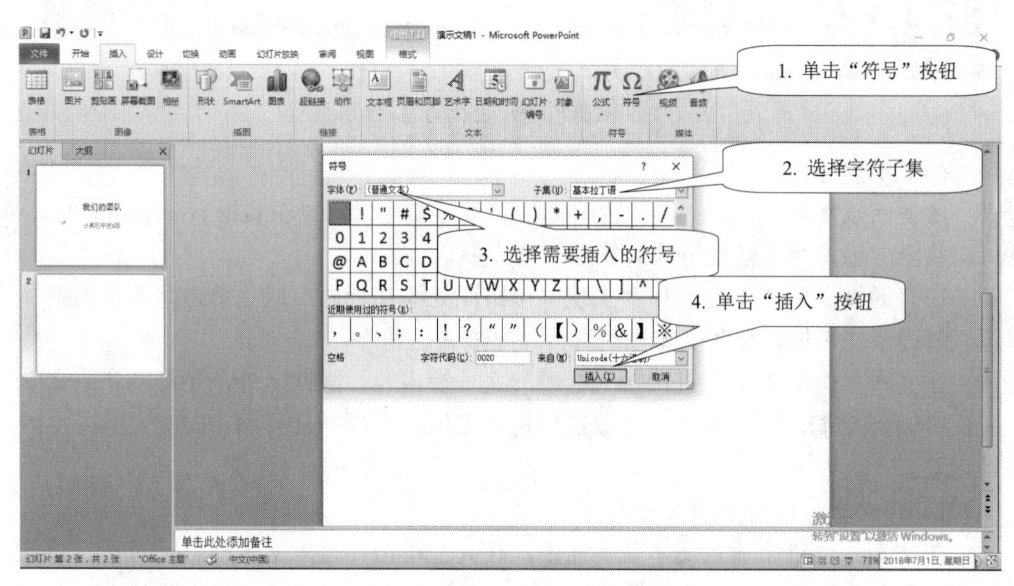


图 5-9　插入符号

小贴士

第一次保存文件时，不论单击“保存”还是“另存为”按钮，最后弹出的都是“另存为”对话框。

### ➡ 3. 幻灯片的操作

在打开 PowerPoint 程序后，界面中只有一张幻灯片，需要向当前演示文稿中添加新的幻灯片，对于多张幻灯片，也可以进行复制、移动、隐藏、删除等操作。

（1）目标

将准备的内容、素材添加到新的幻灯片中。

（2）操作

启动PowerPoint 2010，进入PowerPoint 2010 的操作界面后，单击“开始”→“幻灯片”组→“新建幻灯片”下拉按钮，在弹出的下拉列表中选择“标题和内容”选项，如图 5-10 所示。添加新的幻灯片，将素材“我们的团队文字内容”中的内容复制到两张新的“标题和内容”幻灯片中，如图 5-11 所示。

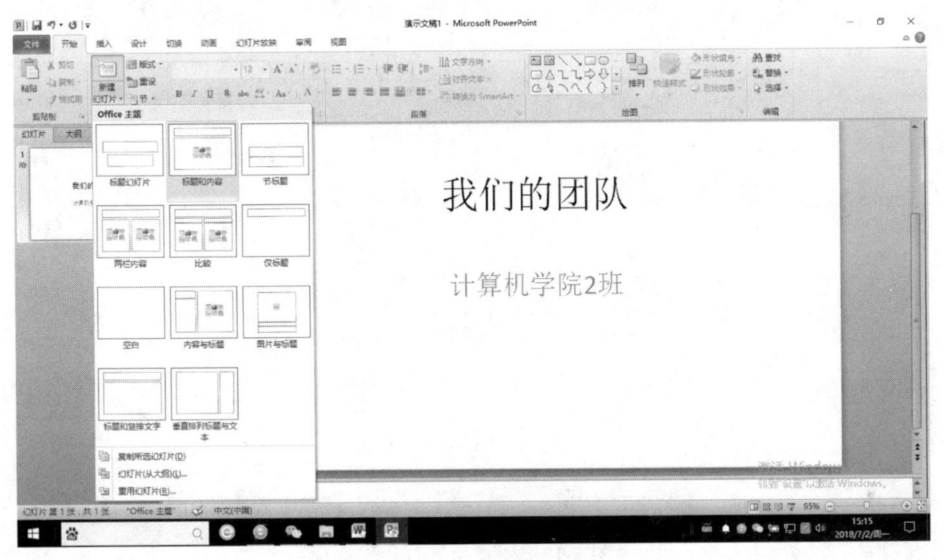


图 5-10　添加幻灯片

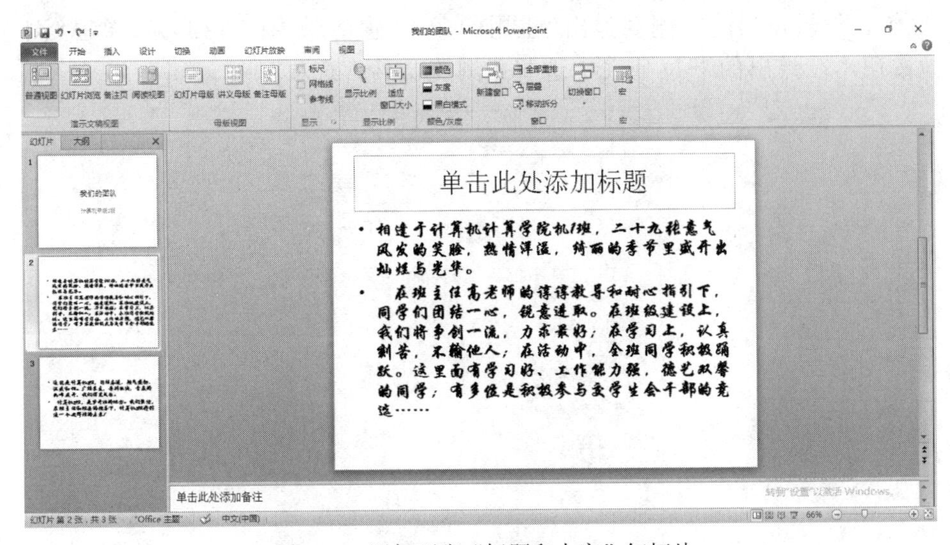


图 5-11　添加两张“标题和内容”幻灯片

（3）扩展知识

1）添加已有的幻灯片。

用户除了可以添加新幻灯片外，还可以利用PowerPoint 2010 提供的“重用幻灯片”功能添加已有的幻灯片，具体的操作步骤如下。

① 单击“开始”→“幻灯片”组→“新建幻灯片”下拉按钮，在弹出的下拉列表中选择“重用幻灯片”选项，如图 5-12 所示。

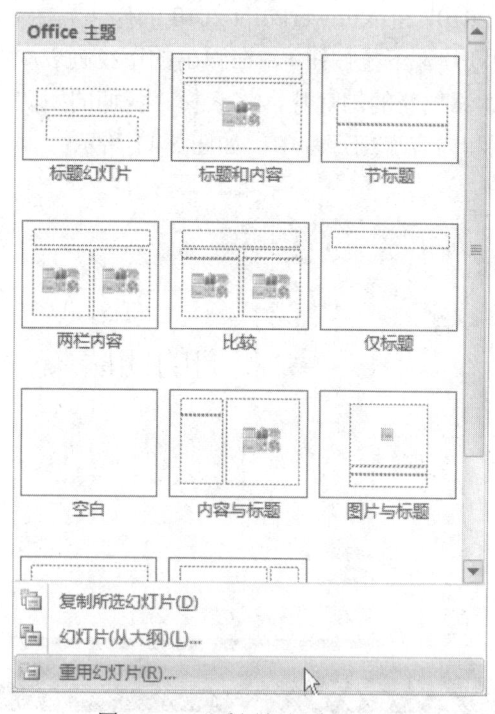


图 5-12　“重用幻灯片”选项

② 在编辑窗口的右侧会弹出“重用幻灯片”窗格，如图 5-13 所示，单击“浏览”下拉按钮，在弹出的下拉列表中选择“浏览文件”选项。

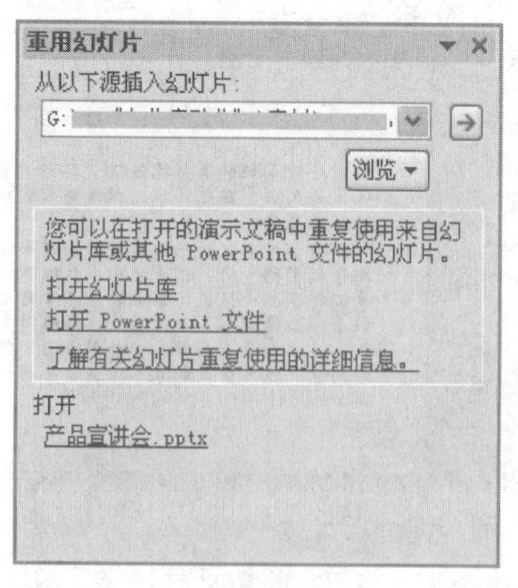


图 5-13　“重用幻灯片”窗格

③ 弹出“浏览”对话框，在“查找范围”下拉列表中选择文件的存储路径，单击“打开”按钮。

④ 系统将在右侧的“重用幻灯片”窗格中自动加载所选择的幻灯片，选中需要的某个幻灯片，该幻灯片就会被自动添加到新建的幻灯片中。

2）幻灯片的复制。

幻灯片也可以像文本内容一样进行复制。

① 通过快捷键复制：选中要复制的幻灯片，按“Ctrl+C”组合键执行“复制”操作，移动到要粘贴位置的前一张幻灯片处，按“Ctrl＋V”组合键执行“粘贴”操作即可。

② 通过快捷菜单复制：右击要复制的幻灯片，在弹出的快捷菜单中选项“复制”选项，复制出一张幻灯片，将复制出的幻灯片拖动到目标位置即可。

③ 通过“剪贴板”组复制：选择要复制的幻灯片，单击“开始”→“剪贴板”→“复制”按钮，移动到要粘贴位置的前一张幻灯片处，单击“开始”→“剪贴板”组中的“粘贴”按钮。

3）幻灯片的移动。

在大纲视图中，拖动要移动的幻灯片到目标位置即可实现幻灯片的移动。

4）幻灯片的删除。

选中要删除的幻灯片，按“Delete”键即可删除幻灯片。

5）幻灯片的隐藏。

隐藏幻灯片的目的是在进行幻灯片放映时阻止该幻灯片的放映。

右击要隐藏的幻灯片，在弹出的快捷菜单中选择“隐藏幻灯片”选项即可，如图 5-14 所示。

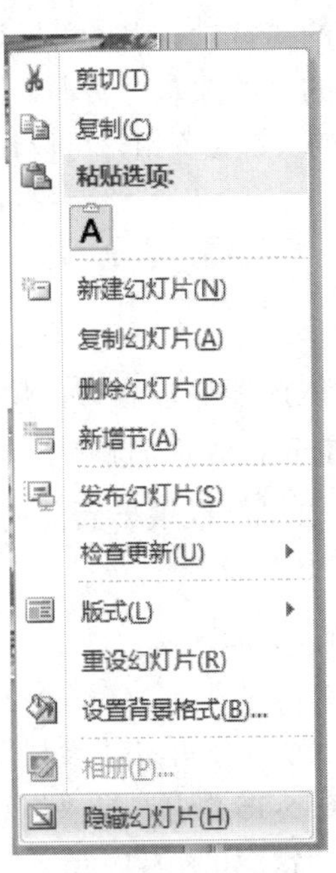


图 5-14　幻灯片快捷菜单

扫一扫，学微课

▲ 应用幻灯片主题

# 任务 2

## 团队展示幻灯片的美化

### 任务描述

通过文字描述和插入图片等，完成了演示文稿内容的编辑，初步完成的文稿有些简单，同学们又为其添加了漂亮的背景、制作了精美的艺术字，并添加了图表，进一步美化了内容。

✧ 为标题和内容添加不同的背景。

✧ 使用艺术字，使画面更精彩。

✧ 设置超链接，添加更丰富的内容。

### 技术方案

本任务要求大家学会演示文稿的基本操作和排版，技术要求如下。

✧ 通过“设计”选项卡中的“主题”组，使用系统自带的主题，可以为单张或多张幻灯片添加颜色、字体、效果。

✧ 通过“设计”选项卡中的“背景”组，可以设置幻灯片的背景。

✧ 通过“插入”选项卡中的“图像”“文本”组，可以插入图片和艺术字。

✧ 通过“插入”选项卡中的“链接”组，可以设置幻灯片的超链接、添加动作。

### 任务实现

#### 1. 添加主题

为了使当前的演示文稿整体搭配更加合理，用户除了需要对演示文稿的整体框架进行搭配之外，还需要对演示文稿进行颜色、字体和效果等的设置。PowerPoint 2010 自带的主题样式比较多，用户可以根据当前的需要选择其中的任意一种。

（1）目标

为第一张幻灯片添加“气流”主题。

（2）操作

选择需要设置主题颜色的幻灯片，单击“设计”→“主题”组右侧的下拉按钮，在弹出的“主题”下拉列表（图 5-15）中选择“气流”主题效果样式。所选择的主题模板将会直接应用于所有幻灯片，如图 5-16 所示。

图 5-15 “主题”下拉列表

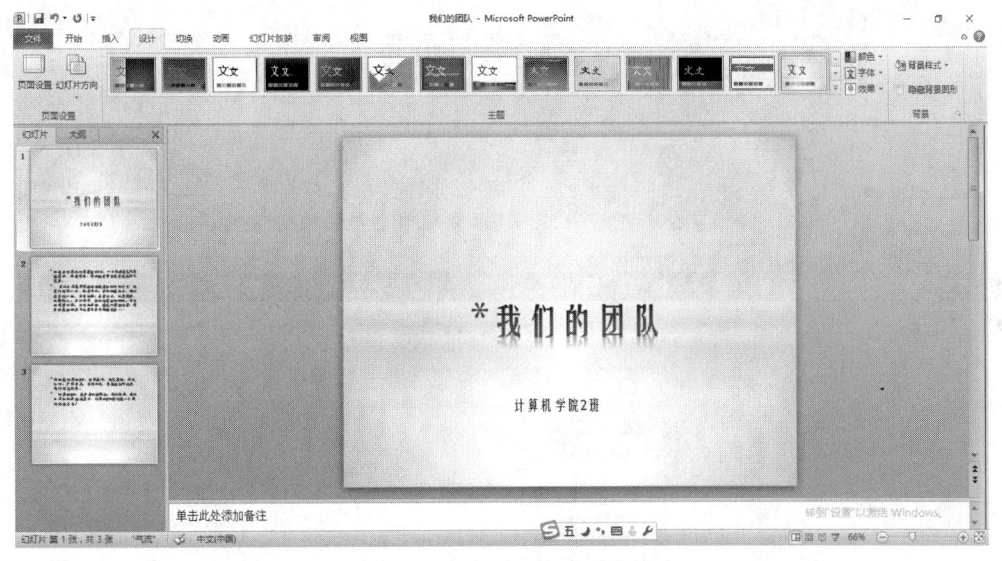

图 5-16 “气流”主题的应用

（3）扩展知识

在某主题上单击可将该主题应用于所有幻灯片，如果想仅应用于当前幻灯片，则可在该主题上右击，在弹出的快捷菜单中选择“应用于当前幻灯片”选项，如图 5-17 所示。

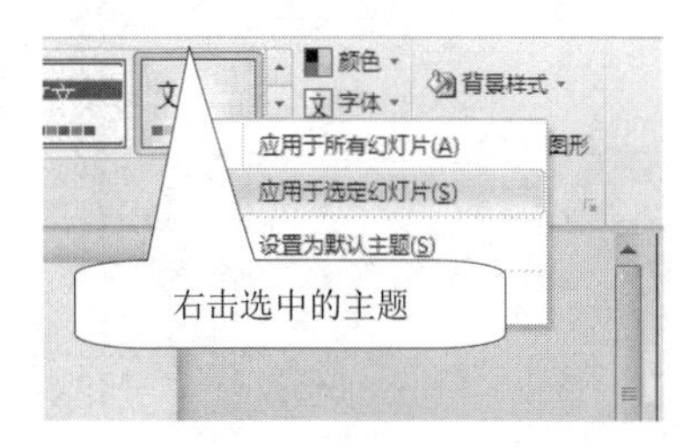


图 5-17 快捷菜单

### 2. 设置演示文稿背景

PowerPoint 2010 自带多种背景样式，用户可根据需要选择使用。

（1）目标

为第一张幻灯片添加图片背景。

（2）操作

选择要添加图片背景的幻灯片，单击“设计”→“背景”组→“背景样式”下拉按钮，选择“设置背景格式”选项，如图 5-18 所示。在弹出的“设置背景格式”对话框中，选中“图片或纹理填充”单选按钮，如图 5-19 所示，单击“文件”按钮，选择背景文件“背景图”并打开，单击“全部应用”按钮关闭对话框，如图 5-20 所示。

图 5-18　背景样式

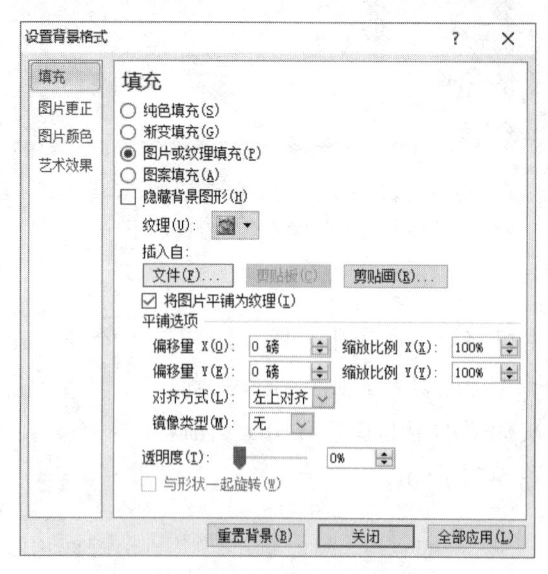


图 5-19　“设置背景格式”对话框

图 5-20　设置背景图片后的效果

### 3. 使用模板

使用模板建立演示文稿可以帮助用户创建精美的具有专业水平的演示文稿。

（1）目标

使用模板创建一个新文档，并制作班级相册。

（2）操作

**01** 单击“文件”→“新建”按钮，单击“样本模板”图标，如图 5-21 所示。

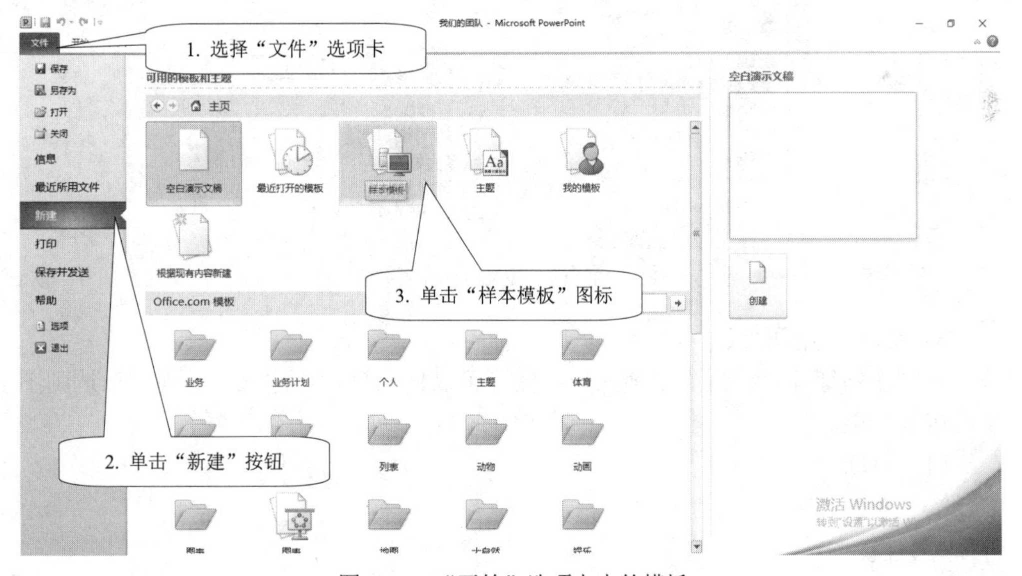


图 5-21　“开始”选项卡中的模板

**02** 选择已安装的模板，单击“创建”按钮，如图 5-22 所示。

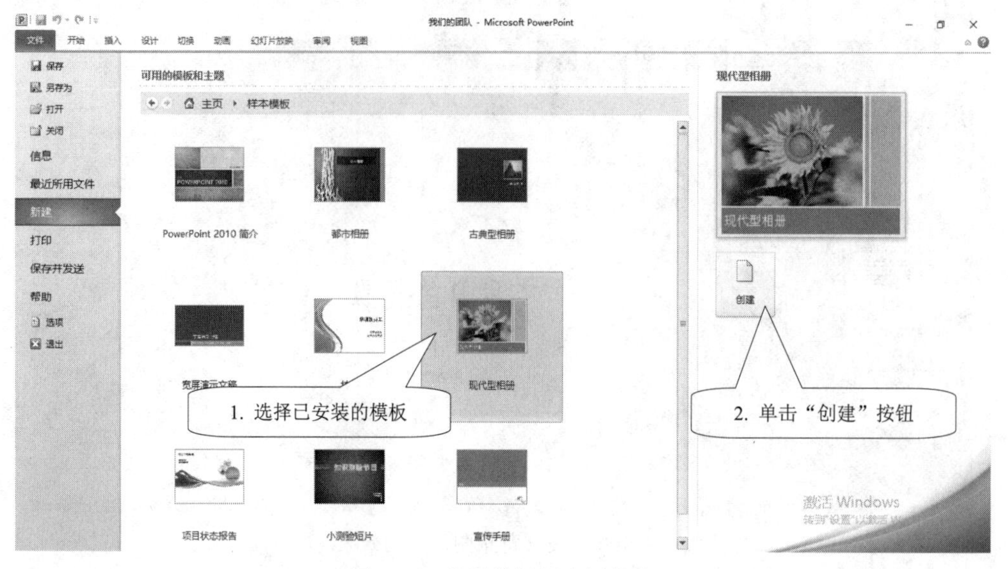


图 5-22　使用模板创建新文档

（3）扩展知识

PowerPoint 2010 可以制作多种类型的演示文稿，通过“页面设置”对话框可以方便地设置页面大小、起始编号和页面方向。

单击“设计”→“页面设置”组→“页面设置”按钮，在弹出的“页面设置”对话框中进行相关设置，如图 5-23 所示。

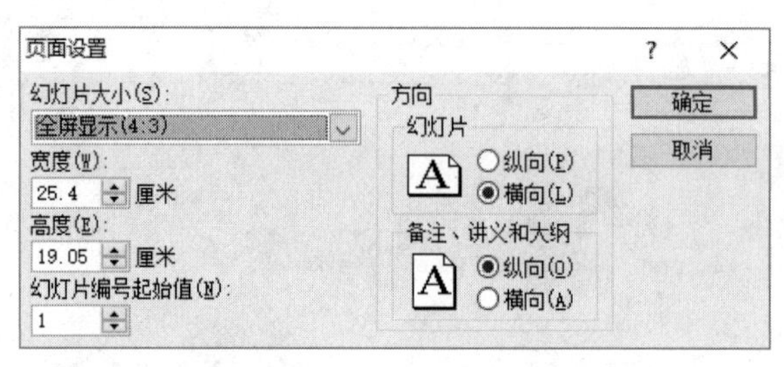


图 5-23　演示文稿的页面设置

### 4. 使用图片

在制作幻灯片时，适当地插入一些图片可以使幻灯片看起来更美观，以达到图文并茂的效果。

（1）目标

为“我们的团队”添加图片。

（2）操作

**01** 启动PowerPoint 2010，新建一个“标题和内容”幻灯片，如图 5-24 所示。

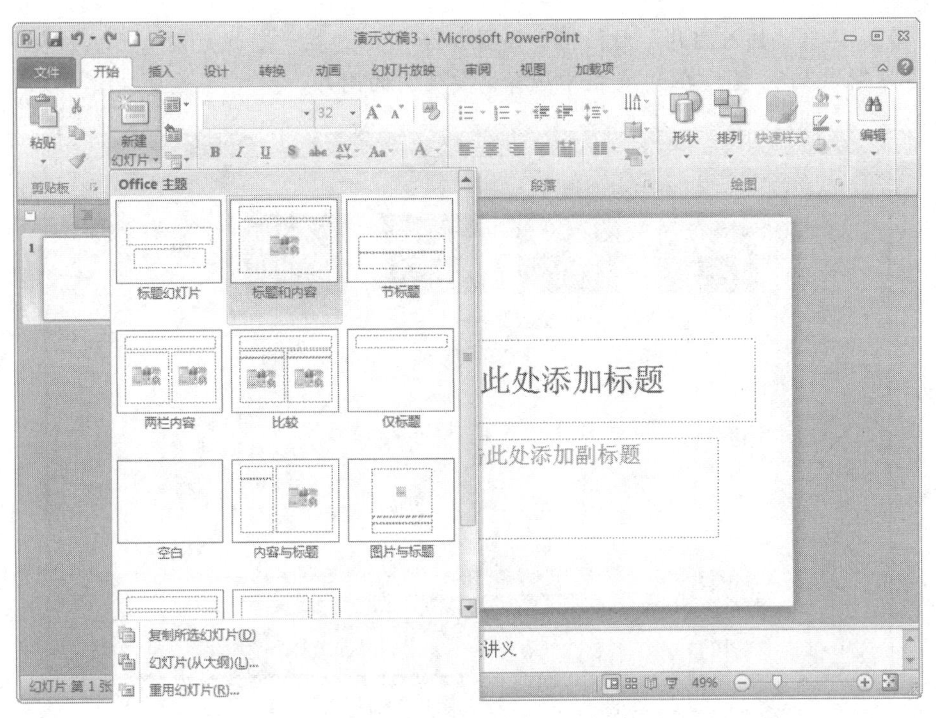


图 5-24 “标题和内容”幻灯片

**02** 单击幻灯片编辑区中的“插入来自文件的图片”按钮，如图 5-25 所示。

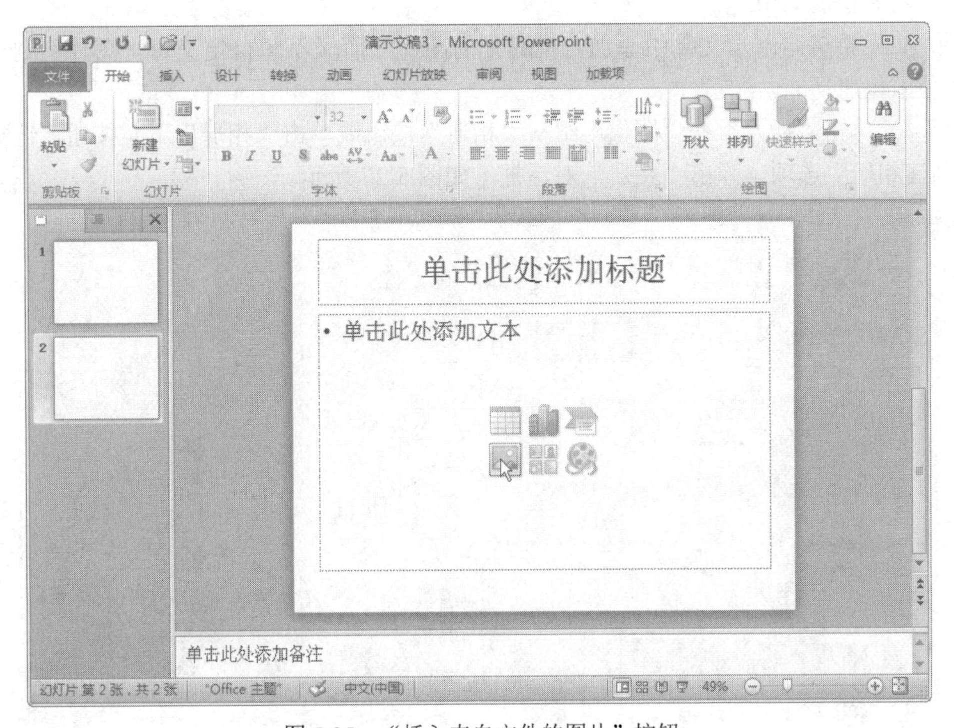


图 5-25 “插入来自文件的图片”按钮

**03** 弹出“插入图片”对话框，如图 5-26 所示。在“查找范围”下拉列表中选择图片所在的位置，在列表框中选择需要使用的图片。

图 5-26 “插入图片”对话框

**04** 单击“插入”按钮，即可在幻灯片中插入该图片。

（3）扩展知识

如果希望向演示文稿中添加一批喜爱的图片，而又不想自定义每张图片，则可以使用相册功能。

1）单击“插入”→“图像”组→“相册”按钮或单击“相册”下拉按钮，选择“新建相册”选项，弹出“相册”对话框，如图 5-27 所示。

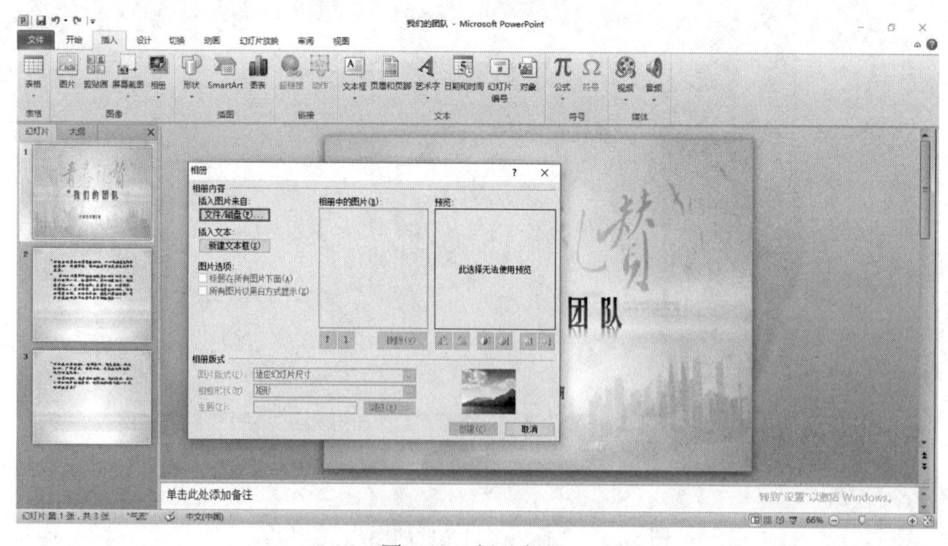


图 5-27 插入相册

2）在弹出的“相册”对话框中，单击“文件/磁盘”按钮，在弹出的“插入新图片”

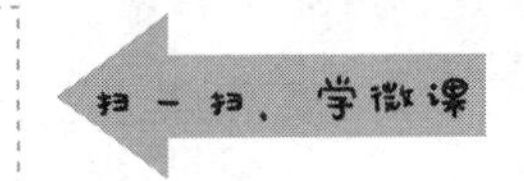


对话框中选择相册中包含的多张图片，单击“新建文本框”按钮，为相册添加文本。

3）插入的图片可以使用“上移”或“下移”按钮调整顺序。

4）选定其中一张图片，可以使用亮度、对比度按钮进行调整。

**注意**

如果勾选“所有图片以黑白方式显示”复选框，则所有图片将以黑白色显示。

5）在“图片版式”下拉列表中可以选择相册中图片和文本框的版式。

6）在“相框形状”下拉列表中可以为图片选择相框形状。

7）单击“创建”按钮，系统将自动创建标题幻灯片，生成一个新的演示文稿文件。

### 5. 使用艺术字

在演示文稿中，适当地更改文字的外观，为文字添加艺术字效果，可以使文字看起来更加美观。利用 PowerPoint 2010 中的艺术字功能插入装饰文字，可以创建带阴影的、扭曲的、旋转的和拉伸的艺术字，也可以按预定义的形状创建文字。

1）目标

为插入的图片使用艺术字制作文字说明。

2）操作

**01** 新建一个“标题和内容”幻灯片，插入一张图片，把标题占位符删除。

**02** 单击“插入”→“文本”组→“艺术字”下拉按钮，选择一种艺术字的样式，这里选择“填充—蓝色，强调文字颜色 1，塑料棱台，映像”选项，如图 5-28 所示。

图 5-28　插入艺术字

**03** 输入文字“知识竞赛学校一等奖”，将文本框拖动到标题位置，单击“绘图工具 格式”→“艺术字样式”组→“文本效果”下拉按钮，选择“转换”→“跟随路径”→“上弯弧”选项，效果如图 5-29 所示。

图 5-29　设置“文本效果”

### 6. 使用图表

在幻灯片中插入图表，可以使幻灯片的内容更丰富。形象直观的图表比文字更容易让人理解，在幻灯片中插入图表可以使幻灯片的显示效果更加清晰。

在 PowerPoint 2010 中，可以插入到幻灯片中的图表包括柱形图、折线图、饼图、条形图、面积图、XY（散点图）、股价图、曲面图、圆环图、气泡图和雷达图。从“插入图表”对话框中可以体现出图表的分类。

**01** 在“标题和内容”版式幻灯片中，单击幻灯片编辑区中的“图表”按钮，如图5-30 所示。

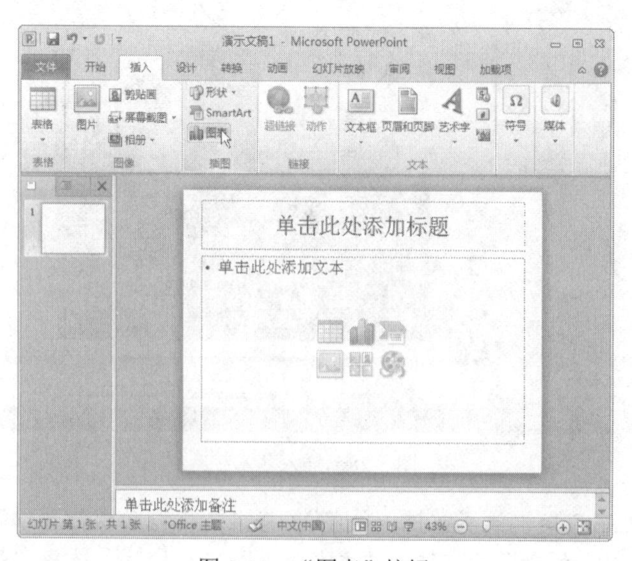


图 5-30　“图表”按钮

注意

幻灯片的版式中包含“图表”图标的，都可以插入。单击“插入”→“插图”组→“图表”按钮，也可以插入图表。

**02** 在弹出的“插入图表”对话框中，选择“折线图”选项卡中的“带数据标记的折线图”图样，单击“确定”按钮，如图 5-31 所示。

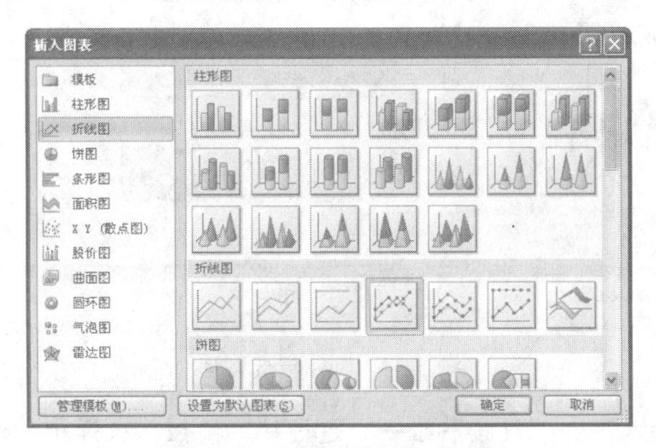


图 5-31 “插入图表”对话框

**03** 进入 Excel 2010 的工作界面，根据提示可以输入所需要显示的数据，如图 5-32 所示。

**04** 输入完毕，关闭Excel 即可插入一个图表，如图 5-33 所示。

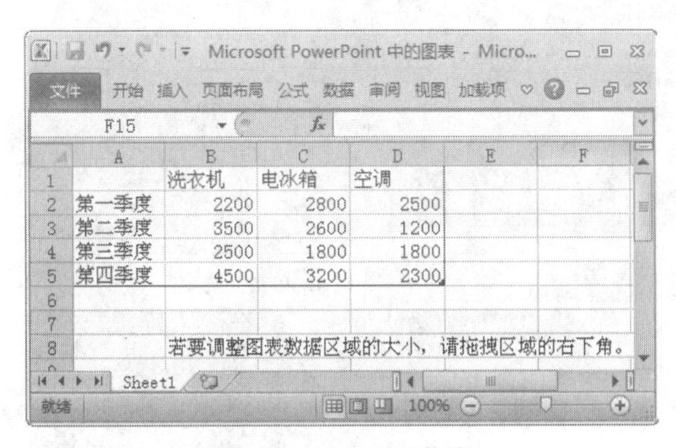


| | A | B | C | D |
|---|---|---|---|---|
| 1 | | 洗衣机 | 电冰箱 | 空调 |
| 2 | 第一季度 | 2200 | 2800 | 2500 |
| 3 | 第二季度 | 3500 | 2600 | 1200 |
| 4 | 第三季度 | 2500 | 1800 | 1800 |
| 5 | 第四季度 | 4500 | 3200 | 2300 |

图 5-32 Excel 工作表

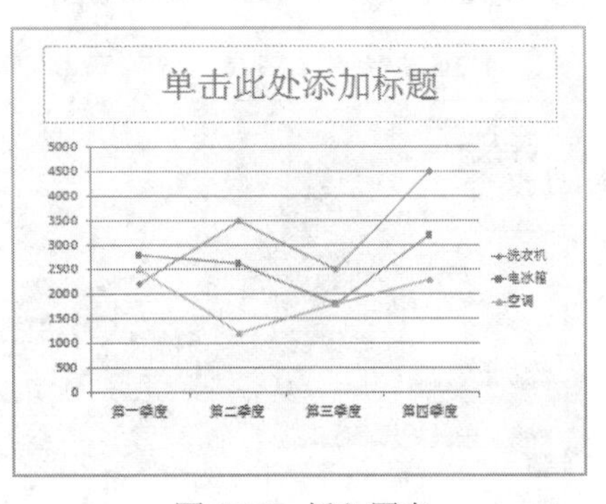


图 5-33 插入图表

## 7. 设置超链接

在 PowerPoint 中，超链接可以是同一演示文稿中从一张幻灯片到另一张幻灯片的链接，也可以是从一张幻灯片到不同演示文稿中另一张幻灯片的链接，或者到电子邮件地址、网页或文件等的链接。

（1）目标

制作一张导航页，可以对下面的图片进行分类超链接。

（2）操作

**01** 在第 4 页插入一张空白幻灯片，使用自选图形制作 3 个文字按钮，如图 5-34 所示。

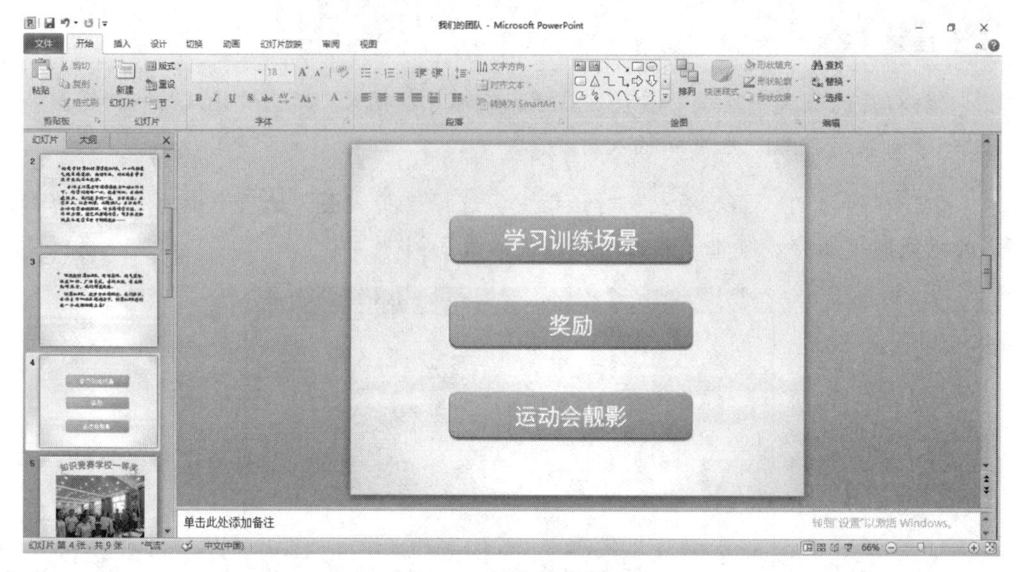


图 5-34　制作自选图形

**02** 单击“插入”→“链接”组→“超链接”按钮，从弹出的对话框中选择“本文档中的位置”选项，选择第 5 张幻灯片“认真学习训练技能”，单击“确定”按钮，如图 5-35 所示。

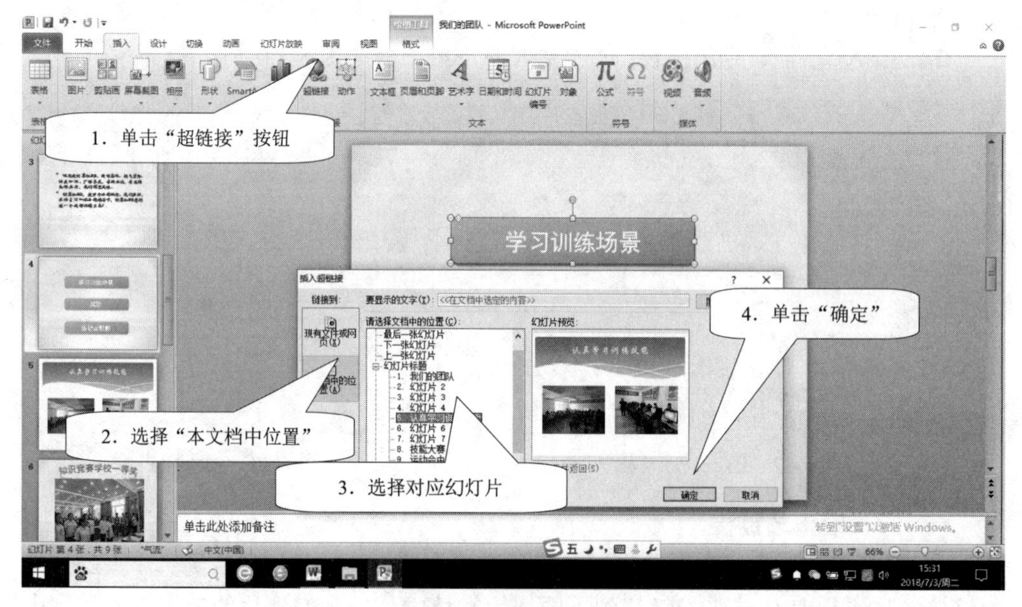


图 5-35　设置超链接

**03** 用同样的方法，将“奖励”按钮超链接到第 6 张幻灯片“知识竞赛一等奖”，将“运动会靓影”按钮超链接到第 9 张幻灯片“运动会中勇于拼搏”。

（3）扩展知识

在制作幻灯片时，可以插入影片和声音。声音的来源有多种，可以是 PowerPoint 2010 自带的影片或声音，也可以是用户在计算机中下载或者自己制作的影片或声音等。

1）插入音频文件。

单击“插入”→“媒体”组→“音频”下拉按钮，弹出下拉列表，选择一种插入音频的方式。

文件中的音频：在弹出的对话框中选择要插入的音频文件。

剪贴画音频：插入剪辑管理器中的声音，如同插入剪贴画一样。

录制音频：打开“录音”对话框，单击“录制”按钮录制音频文件，单击“停止”按钮完成录制，单击“播放”按钮，可以试听录制的音频，单击“确定”按钮，可将录制的音频插入到幻灯片中。

2）插入视频文件。

单击“插入”→“媒体”组→“视频”下拉按钮，弹出下拉列表，选择一种插入视频的方式。

文件中的视频：将已保存在计算机中的影片文件插入到幻灯片中。

来自网站的视频：可以在幻灯片中插入来自媒体网站的视频。

剪贴画视频：插入剪辑管理器中的影片，如同插入剪贴画一样。



# 任务3

# 团队展示幻灯片的放映

## 任务描述

通过以上操作完成了幻灯片的编辑与美化，但播放时还缺少动感，同学们决定再对幻灯片的切换方式进行设置，同时加入一些动画特效，来丰富放映效果。经过大家讨论，提出以下要求。

✧ 为每一张幻灯片增加不同的切换效果。
✧ 为幻灯片添加幻灯片动画效果。
✧ 为幻灯片设置按钮交互动作。

## 技术方案

✧ 通过“切换”选项卡中的“切换到此幻灯片”和“计时”选项卡，设置幻灯片切换。
✧ 通过“动画”选项卡中的“动画”和“高级动画”选项卡，设置幻灯片动画效果。

✧ 通过“幻灯片放映”选项卡设置幻灯片放映。

## 任务实现

### 1. 幻灯片的切换

切换效果是指由一张幻灯片移动到另一张幻灯片时屏幕显示的变化，用户可以根据情况设置不同的切换方案及切换速度。为幻灯片添加切换效果，可以使幻灯片在放映时更加生动形象。

（1）目标

为第一张幻灯片添加切换效果。

（2）操作

**01** 选择第一张幻灯片，单击“切换”→“切换到此幻灯片”→“擦除”按钮，如图 5-36 所示。

图 5-36 设置切换效果

**02** 选择其余幻灯片，分别为它们添加不同的切换效果。

（3）扩展知识

1）添加切换声音效果。

用户可以为幻灯片的切换添加声音效果，使其更加生动丰富。

单击要添加声音效果的幻灯片，单击“切换”→“计时”组→“声音”右侧的下拉按钮，在弹出的下拉列表中选择“鼓掌”选项，放映时可自动应用到当前幻灯片中，如图 5-37 所示。

2）设置切换速度。

在切换幻灯片时，用户可以为其设置持续的时间，从而控制切换的速度。

选择要设置切换速度的幻灯片，单击“切换”→“计时”组→“持续时间”微调框的向上(或向下）按钮，即可调整幻灯片的持续时间。设置以后，在放映幻灯片时会自动地应用到当前幻灯片中，如图 5-38 所示。

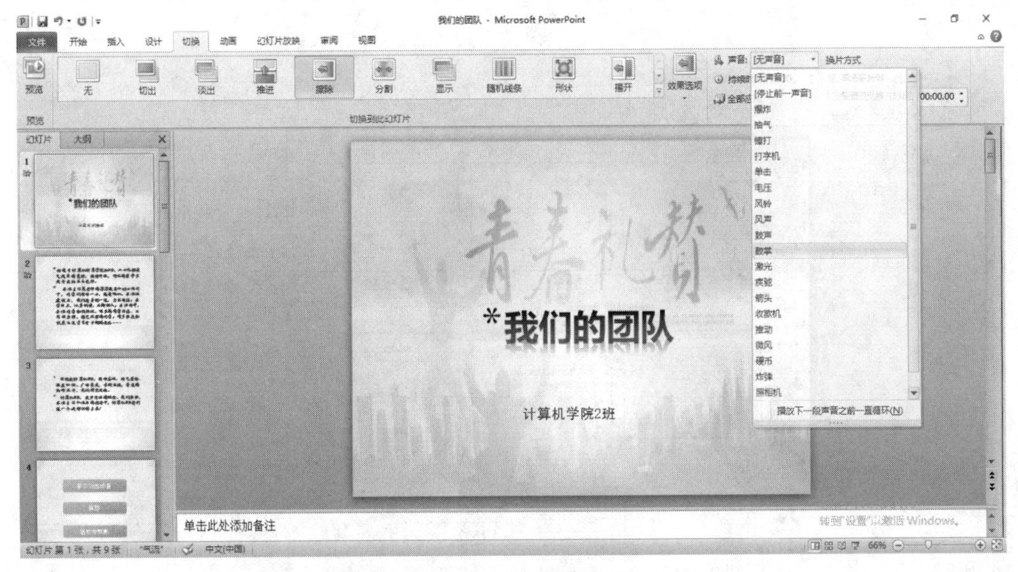


图 5-37　添加切换声音

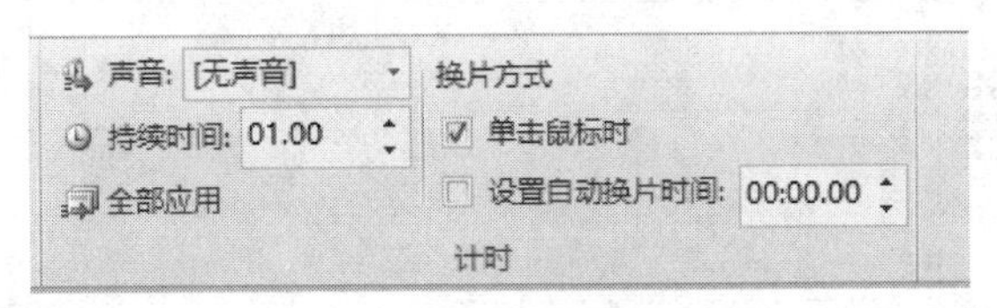


图 5-38　计时选项组

3）设置换片方式。

播放幻灯片时，用户可以根据需要设置换片的方式，自动换片或单击鼠标换片等。

在“切换”→“计时”组→“换片方式”中选择换片的方式。若勾选“单击鼠标时”复选框，则在播放幻灯片时，单击鼠标方可换片，如图 5-38 所示。若勾选“设置自动换片时间”复选框，则在播放幻灯片时，经过所设置的秒数后，PowerPoint 会自动地切换到下一张幻灯片。

## 2．幻灯片的版式

（1）版式简介

幻灯片版式是 PowerPoint 中的一种常规排版格式，幻灯片版式可以体现幻灯片中各个对象的布局。对不同的演示文稿内容，合理安排幻灯片中各种对象的位置，可以起到很好的演示效果。

默认的幻灯片版式是“标题幻灯片”，可以添加标题和副标题，而标题和副标题所在的框就是“占位符”。PowerPoint 也给广大用户提供了多种幻灯片版式，如标题和内容、节标题、两栏内容、比较等，单击即可选中需要的版式，如图 5-39 所示。

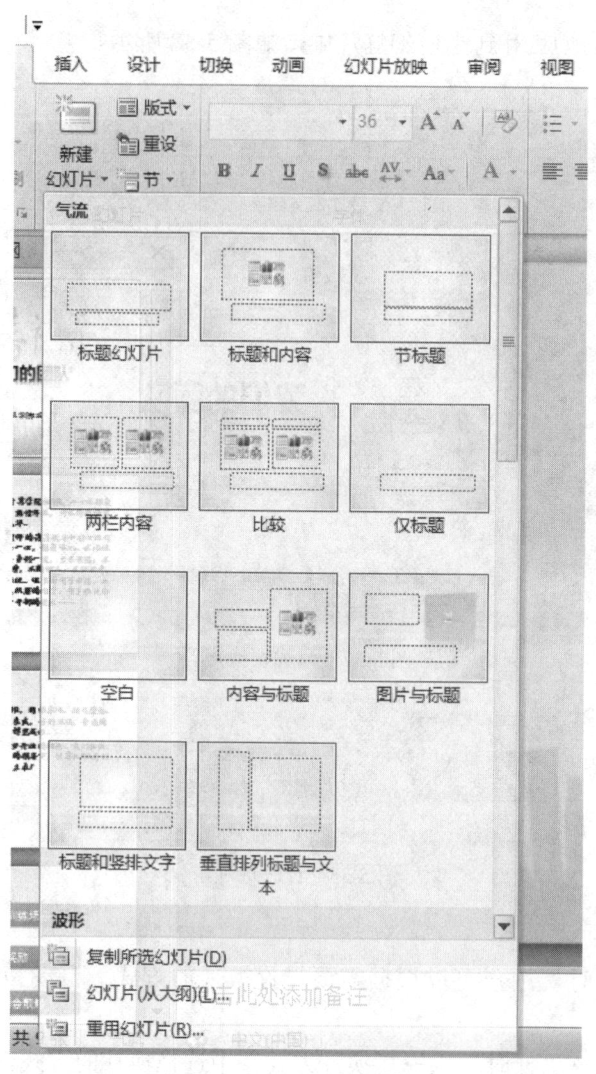


图 5-39 幻灯片版式

可以看到，幻灯片中不仅可以存放文字，还可以存放图片、视频等对象。以“标题和内容”版式为例，除了标题和文本之外，还可以添加 6 种对象。选择“标题和内容”版式，如图 5-40 和图 5-41 所示。

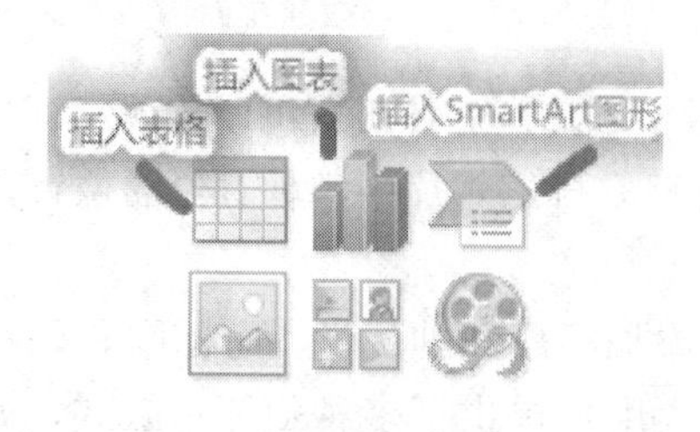


图 5-40 内容版式（1）

图 5-41 内容版式（2）

当然，如果用户需要自己设计版式，也可以使用空白版式，使用文本框、图文框等来随意调整各对象的布局，满足自己的个性化需要。

（2）扩展知识

幻灯片母版与幻灯片模板相似，使用幻灯片母版最重要的优点是在幻灯片母版、备注母版或讲义母版上，均可以对与演示文稿关联的每个幻灯片、备注页或讲义的样式进行全局修改。

1）在打开的 PowerPoint 2010 中，单击“视图”→“母版视图”组→“幻灯片母版”按钮，如图 5-42 所示。

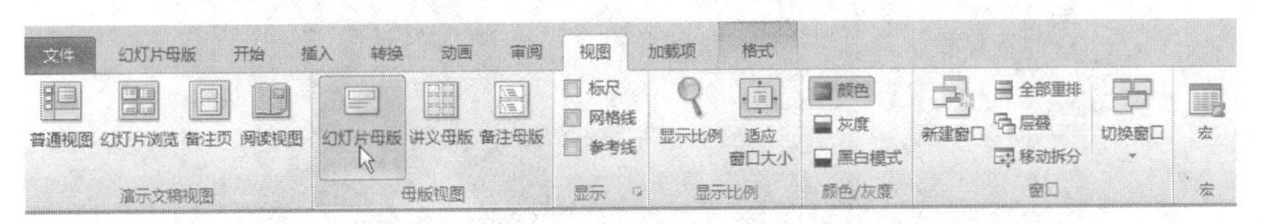


图 5-42 “视图”选项卡

2）单击“幻灯片母版”→“背景”组→“背景样式”下拉按钮，弹出背景样式下拉列表，如图 5-43 所示。

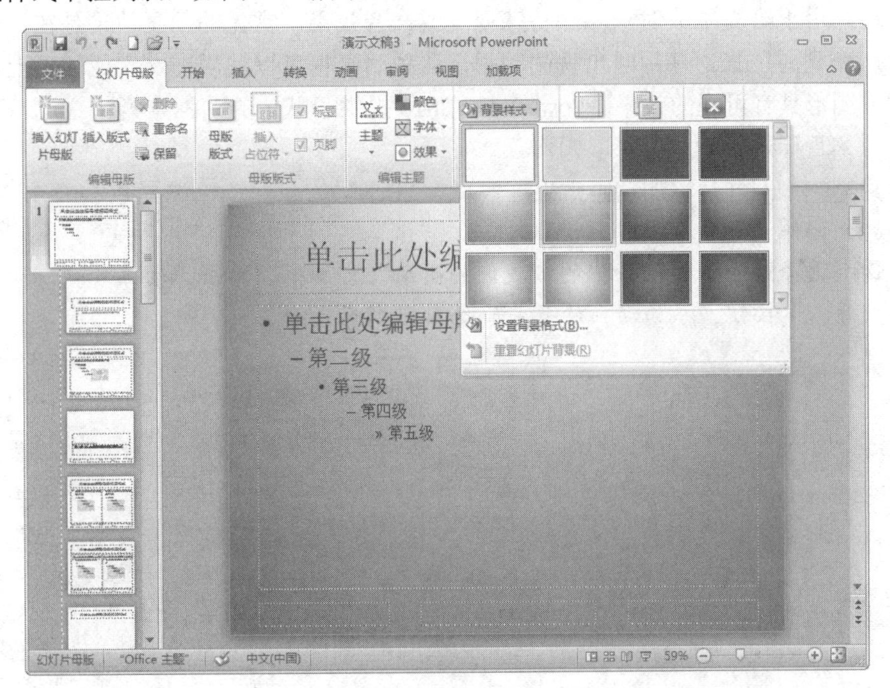


图 5-43 背景样式下拉列表

3）选中合适的背景样式，即可将其应用于所有幻灯片，应用背景样式后的效果如图 5-44 所示。

▲ 设置幻灯片动画效果

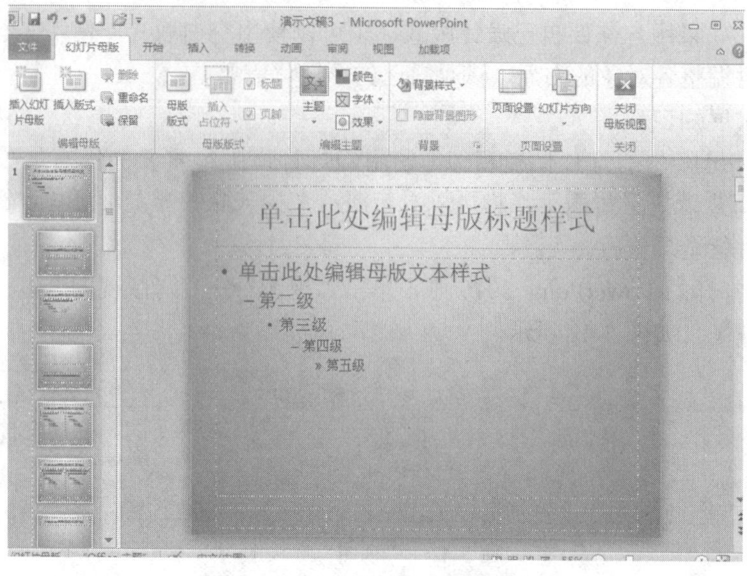


图 5-44　添加背景样式后的文稿

### 3. 动画效果制作

动画用于给文本或对象添加特殊视觉或声音效果。常见的动画效果是在一张幻灯片切换到另一张幻灯片时出现的动画，这种动画也可以使用在文字或图形上，使文字或图形具有可视的效果。PowerPoint 2010 提供了默认的动画方案。

（1）目标

为第一张幻灯片添加动画效果。

（2）操作

**01** 选择第一张幻灯片中的“我们的团队”文本框，单击“动画”→“动画”组→“浮入”按钮，添加动画效果，如图 5-45 所示。

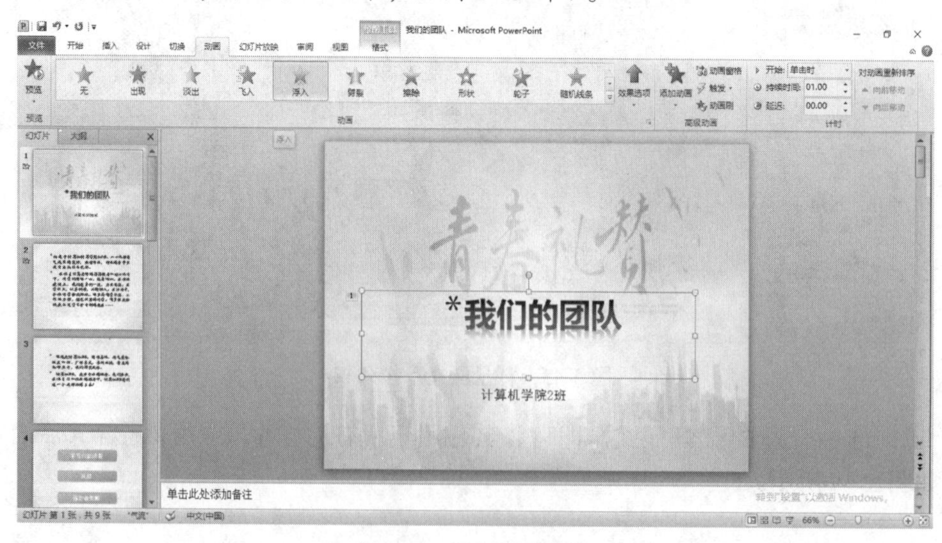


图 5-45　添加动画效果

**02** 选中“计算机学院 2 班”，为其添加“劈裂”动画效果。

（3）扩展知识

1）设置动画播放顺序。

添加完动画效果之后，还可以调整动画的播放顺序。打开文件，单击“动画”→“高级动画”组→“动画窗格”按钮 动画窗格 ，弹出“动画窗格”窗格。选择“动画窗格”窗格中需要调整顺序的动画，单击下方的“重新排序”左侧或右侧的按钮进行调整即可，如图 5-46 所示。

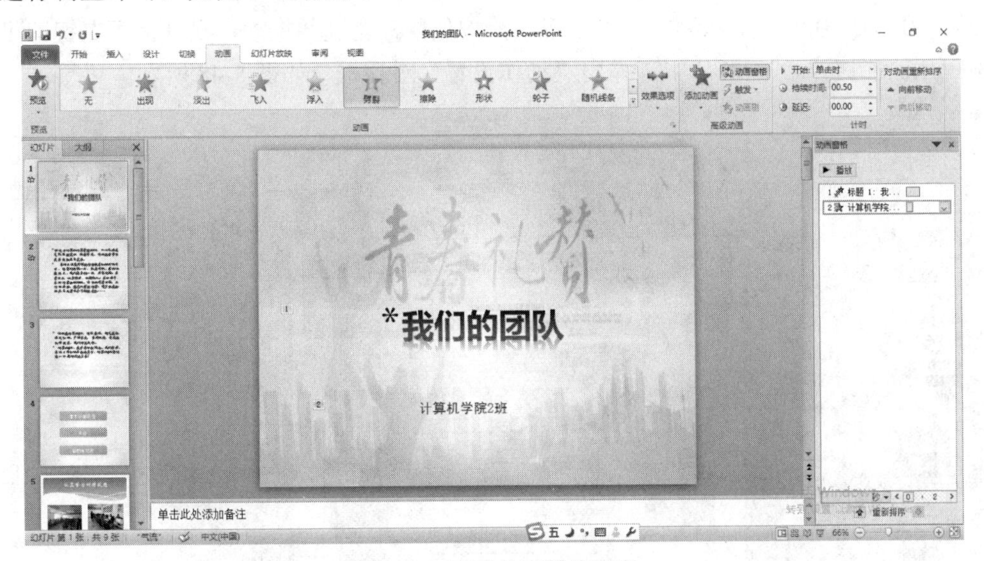


图 5-46　调整动画播放顺序

2）动作路径。

PowerPoint 2010 提供了一些路径效果，可以使对象沿着路径展示其动画效果。选择要设定的对象，单击“动画”→“高级动画”组→“添加动画”下拉按钮，在弹出的下拉列表中选择需要使用的路径，如图 5-47 所示。

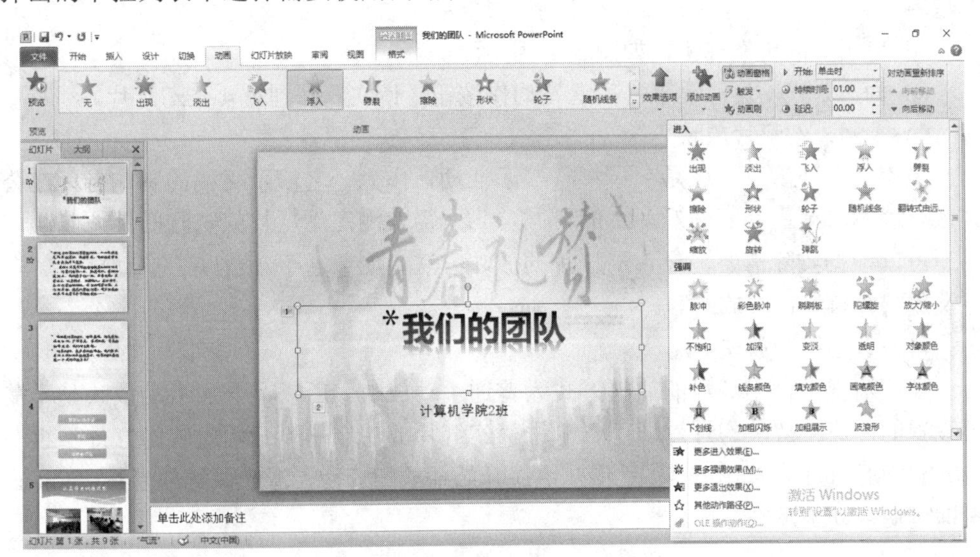


图 5-47　动作路径

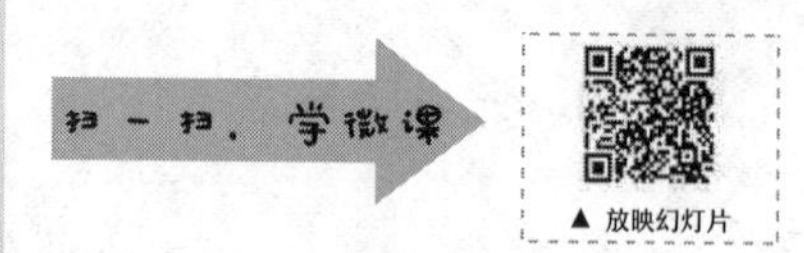


3）动作按钮。

动作按钮是幻灯片中的一个很重要的功能，它不仅可以帮助幻灯片的制作者通过按钮定位到正在放映的其他幻灯片上，还可以打开其他程序，能为制作者省去不必要花费的时间。

① 选择第 5 张幻灯片，单击“插入”→ “插图”组→“形状”下拉按钮，从“形状”下拉列表中选择“动作按钮”→“后退”选项

② 幻灯片内，光标为“＋”字形状，按住鼠标左键并拖动，松开鼠标左键即可将动作按钮插入到幻灯片中，弹出“动作设置”对话框，如图 5-48 所示。

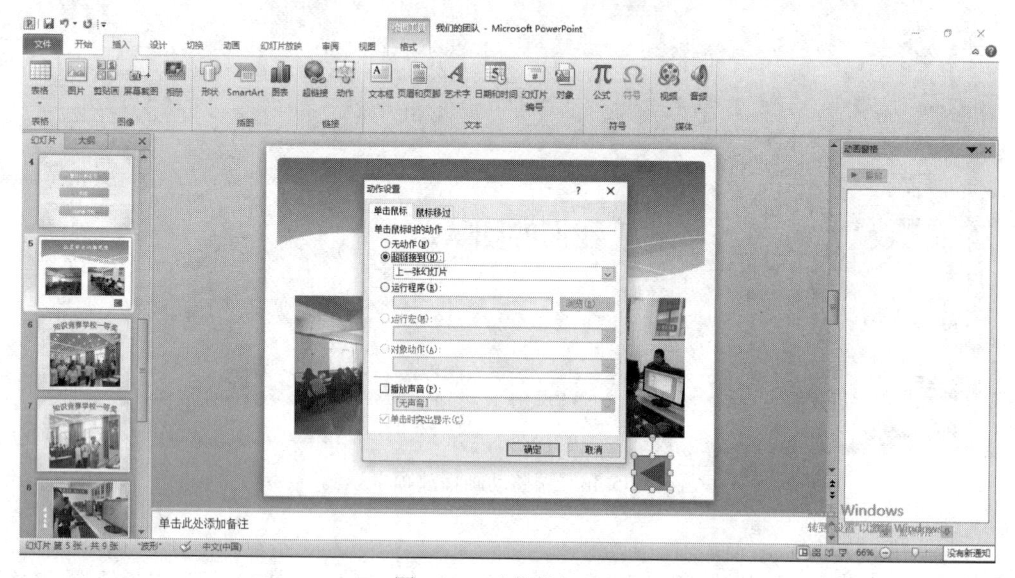


图 5-48　动作按钮设置

③ 在“动作设置”对话框中，选择“超链接到”下拉列表中的“上一张幻灯片”选项。

④ 单击“确定”按钮，如图 5-48 所示。

⑤ 为第 8 张幻灯片设置“后退”动作按钮，使它返回到第 4 张幻灯片。

### 4．幻灯片放映

无论是对外演讲，还是公司举行娱乐活动，作为一名演示文稿的制作者，在公共场合演示时都需要掌握好演示的时间，为此需要测定幻灯片放映时的停留时间。用户可以根据实际需要，设置幻灯片的放映方法，如普通手动放映、自动放映、自定义放映和排练计时放映等。

（1）普通手动放映

默认情况下，幻灯片的放映方式为普通手动放映。所以，普通手动放映是不需要设置的，直接放映幻灯片即可。单击“幻灯片放映”→“开始放映幻灯片”组→“从头开始”按钮，如图 5-49 所示，系统开始播放幻灯片，滑动鼠标或者按“Enter”键即可切换动画及幻灯片。

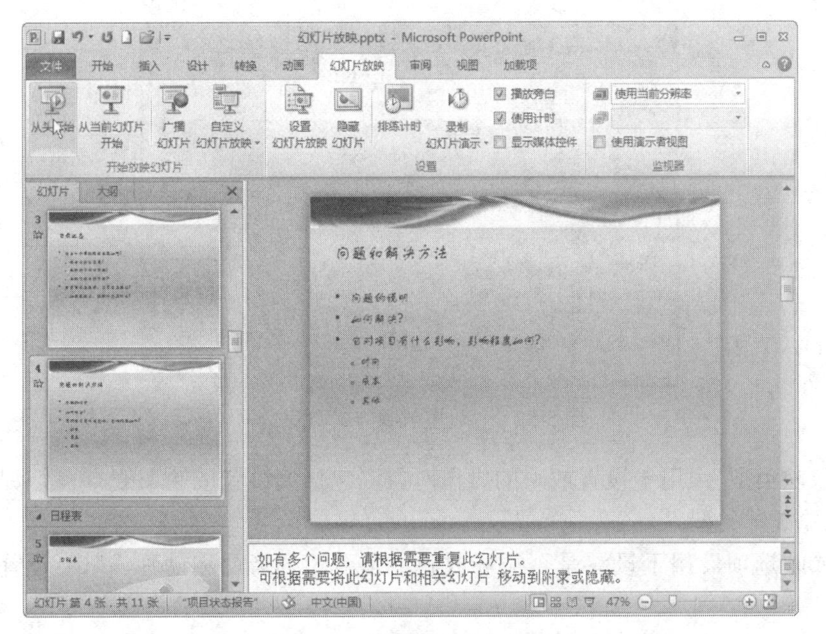


图 5-49 “从头开始”按钮

（2）自定义放映

利用 PowerPoint 的自定义幻灯片放映功能，可以自定义幻灯片、放映部分幻灯片等。

单击“幻灯片放映”→“开始放映幻灯片”组→“自定义幻灯片放映”下拉按钮，在弹出的下拉列表中选择“自定义放映”选项，弹出“自定义放映”对话框，如图 5-50 所示。单击“新建”按钮，弹出“定义自定义放映”对话框，选择需要放映的幻灯片，单击“添加”按钮，再次单击“确定”按钮，即可创建自定义放映列表，如图 5-51 所示。

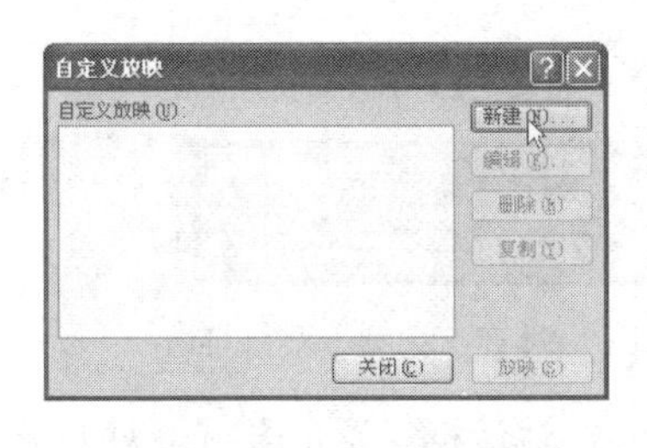


图 5-50 “自定义放映”对话框

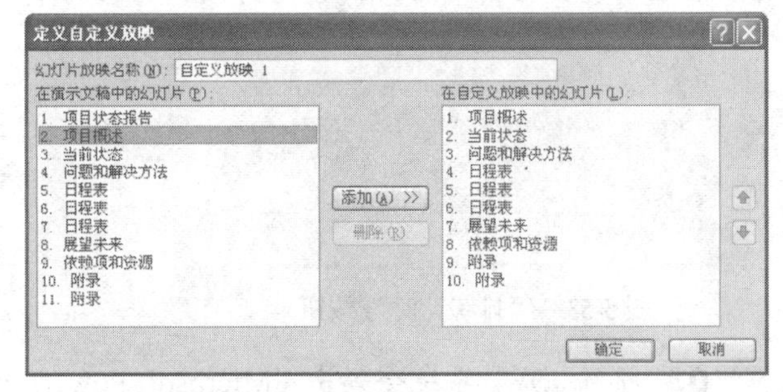


图 5-51 “定义自定义放映”对话框

（3）设置放映方式

通过使用设置幻灯片放映功能，用户可以自定义放映类型，以及设置自定义幻灯片、换片方式和笔触颜色等。

图 5-52 所示为“设置放映方式”对话框，对话框中各个选项组的含义如下。

扫一扫，学微课

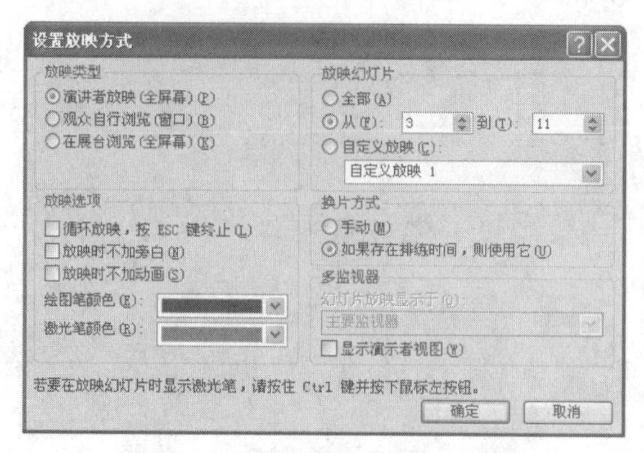


图 5-52 “设置放映方式”对话框

“放映类型”：用于设置放映的操作对象，包括演讲者放映、观众自行浏览和在展台浏览 3 种类型。

“放映选项”：用于设置是否循环放映、是否添加旁白和动画，以及设置笔触的颜色。

“放映幻灯片”：用于设置具体播放的幻灯片。默认情况下，选中“全部”播放单选按钮。

“换片方式”：用于设置换片方式，包括手动换片和自动换片两种方式。

（4）使用排练计时

在公共场合演示时需要掌握好演示的时间，为此需要测定幻灯片放映时的停留时间，具体的操作步骤如下。

**01** 单击“幻灯片放映”→“设置”组→“排练计时”按钮，如图 5-53 所示。

**02** 系统会自动切换到放映模式，并弹出“录制”对话框，在“录制”对话框中会自动计算出当前幻灯片的排练时间，时间的单位为秒，如图 5-54 所示。

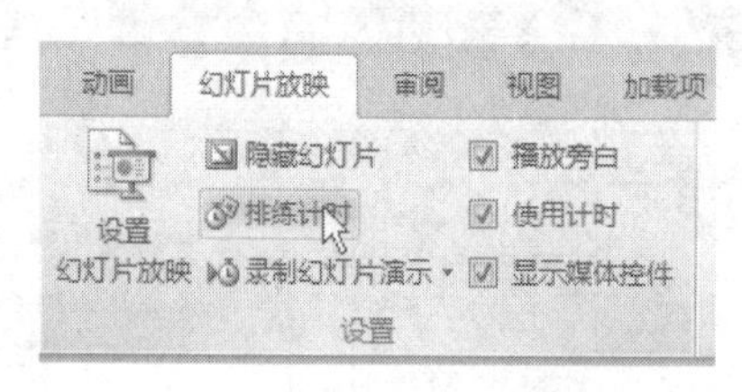


图 5-53 “排练计时”按钮

图 5-54 “录制”对话框

**03** 排练完成，系统会弹出“Microsoft PowerPoint”对话框，显示当前幻灯片放映的总时间。单击“是”按钮，即可完成幻灯片的排练计时，如图 5-55 所示。

图 5-55 “Microsoft PowerPoint”对话框

# 模块 6 “上网”

## ——互联网的应用

随着网络技术和通信技术的发展，计算机、手机、智能终端的普及，互联网的应用已渗透到人们的工作、学习和生活的各个方面。不管从事什么职业，都会不同程度地涉及网络，网络已经成为人们生活的一部分。

### 任务描述

小王和小李毕业后打算创业，但又不知道要做哪一行，他们记得老师讲过大数据，俩人商量借助大数据分析调研市场，最终确定创立一个平面设计工作室。其准备了两台计算机，并接入了 Internet，以在网上搜索素材、信息，两台计算机可以共享打印机、共享资源，使用邮箱与客户联系，在相关论坛上与同行交流学习，在淘宝上购买材料等。

- 接入 Internet，介绍上网的方式。
- 组建一个局域网，实现资源共享。
- 注册一个邮箱，收发电子邮件。
- 使用浏览器，在网上搜索素材、信息。
- 注册论坛账号，会使用论坛。
- 注册一个淘宝账号，会网上购物。
- 了解云和大数据知识。

任务 1

# 接入 Internet

## 任务描述

小王和小李毕业后打算创业，创立一个平面设计工作室。为了节省资金，他俩把自家的计算机搬到了公司，以实现如下要求。

✧ 接入 Internet，ADSL 方式上网和局域网共享上网二选一。

✧ 连接并设置无线路由器，实现无线上网。

## 技术方案

本任务要求大家知道上网的几种方式（ADSL 方式联网、局域网共享联网、无线联网）。

✧ 以 ADSL 方式联网时，要申请开通账户，获得账号、密码。

✧ 布线安装，连接 ADSL Modem 并设置账号、密码。

## 任务实现

### 1. ADSL 联网

（1）开通账户

一般情况下，用户可以通过以下两种途径申请开通宽带上网。

① 携带有效证件（个人用户携带身份证，单位用户携带公章），直接到网络运营商处申请开通 ADSL 上网服务。

② 登录当地运营商的网站进行在线申请。

（2）安装并设置

用户成功申请 ADSL 服务后，当地的网络运营商员工会主动上门布线（目前主要使用光纤）、安装配置 ADSL Modem、设置上网客户端。

创建拨号连接，步骤如下。

**01** 选择“开始”→“控制面板”选项，即可打开“控制面板”窗口，双击“网络连接”选项，即可打开“网络连接”窗口，如图 6-1 所示。

**02** 选择“创建一个新的连接”选项，弹出“欢迎使用新建连接向导”对话框，单击“下一步”按钮，弹出“网络连接类型”对话框，选中“连接到 Internet”单选按钮，单击“下一步”按钮，如图 6-2 所示。

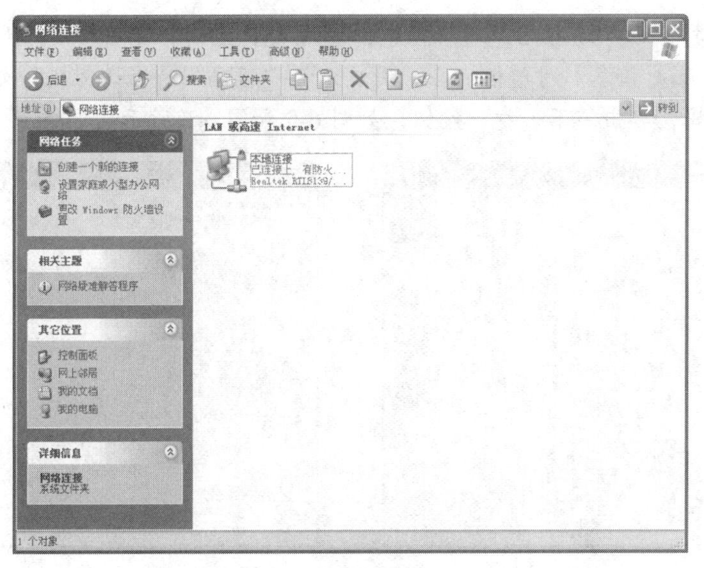


图 6-1 “网络连接”窗口

**03** 在打开的“准备好”中，选中“手动设置我的连接”单选按钮，单击“下一步”按钮，打开“Internet 连接”对话框，选中“用要求用户名和密码的宽带连接来连接”单选按钮，单击“下一步”按钮，如图 6-3 和图 6-4 所示。

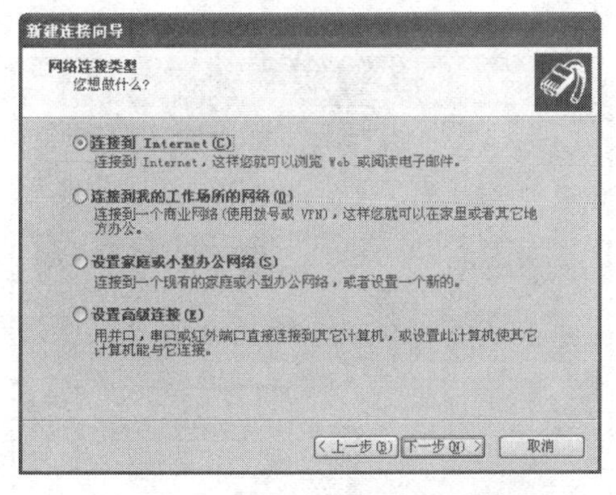


图 6-2 “网络连接类型”对话框

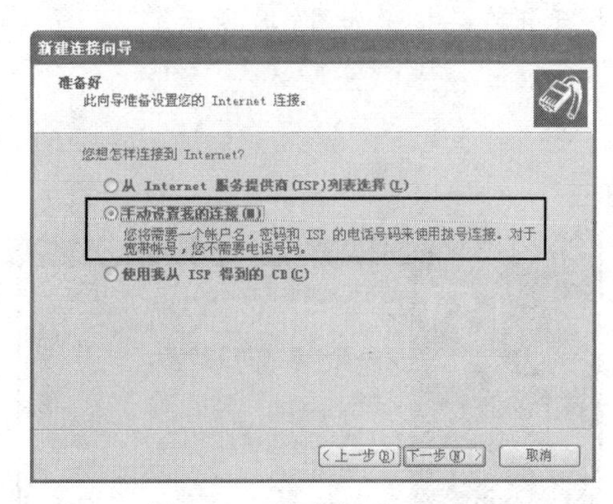


图 6-3 “准备好”对话框

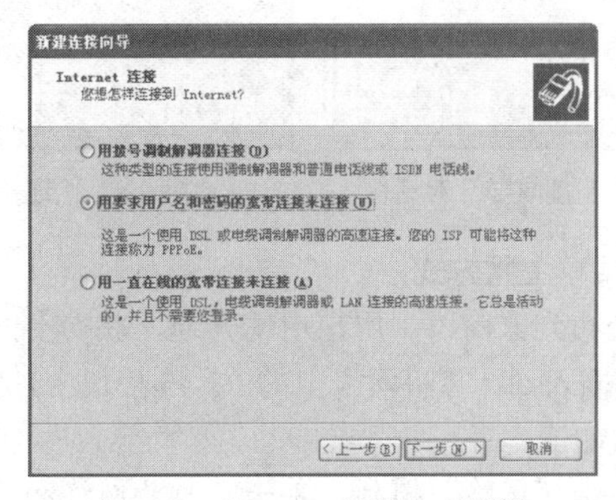


图 6-4 “Internet 连接”对话框

**04** 在打开的“连接名”对话框中，输入 ISP 名称，单击“下一步”按钮，打开“Internet 账户信息”对话框，在“用户名”、“密码”、“确认密码”文本框中输入用户名和密码，单击“下一步”按钮，如图 6-5 和图 6-6 所示。

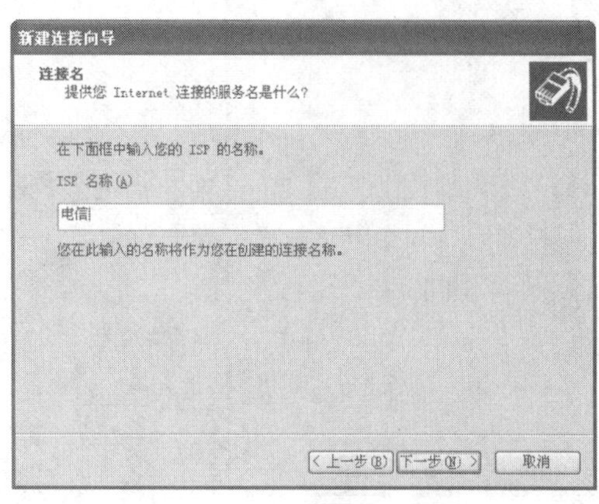


图 6-5 “连接名”对话框

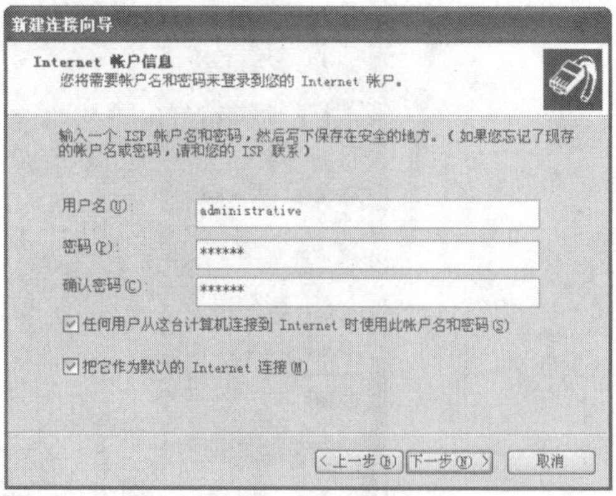

图 6-6 “Internet 账户信息”对话框

**05** 打开“正在完成新建连接向导”对话框，并单击“完成”按钮，如图 6-7 所示。

**06** 打开“连接计算机”对话框，输入用户名和密码。单击“连接”按钮，提示正在连接，如图 6-8 所示。

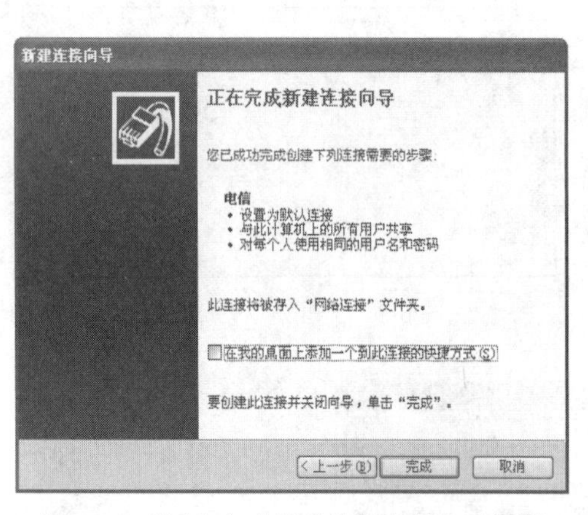


图 6-7 “正在完成新建连接向导”对话框

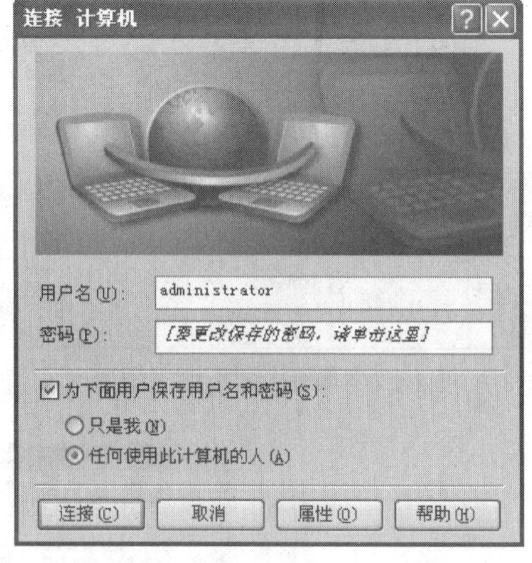


图 6-8 “连接 计算机”对话框

### 2. 局域网共享上网方式

有些小区网线已经布到家门口，用户申请开通，获得上网账号和密码后，施工人员将网线接入家中，插入到计算机网卡上的 RJ-45 接口中，配置好 IP 和 DNS 后即可上网。具体设置方法如下。

**01** 在通知区域单击“网络”图标，单击“打开网络和共享中心”超链接，打开“网络和共享中心”窗口。

**02** 在左侧窗格中单击“更改适配器设置”超链接，打开“网络连接”窗口。

**03** 右击需要设置 IP 地址的“本地连接”图标，选择“属性”选项，弹出“本地连接属性”对话框。

**04** 选择“Internet 协议版本 4（TCP/IPv4）”选项，单击“属性”按钮，弹出属性对话框，如图 6-9 所示。

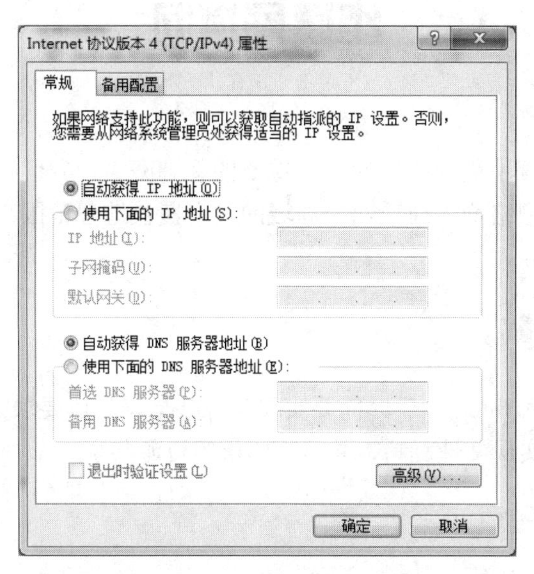


图 6-9　TCP/IPv4 属性对话框

系统默认“自动获得 IP 地址”和“自动获得 DNS 服务器地址”选项，如果 ISP 提供了固定的 IP 和 DNS，则可以选中“使用下面的 IP 地址”和“使用下面的 DNS 服务器地址”单选按钮，输入给定的 IP 地址及 DNS 服务器地址。

### 3. 无线联网

智能终端、手机普及率越来越高，网络运营商、商家店铺、公共场合等已开始提供 Wi-Fi 上网服务，移动互联已成为使用最广泛的一种无线网络传输技术。

只要具备了有线宽带，再配一台无线路由器，即可提供 Wi-Fi 服务。

（1）无线路由器的连接

家用路由器一般有一个 WAN 口和四个 LAN 口，其中 WAN 口用于连接到外网，称为 WAN 网。LAN 口和路由器的无线网络在同一个局域网内，称为 LAN 网。

（2）无线路由器的设置

设置路由器一般是将计算机用双绞线连接到任意一个 LAN 口，同时要保证计算机与路由器处于同一个 IP 网段内，通常默认设置为自动获取 IP 和 DNS 地址。有的路由器还支持手机设置，使用更方便。

打开浏览器，在地址栏中输入路由器的 IP 地址（见路由器标签），如 192.168.1.1，按“Enter”键，进入路由器登录界面，输入用户名和密码（默认均为 admin），进入路由器管理界面，进行相关设置即可。

任务 2

# 组建局域网

局域网是目前应用最为广泛的一种重要的基础网络，我们在日常生活、工作、学习中所能看见的网络均为局域网。局域网具有覆盖地理范围小、通信速率高、便于安装和维护等特点。

## 任务描述

两台计算机接入 Internet 后，需要实现资源共享，具体要求如下。

组建局域网，实现文件复制、共享打印机等资源共享。

## 技术方案

本任务要求大家知道组建局域网的方法，技术要求如下。

✧ 为了节省资金，两台计算机可以用一台无线路由器组建局域网。

✧ 考虑到以后的扩张需求，也可以使用交换机组建局域网。

## 任务实现

### 1．组建对等网

对等网是指网络上每台计算机的地位都是平等的或者是对等的，各台计算机除了共享文件之外，还可以共享打印机。其适用于小型办公室、实验室和家庭等小规模网络，计算机不超过 10 台。在 Windows 系统中，对等网也称为工作组网络。

本任务只有两台计算机，组网较简单，需要一台无线路由器、两根直连双绞线，如图 6-10 所示。

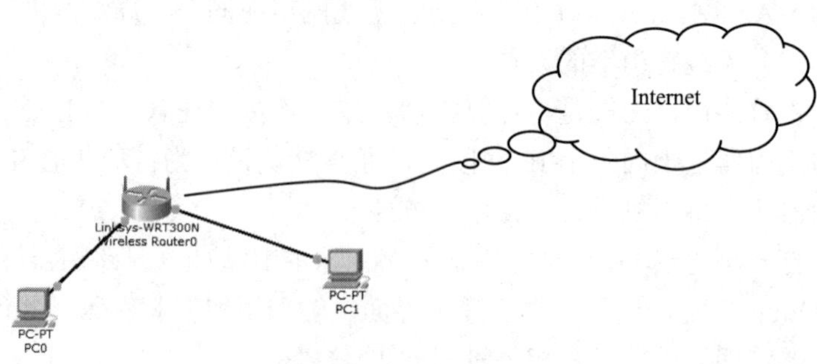


图 6-10　对等网

### 2. 组建客户机/服务器网络

客户机/服务器网络是一种基于服务器的网络，与对等网络相比，基于服务器的网络提供了更好的运行性能并且可靠性也有所提高。在基于服务器的网络中，不必将工作站的硬盘与他人共享，可以将共享的文件放在服务器上。这种网络价格低廉，资源共享灵活简单，有良好的可扩充性，便于集中管理，如图 6-11 所示。

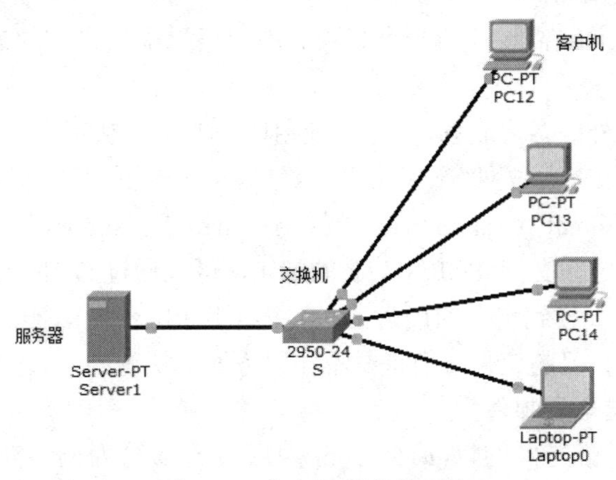


图 6-11　客户机/服务器网络

组建该类网络需要的硬件设备如下：至少一台服务器和若干台客户机、交换机、直连双绞线等。客户机通过直连双绞线连接至交换机的 LAN 口，服务器通过直连双绞线连接至交换机的 LAN 口。如果需要连接外网，则可配一台路由器，连接至交换机的 WAN 口，也可使用服务器代理上网。

## 任务 3

## 收发电子邮件

### 任务描述

工作室的计算机接入网络后，经常使用电子邮件与客户沟通交流，具体要求如下。

✧ 注册申请一个邮箱。

✧ 收发电子邮件。

### 技术方案

本任务要求大家会使用邮箱，具体要求如下。

✧ 在网站（如新浪、网易等）上申请一个邮箱。

✧ 登录邮箱，收发电子邮件。

## 任务实现

### 1. 注册邮箱

在发送邮件之前，需要注册一个邮箱。用户可以根据自己的需要有针对性地选择邮箱。

如果经常和国外的客户联系，则建议使用国外的电子邮箱，如Gmail、MSN mail、Yahoo mail等。如果想当做网络硬盘使用，经常存放一些图片资料等，则可选择存储量大的邮箱，例如Gmail、Yahoo mail、网易163mail及126mail等。如果自己拥有一台计算机，则最好选择支持POP/SMTP的邮箱，可以通过Outlook、Foxmail等邮件客户端软件将邮件下载到自己的硬盘上，这样不用担心邮箱不够用，也能避免别人窃取密码以后偷看自己的信件（前提是不在服务器上保留副本）。

### 2. 发送电子邮件

下面以网易邮箱提供的以@163.com为后缀的邮箱为例，介绍如何书写电子邮件。

（1）撰写邮件

登录邮箱后，在邮件管理页面中单击"写信"按钮，在"收件人"文本框中输入收件人的邮箱地址，在"主题"文本框中输入邮件的主题文字，在"内容"组合框中输入邮件的内容，如图6-12所示。

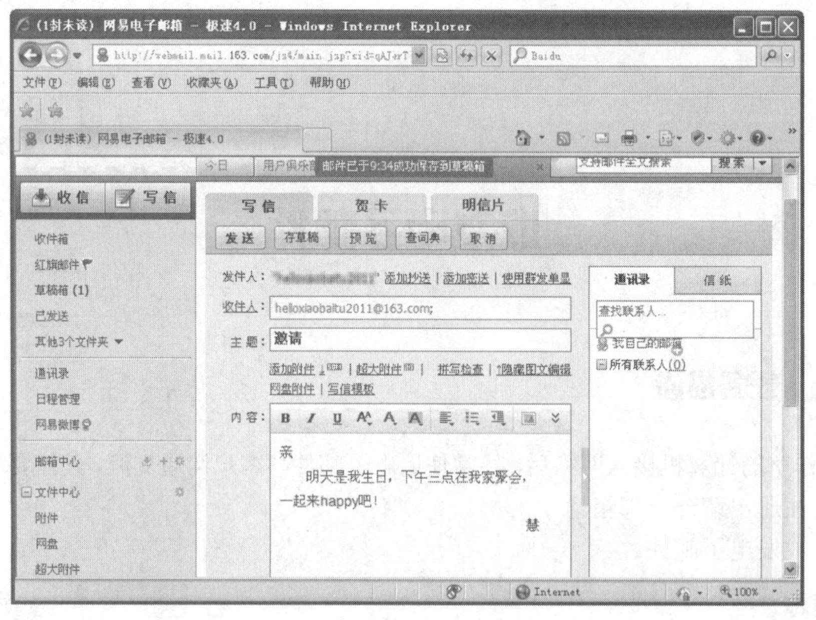


图6-12　输入邮件内容

（2）发送邮件

单击“主题”文本框下方的“添加附件”按钮，如图 6-13 所示，弹出“选择要上载的文件”对话框,选择要上传的文件。

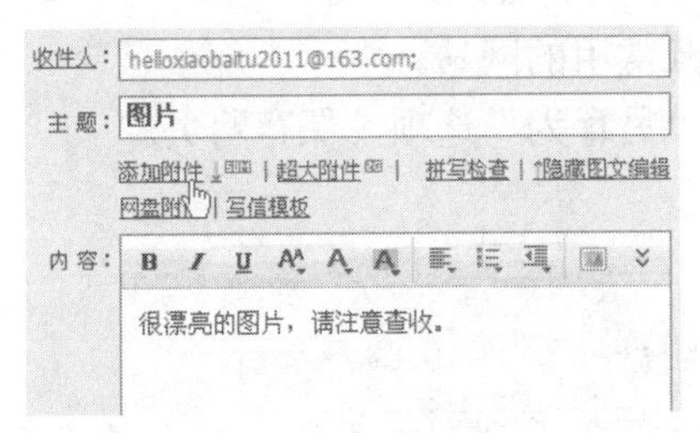


图 6-13　添加附件

在页面下方单击“发送”按钮，即可发送邮件，如图 6-14 所示。

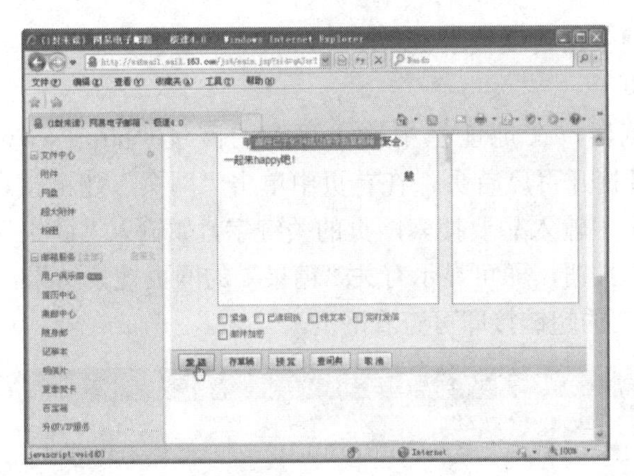

图 6-14　发送邮件



任务 4

# 网上信息搜索

## 任务描述

计算机接入网络后，经常需要搜索图片等素材，具体要求如下。

✧ 会使用浏览器。

✧ 会收藏常用网站。

✧ 保存图片及常用网页。

## 技术方案

本任务要求大家会使用浏览器，具体如下。

✧ 打开收藏夹，收藏常用的网站。

✧ 使用“文件”→“另存为”选项，保存网页。

## 任务实现

### 1. 使用搜索引擎

在网上搜索资料时，需要用到搜索引擎。网上的搜索引擎很多，其中，百度是最大的中文搜索引擎，在百度网站上可以搜索页面、图片、新闻、MP3 音乐及百科知识等。

下面介绍如何使用百度搜索资料。

（1）搜索网页

打开 IE 浏览器，在地址栏中输入百度的网址“http://www.baidu.com”，按“Enter”键，即可打开百度首页。在首页中单击“网页”超链接，进入网页搜索页面，在搜索文本框中输入想要搜索网页的关键字，如输入“糖果”，如图 6-15 所示。单击“百度一下”按钮，即可显示有关“糖果”的网页搜索结果，如图 6-16 所示，根据需要单击相应的超链接即可查看网页。

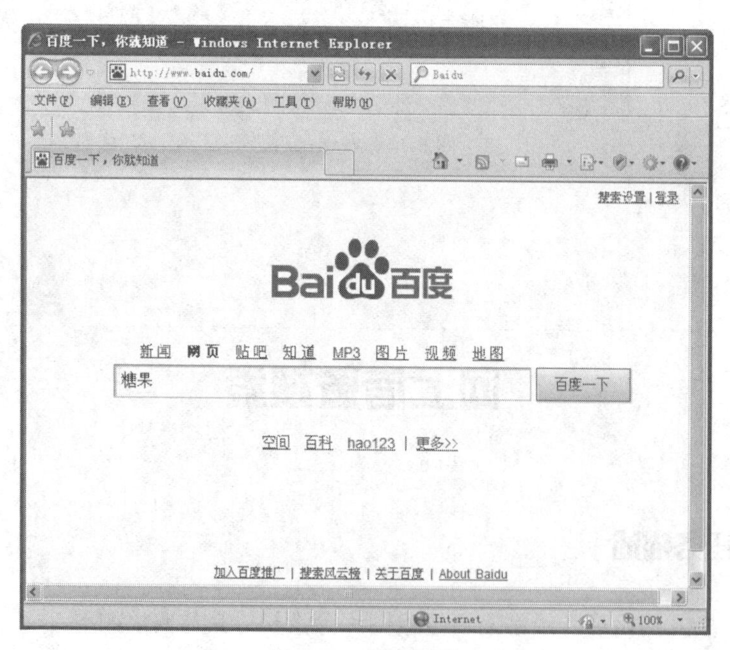


图 6-15　搜索网页

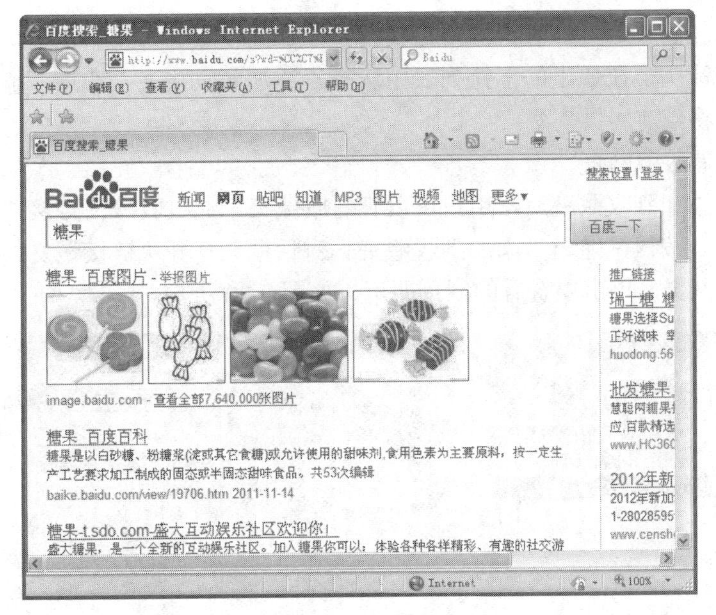


图 6-16　搜索结果

（2）搜索图片

打开百度首页，在首页中单击“图片”超链接，进入图片搜索页面，在搜索文本框中输入想要搜索图片的关键字，如输入“风景”，单击“百度一下”按钮，即可显示有关“风景”的图片搜索结果，如图 6-17 所示。单击自己喜欢的风景图片，如这里单击第 2 个图片链接，即可以大图的方式显示该图片，如图 6-18 所示。

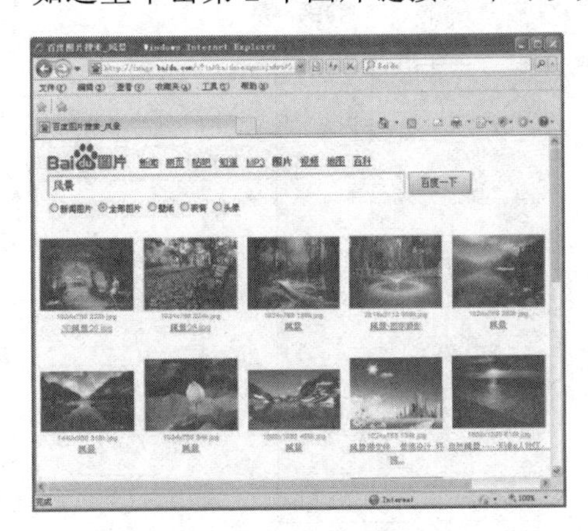

图6-17　搜索图片

图6-18　以大图的方式显示图片

### 2. 使用收藏夹

Internet Explorer 提供了收藏夹功能，用户在上网的时候可以利用收藏夹来收藏自己喜欢、常用的网站，将其放在一个文件夹里，想用的时候可以快速打开。

（1）收藏网页

打开要收藏的网页，单击浏览器右边的“收藏夹”按钮，弹出“添加到收藏夹”对话框，如图 6-19 所示。

在“添加到收藏夹”对话框中，单击“添加到收藏夹”按钮，也可单击其下拉按钮右边的箭头，在弹出的下拉列表中选择“添加到收藏夹”选项，输入收藏的名称和位置，将当前网页收藏。

（2）查看收藏网页

将网页添加到收藏夹后，用户可以查看收藏夹，通过收藏夹直接访问网页。单击“收藏夹”按钮，弹出“添加到收藏夹”对话框，打开“链接”文件夹，即可显示收藏了的网页，单击要查看的网页即可，如图 6-20 所示。

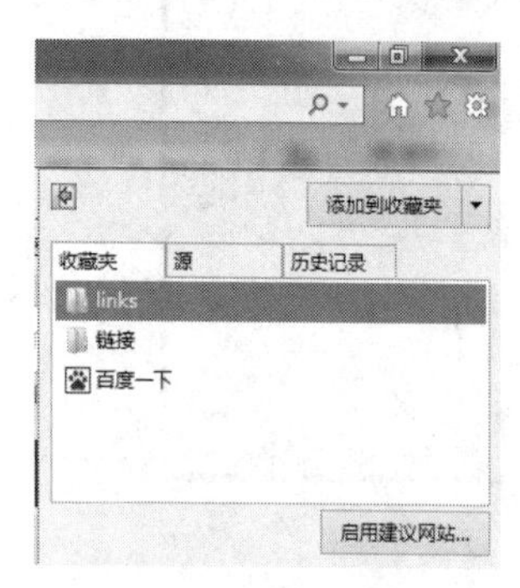


图 6-19　收藏夹

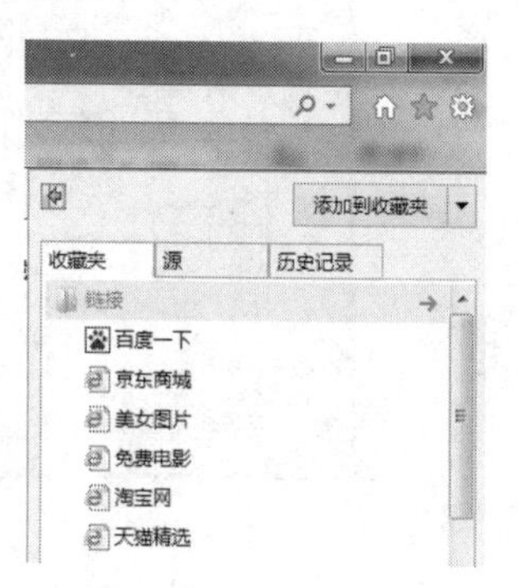


图 6-20　查看收藏网页

（3）整理收藏夹

在“添加到收藏夹”对话框中，单击“添加到收藏夹”下拉按钮，选择“整理收藏夹”选项，弹出“整理收藏夹”对话框，如图 6-21 所示。

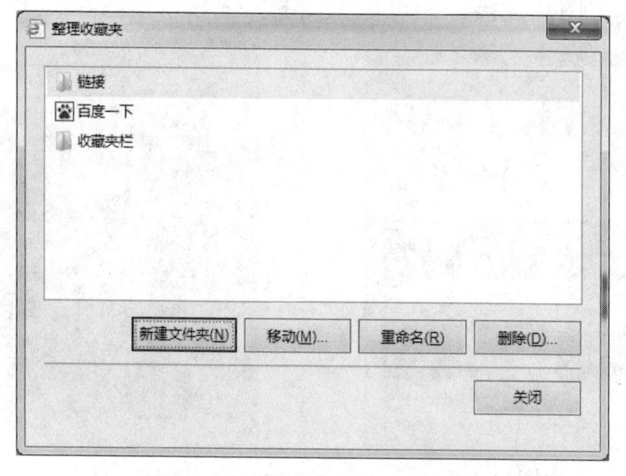


图 6-21　“整理收藏夹”对话框

在该对话框中可以对收藏夹进行多项管理，可以创建文件夹、移动、重命名、删除收藏等。

**小贴士**

如果经常利用收藏夹访问某个网页，则可以将其放在收藏夹栏中，收藏夹栏其实是收藏夹中一个默认的文件夹，它以工具栏的形式显示在浏览器窗口中。打开要收藏的网页，选择“收藏夹”→“添加到收藏栏”选项即可将当前网页添加到收藏栏中并在浏览器窗口中显示收藏栏，当需要浏览收藏夹栏中的网页时，直接在收藏夹栏中单击相应网页按钮即可。

### 3. 保存网页

在查看网页时会发现很多有用的信息，想把它们保存下来，操作步骤如下。

**01** 在浏览器窗口中打开要保存的网页，选择“文件”→“另存为”选项，弹出“保存网页”对话框。

**02** 在该对话框中单击“保存类型”下拉按钮，根据需要保存对象，如果需要保存整个网页，则选择“网页，全部”选项。

**03** 在“文件名”文本框中输入保存的名称；在“保存在”下拉列表中选择保存的位置。

**04** 单击“保存”按钮，即可保存网页。

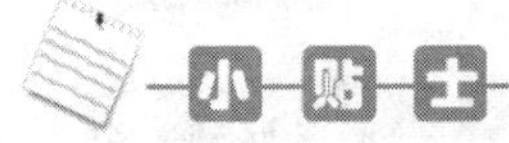


打开网页保存的位置，会发现以网站命名的文件夹和网页文件，文件夹内有此网页的图片等文件。

# 任务5

# 论　坛

## 任务描述

学无止境，为了不断提高自身的工作能力，小王和小李利用空余时间到论坛上与同行交流学习，具体要求如下。

✧ 在设计论坛上注册一个账号。
✧ 在论坛上发帖子、回帖子。

## 技术方案

本任务要求大家会使用论坛，具体如下。

✧ 打开论坛首页，注册申请一个账号（用户名），并设置登录密码。
✧ 用申请的账号登录论坛，浏览版区的帖子，发帖子、回帖子。

## 任务实现

### 1. 注册论坛账号

论坛（BBS）是 Internet 上的一种电子信息服务系统。它提供了一块公共电子白板，每个用户都可以在上面书写，可发布信息或提出看法。其交互性强、内容丰富，可以发布信息，讨论、聊天等。

在论坛中注册为新用户的基本方法如下。

**01** 在浏览器的地址栏中输入论坛的网址，如输入 http://www.missyuan.com/（思缘设计），打开论坛首页，如图 6-22 所示。

图 6-22　论坛首页

**02** 单击“加入思缘”超链接，打开填写注册信息页面，如图 6-23 所示。

http://www.missyuan.com/missyuanzhuce.php

注册　　查看积分策略说明

基本信息（* 为必填项）

验证问答 *　思缘的宗旨是什么(正确填写"让每个人各有所得")？

用户名 *

密码 *

确认密码 *

Email *　请确保信箱有效，我们将发送激活说明到这个地址

安全提问*　无安全提问　请务必牢记您的安全提问，否则帐户无法登陆

回答

高级选项　☐显示高级用户设置选项

提交　如果注册时无法提交,请使用浏览器兼容模式即可!

图 6-23　填写注册信息

**03** 填写相应信息，提交，完成注册。

### 2. 发帖子、回帖子

发帖子：选择论坛中的某一版块区域作为作品交流区，在下方的发表帖子文本框中，选择帖子的主题并输入帖子的内容，单击“发表帖子”按钮即可，如图 6-24 所示。

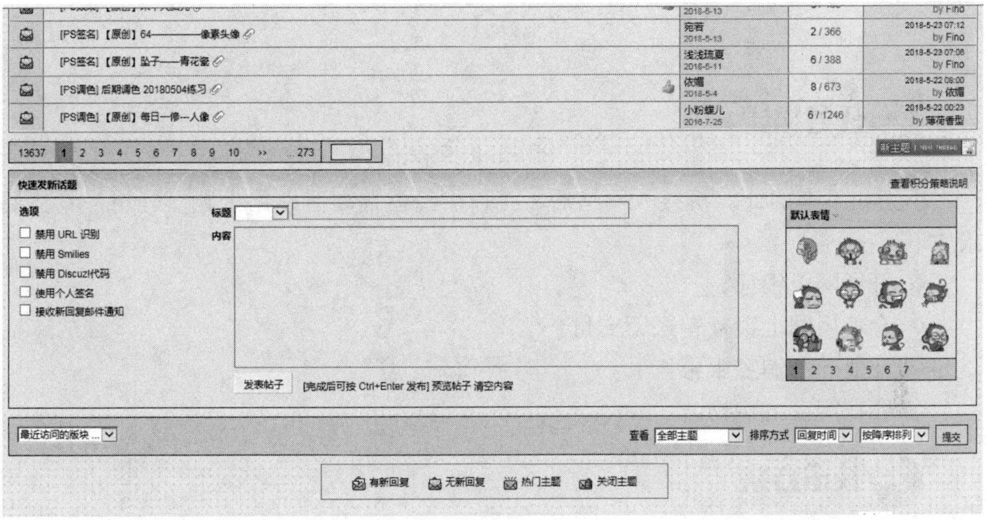

图 6-24　发帖子

回帖子：选择作品交流区内的主题帖“[PS 抠图]复杂背景抠发丝通道法”，在最下方的“快速回复主题”区域中，输入内容，单击“发表帖子”按钮，在输入验证码对话框中，输入验证码后提交，帖子回复完成并显示，如图 6-25 所示。

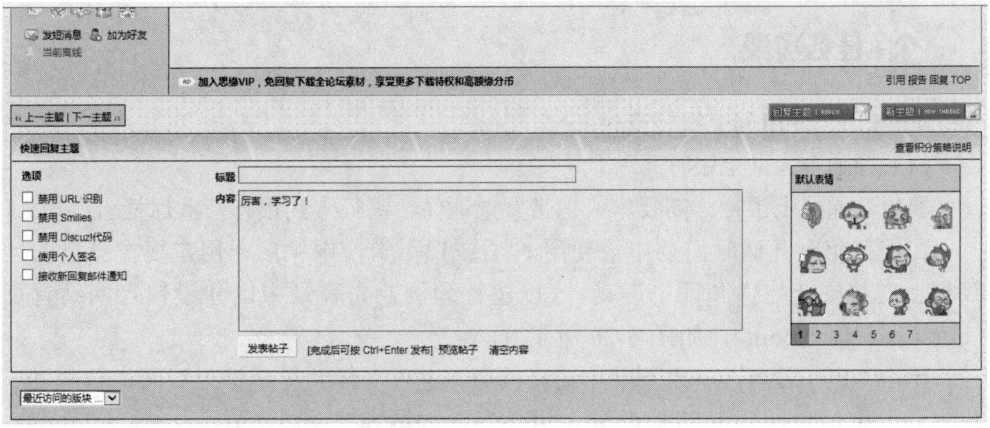

图 6-25　回帖子

任务6

# 网上购物

## 任务描述

小王和小李的计算机接入网络后，工作中经常需要到网络上购买耗材，具体要求如下。

✧ 开通网上银行。

✧ 会使用网上银行转账、支付。

✧ 注册一个淘宝账号。

✧ 会在淘宝上购物。

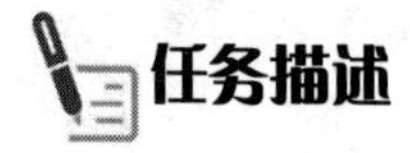

## 技术方案

本任务要求大家会使用网上银行转账、支付，会网上购物，具体如下。

✧ 携带有效证件到银行柜台申请开通网上银行。

✧ 注册申请一个淘宝账号。

✧ 在淘宝上搜索宝贝，确认购物。

✧ 使用支付宝进行网上支付，确认收货。

## 任务实现

### 1. 使用网上银行支付

（1）开通个人网上银行

要想开通网上银行，需要本人携带有效证件、银行卡到银行营业厅柜台办理。

在银行柜台开通时需要申请使用U盾或口令卡，申领后，用户要在自己的计算机上安装安全控件和证书驱动，（以建行为例）先登录中国建设银行网站首页（http://www.ccb.com），如图6-26所示。

单击“电子银行”→“下载中心”按钮，进入“帮助与反馈”页面，单击“下载中心”中的“网银E路护航安全组件”，如图6-27所示。

图 6-26 首页


图 6-27 下载中心

单击组件下载页面中的“新版 E 路护航”，如图 6-28 所示。

（2）转账汇款、网上缴费

网上银行开通后即可汇款、转账，操作方法很简单。下面以中国建设银行网上银行为例进行介绍。

**01** 登录中国建设银行个人网上银行。

**02** 选择账户登录，输入用户名和密码，如果有中国建设银行手机银行，则可选择扫码登录，如图 6-29 所示。

**03** 在用户页面中，填写转入账户、汇款信息及转出账户等信息，单击“提交”按钮，进入确认页面，如果汇款账户申领了口令卡，则会显示一个口令卡密码输入框，输入密码后，单击“确认”按钮完成汇款。

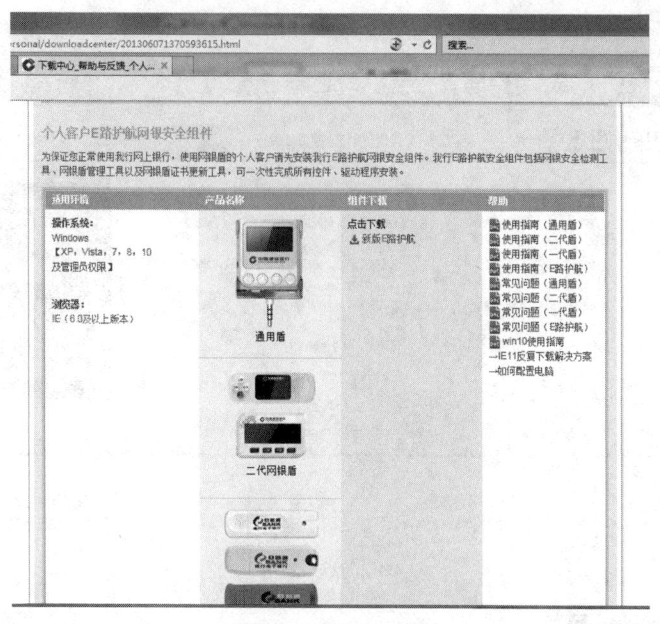


图 6-28　组件下载

图 6-29　登录网上银行

### 2. 网络购物

（1）了解网上购物的方式

网络购物，就是通过互联网检索商品信息，并通过电子订购单发出购物请求，网上付款至担保平台，客户收到货后，通知担保平台付款。

网络购物从交易双方类型可分为两种形式：一种是 B2C，即商家对顾客的形式（如天猫、当当网）；另一种是 C2C，即顾客对顾客的形式（如淘宝网）。

（2）注册账户

如果用户没有在淘宝上注册过，则应先进行注册，基本步骤如下。

**01** 登录淘宝网首页（www.taobao.com），如图 6-30 所示。

图 6-30　淘宝网首页

**02** 在页面中单击“免费注册”按钮，进入注册页面，如图 6-31 所示。

图 6-31　注册页面

**03** 在页面中输入信息，选择手机或邮箱验证，按照向导完成注册。注册成功后已同步创建了支付宝账户，信息补充完整并绑定银行卡（开通网上银行）后，即可使用支付宝。

（3）搜索要购买的商品

用户在网上购买商品时，首先要找到自己要购买的商品，可以利用淘宝网的搜索功能来搜索商品，也可以在淘宝网上的分类中寻找商品。

淘宝网首页上方有一个搜索框，在搜索框中输入需要搜索的物品名称，系统支持模糊查询，如输入“风扇”，单击“搜索”按钮，进入搜索页面，如图 6-32 所示。

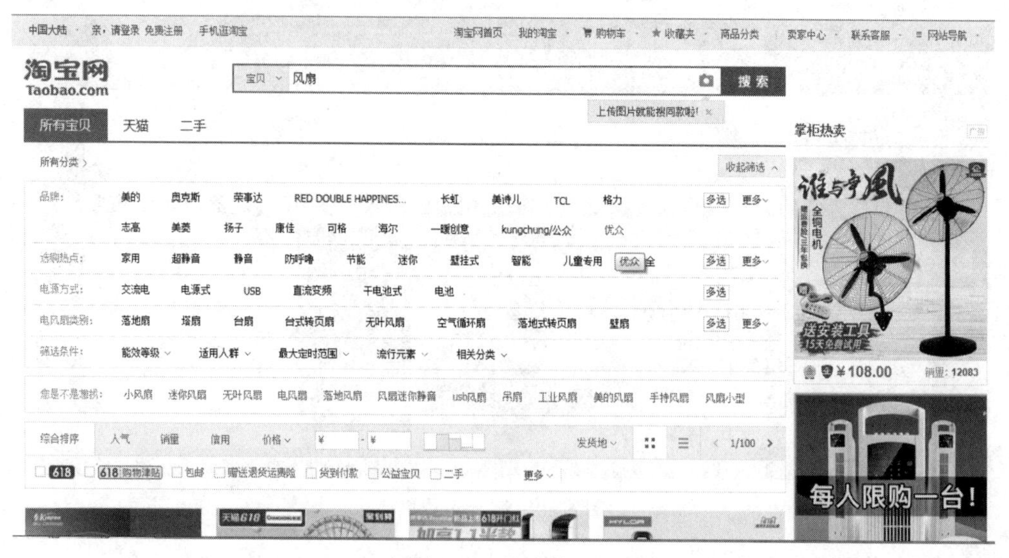


图 6-32 搜索物品

用户可以在页面中选择品牌，如果对品牌无要求，则可以不选择，在电源方式列表中选择电扇的电源方式，如选择“交流电”，在电扇列表中选择电扇的类别，如选择“台扇”，价格为“200－400 元”。

设置好条件后，在页面中的宝贝列表中会显示符合条件的宝贝，用户可以在众多的宝贝中寻找自己需要的商品。

用户可以设置搜索结果列表的显示方式，单击“信用”按钮，则按信用度从高到低进行排序，单击“列表”按钮则列表显示商品，有利于用户选择商品。

确定好要购买的商品是关键，既要价格较低，又要保障商品质量，要从好评率、信用积分等方面进行考虑。

（4）确认购买

当用户选择了合适的商品后，即可进行购买，基本方法如下。

**01** 在商品详细页面中单击“立刻购买”按钮，进入选择物品和数量页面。

**02** 选择好商品和数量之后，单击“确定”按钮，进入确认订单信息页面。

**03** 输入收货人信息后单击页面中的“提交订单”按钮，进入收银台页面。

**04** 选择支付方式（建议用支付宝）并完成支付。

（5）确认收货

付款后等待卖家发货，卖家发完货后会通知淘宝，用户在“我的淘宝”中可以查看卖家是否发货。

用户在收到货并觉得满意后可以“确认收货”，支付宝会放款给卖家。用户还可以根据实际情况对卖家进行评价。

# 任务 7

## 云和大数据

### 任务描述

随着时代的发展，人们的生活越来越好，人们的寿命比原先长了，但仍然希望能够寿命更长。现在，我们的医疗水平并不是很好，由于我们忽视了每一个人的个体差异，医生会用通常的方法治疗每一个人。然而，基于大数据，我们可以做精确医疗，通过大数据分析每个人的差异，进行精确的治疗、剂量、用量，让患者更快地恢复健康。

✧ 了解云的定义和云的计算。

✧ 了解大数据。

### 技术方案

本任务要求大家了解什么是云、云计算和大数据，技术要求如下。

✧ 云是网络技术、信息技术等的总称，组成资源池，按需所用，灵活方便。

✧ 云计算是硬件资源的虚拟化，包括分布式计算、分布式存储和分布式数据管理技术。

✧ 大数据是对海量数据进行挖掘分析，使其“增值”。

### 任务实现

1．云的定义

云技术是基于云计算商业模式应用的网络技术、信息技术、整合技术、管理平台技术、应用技术等的总称，可以组成资源池，按需所用，灵活便利。技术网络系统的后台服务需要大量的计算、存储资源，如视频网站、图片类网站和更多的门户网站。伴随着互联网行业的高度发展和应用，将来每个物品都有可能存在自己的识别标志，都需要传输到后台系统进行逻辑处理，不同程度级别的数据将会分开处理，各类行业数据皆需要强大的系统后盾支撑，这些只能通过云计算来实现。

2．云的计算

“云计算”是一个很时尚的概念，它既不是一种技术，也不是一种理论，而是一种商业模式的体现方式。准确地说，云计算仅描述了一类棘手的问题，因为这个阶段中，“计算与数据”的平衡已发生变化，即已经到“移动计算要比移动数据便宜得多”。

“云计算”代表了一个时代需求，反映了市场关系的变化，谁拥有更为庞大的数据规模，谁就可以提供更广更深的信息服务，而软件和硬件影响相对缩小了。

云计算是使用与日益增长的 Linux、高性能计算和虚拟化等有关的技术实现的一个领域。对于 IBM 和惠普等公司来说，大型计算机的复苏和刀片式服务器的发展（两者都要归功于 Linux 的应用）以及数据中心在能力、数据和处理器利用率方面的效率，已经使云计算成为现实。

全球著名市场咨询机构——国际数据公司（IDC）的《制造业视野》最新研究报告指出：制造企业将“移动”及“云计算”列为供应链四大新兴技术中最重要的两项。

**3. 大数据**

随着云时代的来临，大数据也吸引了越来越多的关注。分析师团队认为，大数据通常用来形容一个公司创造的大量非结构化数据和半结构化数据，这些数据在下载到关系型数据库用于分析时会花费过多的时间和金钱。大数据分析常和云计算联系到一起，因为实时的大型数据集分析需要像 MapReduce 一样的框架来向数十、数百或甚至数千的计算机分配工作。

适用于大数据的技术，包括大规模并行处理数据库、数据挖掘、分布式文件系统、分布式数据库、云计算平台、互联网和可扩展的存储系统。

# 模块 7 “让生活更出彩”

## ——多媒体技术应用

近年来，随着计算机及智能手机的迅速普及，多媒体技术得到了迅速发展，多媒体技术的应用以极强的渗透力进入人类生活的各个领域。在日常生活中，人们经常会利用智能手机、相机或摄像机记录生活中的美好瞬间。拍摄的图片可以利用美图秀秀、光影魔术手等简单易用的图形图像处理软件进行处理；拍摄的视频内容可利用视频处理软件进行处理；音频类的文件可用常用的音频软件进行处理。本模块主要介绍了图形图像处理软件美图秀秀、音视频格式转换软件格式工厂、音视频编辑软件绘声绘影等的使用。

### 任务描述

学校举行元旦晚会，同学们在观看过程中纷纷拿出手机拍下了许多精彩画面，我班同学小明也拍摄了大量的图片，他想回来后挑选出一些比较好的图片进行编辑处理，以制作成一个有关元旦晚会的小视频。

## 任务 1 让图片亮起来

### 任务描述

小明拍摄的图片（图 7-1）整体偏暗，看起来灰蒙蒙的，不通透，使用美图秀秀软件中的功能对图片进行处理，调整图片的偏色，使图片亮起来。

图 7-1　原始图片

## 技术方案

本任务要求大家学会使用美图秀秀中图片亮度、对比度及色调调整的用法，技术要求如下。

✧ 通过美图秀秀的“美化”选项卡中的功能美化图片。

✧ 在“基础”选项卡中调整图片的亮度与对比度。

✧ 在“调色”选项卡中调整图片的色调。

## 任务实现

### 1. 调整图 7-1 的亮度与对比度

（1）目标

使图片变亮并通透起来。

（2）操作

**01** 打开美图秀秀软件，单击“美化图片”按钮。

**02** 打开需要处理的图片。

**03** 选择“美化”选项卡。

**04** 在“美化”→“基础”选项卡中，将亮度与对比度的滑块向右拖动，调整到合适的参数。

**05** 在“美化”→“调色”选项卡中，将“青-红”滑块向右拖动，“紫-绿”滑块向左拖动，“黄-蓝”滑块向左拖动，恢复图片的色调，效果如图 7-2 所示。

（3）扩展知识

1）图像的基础知识。

计算机处理的图像有两种，分别是矢量图和位图。通常把矢量图叫做图形，把位图叫做图像。

① 矢量图：矢量图的基本元素是图元，也就是图形指令。它在形成图形时，是通过专门的软件将图形指令转换成可在屏幕上显示的各种几何图形和颜色的。矢量图根据几何特性来绘制图形，所以矢量图通常由绘图软件生成。矢量图的元素都是通过数学公式计算获得的，所以矢量图文件所占存储空间一般较小，且在进行缩放或旋转时，不会发生失真现象。其缺点是能够表现的色彩比较单调，不能像照片那样表达色彩丰富、细致逼真的画面。矢量图通常用来表现线条化明显、具有大面积色块的图案。

图 7-2 效果

② 位图：位图的基本元素是像素。如果把位图放大到一定程度，就会发现整个画面是由排成行列的一个个小方格组成的，这些小方格就被称为像素。位图文件中记录的是每个像素的色度、亮度和位置等信息，因此，对于一幅图像来说，在单位面积内，像素点越多，图像越清晰，同时占用的存储空间也就越大。其优点是可以表达色彩丰富、细致逼真的画面；缺点是位图文件占用存储空间比较大，且在放大输出时会发生失真现象。

③ 图像格式：常用的矢量图格式主要有 AI（Illustrator 源文件格式）、DXF（AutoCAD 图形交换格式）、WMF（Windows 图元文件格式）、SWF（Flash 文件格式）；常用的位图格式有 BMP、JPG、PSD、GIF、TIFF、PDF 等。

④ 分辨率：分辨率是单位长度内的点、像素的数量。

图像分辨率：图像文件每英寸中显示的像素数量，单位是 ppi。

显示器分辨率：指显示器屏幕上能够显示的像素个数，单位是 dpi。显示器的显示分辨率越高，显示的图像越清晰。

扫描分辨率：每英寸包含的采样点数。

打印分辨率：每英寸所打印的点数。

2）色彩理论知识。

① 色彩：色彩有非彩色和彩色两类。非彩色是指黑、白、灰系列色。彩色是指除了非彩色以外的所有色彩，如红、橙、黄、绿、蓝、紫。

② 原色：原色是最基本的色彩，按照一定比例将原色混合，能产生其他颜色。

光的三原色：红、绿、蓝。

印刷的三原色：红、黄、蓝。

③ 明度、色相、饱和度：明度是指色彩的光亮程度，所有的色彩都具有自己的光亮。其中，亮色被称为高明度，暗色被称为低明度。无彩色中明度最高的是白色，明度最低的是黑色，其中的灰色按照顺序明度依次降低。在表现上，明度越高的色彩，越给人一种轻、淡、薄的感觉；明度越低的色彩，越给人一种重、浓、厚的感觉。

色相是有彩色的一种属性，是指色彩的相貌，即以波长来划分色光的相貌。12基本色相按照光谱顺序依次为红、橙红、黄橙、黄、黄绿、绿、绿蓝、蓝绿、蓝、蓝紫、紫、红紫。

饱和度是色彩的纯净程度，或鲜艳、鲜明程度，又称为纯度或彩度。饱和度常用高低来表示，饱和度最高的色是红色，如果将黑、白、灰与饱和度很高的色彩混合，将会降低色彩的纯净程度。饱和度越高，色彩越纯、越艳；饱和度越低，色彩越涩、越浊。

④ 互补色：互补色是色环上任意两个处于相对位置的色彩，又称为对比色，如红与绿、蓝与黄。

⑤ 色彩的搭配方法。

a．同类色搭配：最弱的色相对比。其对比效果单纯、雅致，但容易呆板，应拉开明度距离。

b．邻近色搭配：较弱。其有不同的颜色倾向，如黄、绿等，显得统一和谐。

c．类似色搭配：中对比。其丰满、活泼、随和，克服了视觉不满足的缺点。服装设计与室内设计经常使用类似色搭配。

d．对比色搭配：强对比。其有鲜明的色相感，强烈、兴奋、刺激。

e．互补色搭配：饱满、活跃、生动刺激，常用于街头广告、标志。

3）美图秀秀。

美图秀秀是一款简单易用的图片处理软件，适用于 Windows XP/2003/Vista/ 7/8 等系统，比 Adobe Photoshop 简单很多。

美图秀秀的功能十分强大，具有图片调色、抠图、裁剪、批处理、特效、美容、拼图、场景、边框、饰品等功能，加上每天更新的精选素材，可以很快做出影楼级照片，还能一键分享到新浪微博、人人网、QQ 空间等。

美图秀秀主界面如图 7-3 所示。

① 美图秀秀的使用：在美图秀秀主界面中，选择“美化”选项卡，打开一张图片，如图 7-4 所示，可以利用涂鸦笔、消除笔、抠图笔、局部马赛克、局部彩色笔、背景虚化、魔幻笔等工具对图片进行美化；此外，还可以对图片进行亮度、对比度、饱和度等的调整，并能对图片添加艺术类的特效。

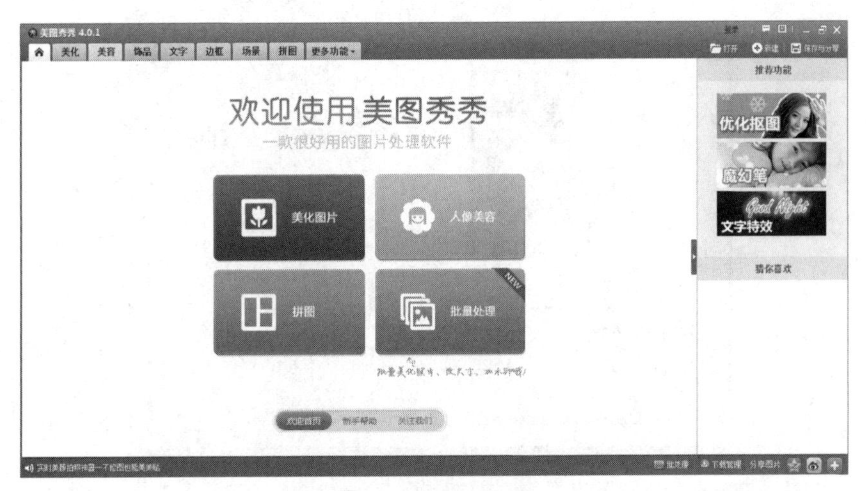


图 7-3　美图秀秀主界面

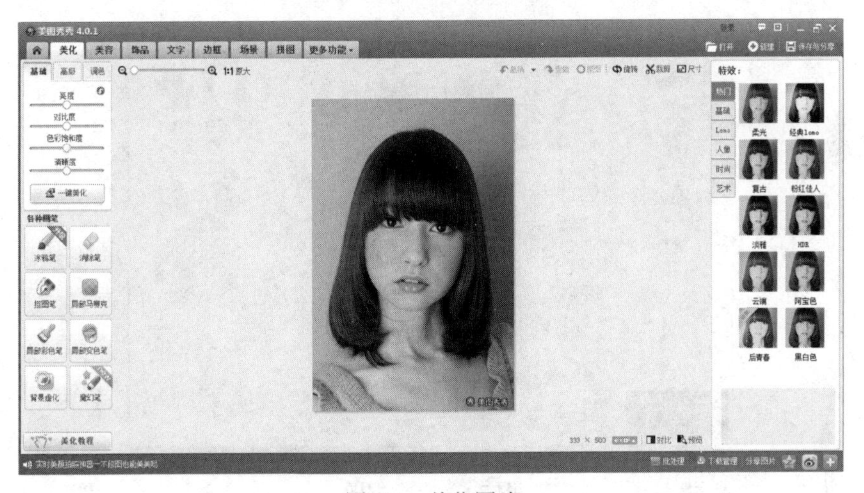


图 7-4　美化图片

② 涂鸦笔：使用涂鸦笔可以在图片上任意作画，任意涂鸦。

选择“涂鸦笔”后，在“涂鸦笔”窗口中，可以选择画笔的样式、形状、大小、颜色等，在图片上任意作画后，单击“应用”按钮，返回到美化图片窗口，可以查看美化效果；满意后单击“保存与分享”按钮，弹出“保存与分享”对话框，如图 7-5 所示，可将其保存在计算机中或者直接分享到 QQ 空间、新浪微博、人人相册中。

③ 消除笔：使用消除笔可以去除图片中的水印、杂物等不想要的内容，在消除笔窗口中设置画笔大小后直接在杂物上擦除即可。

④ 抠图笔：选择抠图笔后，在抠图样式窗口中有 3 种抠图样式，即自动抠图、手动抠图和形状抠图。

选择“自动抠图”样式，软件自动切换到抠图窗口；在要抠图的图像上画几笔，如果图片色彩复杂，则建议多画几笔，直到符合抠图要求，如图 7-6 所示。

手动抠图、形状抠图的步骤与自动抠图类似，只是进行手动抠图时需用抠图笔圈出想抠取的部分，进行形状抠图时需要选择一种形状在图像上绘制抠取的区域。

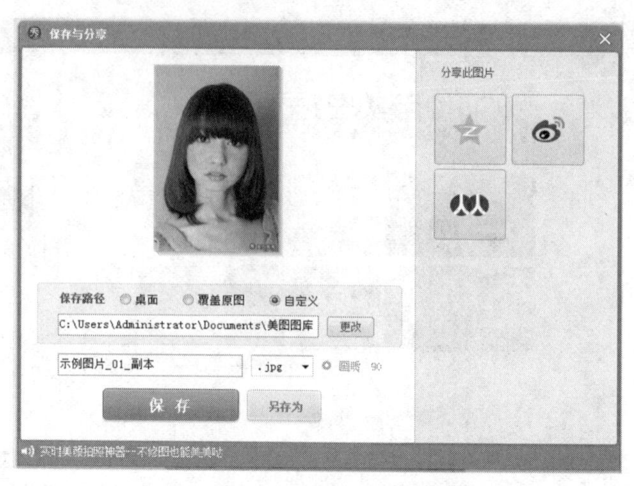


图 7-5 “保存与分享”对话框

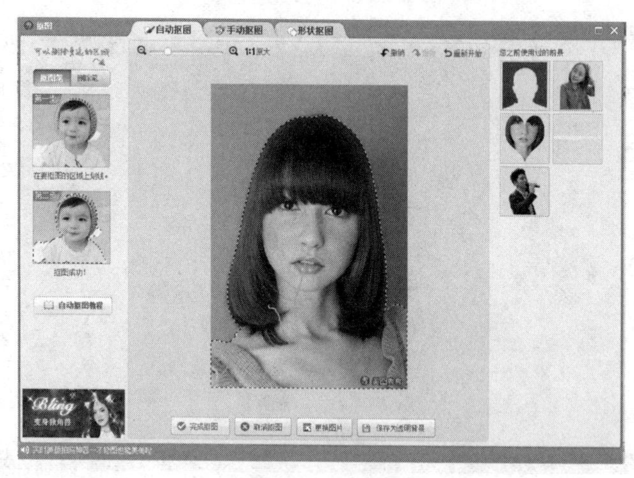


图 7-6 自动抠图

⑤ 局部马赛克：选择“局部马赛克”画笔，打开局部马赛克窗口，设置画笔大小，在需要打马赛克的部分拖动鼠标即可，如图 7-7 所示。

图 7-7 局部马赛克

⑥ 局部彩色笔：局部的色彩会使照片拥有唯美的艺术感，选择“局部彩色笔”选项，在局部彩色笔窗口中，原图以灰度显示，设置画笔大小，在想要转换成彩色的地方涂抹即可。

⑦ 局部变色笔：选择“局部变色笔”选项，在局部变色笔窗口中，原图以灰度显示，设置画笔大小，选择一种颜色，在需要变色的区域涂抹即可制作出炫彩风格的图片。

⑧ 背景虚化：选择“背景虚化”选项，打开背景虚化窗口，其有涂抹虚化和圆形虚化两种方式。

涂抹虚化：图像整体呈虚化效果，设置画笔大小及力度后在图片上拖动鼠标，经过的区域即显示为清晰效果，多出的部分可配合橡皮擦修改。

圆形虚化：图片上出现白色的实线圆框（焦点大小）和虚线圆框（渐变范围），设置焦点大小及渐变范围，移动圆形到合适的位置即可，如图 7-18 所示。

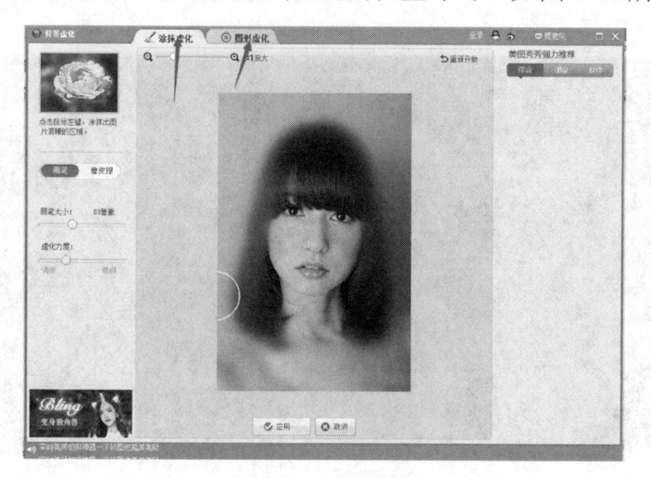

图 7-8　圆形虚化

⑨ 魔幻笔：魔幻笔是美图秀秀的新功能，在魔幻笔窗口中选择相应的画笔，在图片上轻轻地拖动鼠标即可为图像添加魔幻效果，如图 7-9 所示。

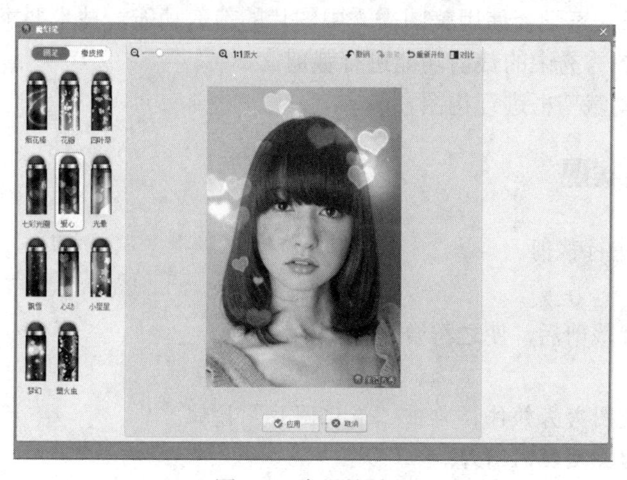

图 7-9　魔幻笔效果

任务 2

# 图片的裁剪

## 任务描述

小明拍摄的图片（图 7-10）构图不太合理，请对图片进行裁剪，使之符合图片的三分法构图。

图 7-10　原图

## 技术方案

本任务要求大家学会使用美图秀秀中图片的裁剪功能，技术要求如下。

✧ 通过美图秀秀中的裁剪功能进行裁剪。

✧ 通过拖动裁剪框进行构图。

## 任务实现

对图 7-10 进行裁剪。

（1）目标

对图片进行裁剪后，使之符合三分法构图。

（2）操作

**01** 打开美图秀秀软件，单击“美化图片”按钮。

**02** 打开需要处理的图片。

**03** 选中“裁剪”工具。

**04** 拖动裁剪框，使人物位于九宫格的左边三分之一线上。

**05** 单击“完成裁剪”按钮即可，效果如图 7-11 所示。

图 7-11　效果图

（3）扩展知识

构图是一个造型艺术术语，即根据题材和主题思想的要求，把要表现的形象适当地组织起来，构成一个协调的、完整的画面并使主体更加突出。

1）构图法则。

① 三分法构图：三分法则的理论基础是，人们的目光总是自然地落在一幅画面的三分之二处。尽量使主要的被摄体位于画面三等分线的焦点上，效果会比被摄主体位于中心更好。牢记三分法则，努力在重点元素与空白区域之间寻找平衡，这样的照片才会成功。

② 对角线构图：指在画面中，让主体物处在对角线上，如桥、塔、人物、汽车，用来表达动感的造型。这种构图适合动感的画面，会使画面有种穿透力。

③ 对称构图：对称的构图既可能非常乏味，又可能非常讨喜，关键在于平衡。有力的线条和色彩、水平线和空白区域的位置都影响着最终结果。

④ 三角形构图：指在画面中所表达的主体放在三角形中或影像本身形成三角形的态势，此构图是视觉感应方式，如有形态形成的也有阴影形成的三角形态，如果是自然形成的线形结构，则可以把主体安排在三角形斜边中心上。

⑤ S 字形构图：指在画面中优美感得到了充分的发挥，这首先体现在曲线的美感上。S 字形构图动感效果强，既动且稳，可通用于各种幅面的画面，可根据题材的对象来选择。

⑥ 框架构图：一般应用在前景构图中，如利用门、窗、山洞口、其他框架等做前景，来表达主体、阐明环境。这种构图符合人的视觉经验，产生现实的空间感和透视效果。

2）拍摄技巧。

摄影技巧就是指摄影作用的技巧，图片拍摄时不仅要注意构图，还要灵活应用摄影技巧，这样才能使拍摄出的图片更为美观。

① 为相片加入一个“有趣点”，让相片有更多变化，也较易拥有一个观察的重心。但选择“有趣点”时要选一些有意义或关联的东西，而这个有趣点可以作为前景来衬托画面，非常有用。

② 巧用“大小对比”，如把小屋、单车，甚至人物加入画面，通过日常生活中看到的东西来和现场环境做对比，才可以衬托出风景的壮丽！

③ 对明亮的背景进行测光而对前景完全不进行补光，可以得到对比强烈的剪影效果，能很好地渲染气氛。

④ 使用闪光灯对前景适当补光，可以得到更多的细节，更多地展现及还原出当时的场景。

⑤ 逆光拍摄时可以在物体周围产生耀眼的轮廓光，强烈地勾勒出物体的外观，还能让图片有神秘感。拍摄花卉、树木等容易透光的主体时可以采取逆光的光位，被照亮的被摄主体会表现出更强的质感。

⑥ 光对于拍摄非常重要，所以在拍摄前，头脑中一定要有光的概念。注意拍摄主体、拍摄位置和角度、光三者构成的关系，即其为顺光、侧光还是顶光、逆光。

## 任务 3

# 图片的抠图

请将小明拍摄的图片（图 7-12）中的人物利用美图秀秀抠取出来，并保存为透明背景图片。

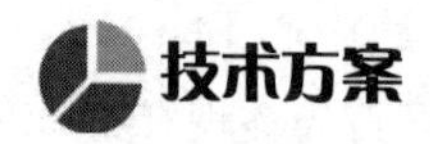

本任务要求大家学会使用美图秀秀中图片的抠图功能，技术要求如下。

通过美图秀秀中的“自动抠图”进行抠图。

图 7-12 原始图

## 任务实现

将图 7-12 中的人物抠取出来。

（1）目标

将图片中的人物抠取出来。

（2）操作

**01** 打开美图秀秀软件，单击“美化图片”按钮。

**02** 打开需要抠图的图片。

**03** 打开图片后选中左侧的“抠图笔”工具。

**04** 选择“自动抠图”选项卡。

**05** 在要抠图的人物上画一条线，这样物体轮廓就自动圈选出来了，如果有细节没有圈选出来，则可以再画线，直至把人物抠取出来，如图 7-13 所示。

图 7-13 抠图

**06** 单击“保存为透明背景”按钮，保存图片。

任务 4

# 图片的批处理

## 任务描述

小明想将挑选出来的所有元旦晚会的图片全部加上一个边框并且添加平安夜特效，再在第一张图片上添加红色文字“我们的晚会”，如果一张一张地进行图片调整，会非常麻烦，怎么办呢？最后要将添加文字的界面进行截屏保存。

## 技术方案

本任务要求大家学会使用美图秀秀中图片的批处理功能，技术要求如下。

✧ 通过美图秀秀中的批处理功能对图片添加边框。
✧ 通过美图秀秀中的批处理功能对图片添加“平安夜”特效。
✧ 通过美图秀秀中的批处理功能对图片添加文字。

图 7-14　原始图片

## 任务实现

对图片进行批处理。

（1）目标

通过批处理功能完成所有图片边框、特效、文字的添加操作。

（2）操作

**01** 打开美图秀秀软件，单击“批量处理”按钮。

**02** 单击“添加多张图片”按钮，添加多张图片。

**03** 选择“边框”选项卡，选择一个边框，并单击“确定”按钮。

**04** 选择“特效”→“时尚”→“平安夜”特效，并单击“确定”按钮。

**05** 选择“文字”选项卡，在文字窗口中输入“我们的晚会”，将其设置为白色，调整字号的大小并拖放图片到合适的位置，单击“确定”按钮。

**06** 单击“保存”按钮，保存批处理的图片。

**07** 在QQ登录状态下，按“Ctrl+Alt+A”组合键对屏幕进行截屏保存，如图7-15所示。

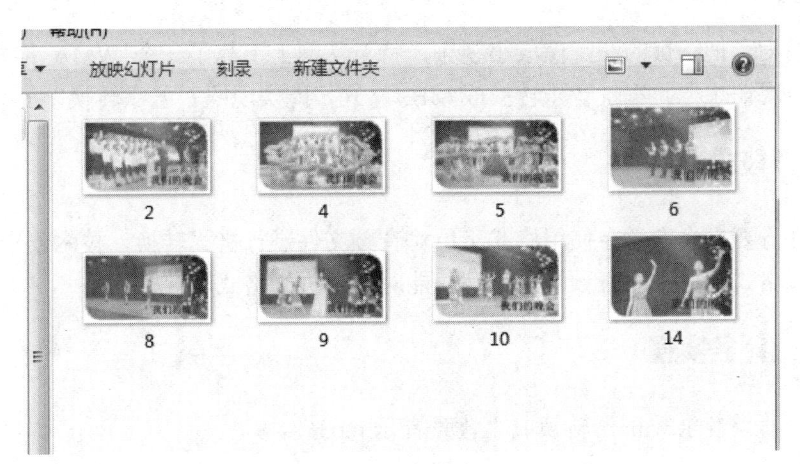


图7-15　效果图

（3）扩展知识

常用的截屏软件有以下几种。

1）Windows 7操作系统自带的截图工具。

选择“开始”→“所有程序”→“附件”→“截图工具”选项，拖动鼠标框选所要截取的界面进行保存即可。

2）QQ截屏。

在QQ登录状态下，按“Ctrl+Alt+A”组合键，拖动鼠标框选所要截取的界面进行保存即可。

3）键盘上的Print Screen键。

按此键即可截图（全屏幕截图）或按“Alt+Print Screen”组合键（当前窗口截图），直接粘贴到聊天工具或图像处理软件中即可。

4）FastStone Capture。

FastStone Capture是一个非常简单也非常方便的截图软件，它不仅可以截屏，还可以进行编辑和录制，即对图像进行简单处理。

任务 5

# 音视频文件格式转换

## 任务描述

小明为了把拍摄的图片做成小视频，特意从网上下载了一个 WMA 格式的背景音乐，他现在想把此背景音乐转换成 MP3 格式，能实现吗？怎么转换？

## 技术方案

本任务要求大家学会使用格式工厂对音频文件进行格式转换，技术要求如下。

通过格式工厂中的音频格式转换功能对文件进行格式转换。

## 任务实现

将“背景音乐.wma”转换成“背景音乐.mp3”。

（1）目标

音频文件格式的转换。

（2）操作

**01** 打开格式工厂，选择“音频”中的“MP3”选项，如图 7-16 所示。

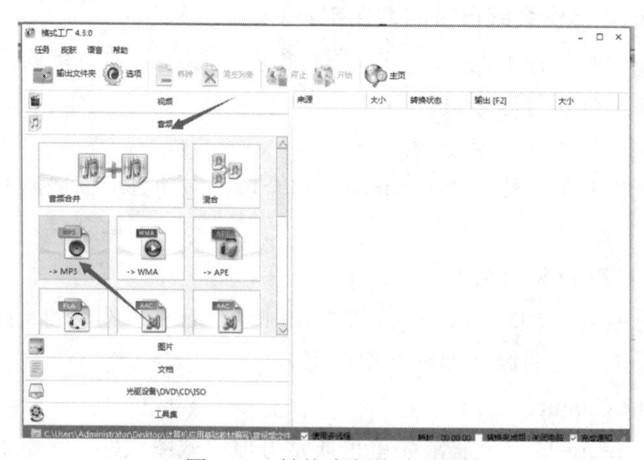

图 7-16　转换音频格式选择

**02** 在添加文件窗口中单击“添加文件”按钮，将“背景音乐.wma”添加到列表中，如图 7-17 所示。

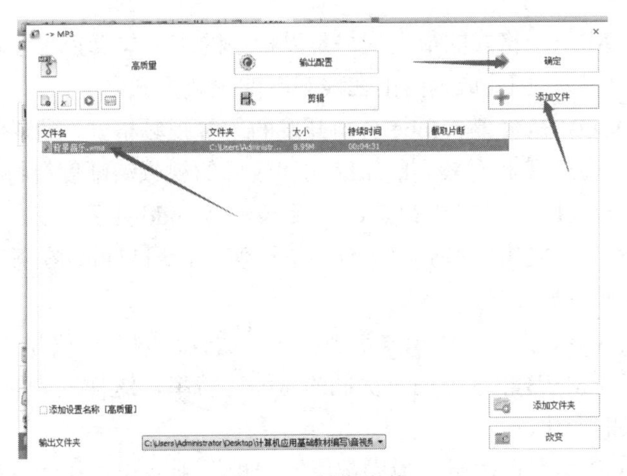


图 7-17　添加文件

**03** 单击“确定”按钮后，再单击“开始”按钮即可完成转换，如图 7-18 所示。

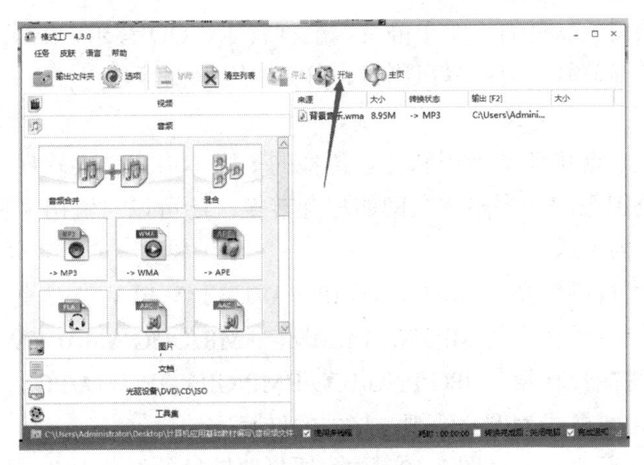


图 7-18　转换音频

（3）扩展知识

1）音视频基础知识。

常见的音频格式主要有 MIDI、MP3、WMA 等；视频包括本地视频和网络视频，其中，本地视频格式主要有 AVI、MPEG、MOV 等，网络视频格式有 ASF、WMV、RMVB、3GP 等。

① MIDI：音乐文件，一般是伴奏音乐，文件非常小，音质较差，一般是单音符。MID 文件主要用于原始乐器、流行歌曲的业余表演及音乐电子贺卡等。

② MP3：MP3 格式的文件能够在保持原来音质的情况下把文件压缩到很小的程度。随着网络的发展普及，MP3 被多数用户广泛使用。

③ WMA：生成的文件大小只有相应 MP3 文件的一半。WMA 还可以防止复制或限制播放时间和播放次数，甚至是限制播放机器，从而有力地防止了盗版。

④ AVI：AVI 格式是微软公司开发的一种音/视频文件格式，特点是图像清楚，但容量大、占用空间大。

⑤ MPEG：MPEG 格式的最大优势是以极小的声音失真换来了较高的压缩比。由于其小巧便于传播，因此成为网上在线观看的主要方式之一。

⑥ WOV：WOV 是美国 Adobe 公司开发的一种视频格式，默认的播放器是苹果的 Quick Time Player，其具有较高的压缩比和较好的视频清晰度等特点，但是其最大的优点还是跨平台，即不仅支持 Mac OS，还支持 Windows 系统。

⑦ ASF：ASF 格式用于播放网上全动态影像，让用户可以在下载的同时同步播放影像，无须等候下载完毕。

⑧ WMV：WMV 格式的体积非常小，非常适合在网上播放和传输。

⑨ RMVB：RMVB 格式使用了更低的压缩比特率，这样制成的文件体积更小，且画质没有太大的变化。

⑩ 3GP：3GP 是目前手机中最为常用的一种视频格式。其优点是文件体积小、移动性强，适合移动设备使用；缺点是在 PC 上兼容性差，支持软件少，传播质量差。

2）常用的音视频播放软件。

常用的音频播放软件有：千千静听、酷狗音乐、QQ 音乐、酷我音乐盒等。

常用的视频播放软件有：暴风影音、PPS 网络电视等。

3）格式工厂。

格式工厂是一套可免费使用和任意传播的多媒体格式转换软件，可实现大多数视频、音频以及图像的不同格式之间的相互转换；还可以对输出文件的参数进行配置。格式工厂提供了以下功能。

① 所有类型视频转换为 MP4/3GP/MPG/AVI/WMV/FLV/SWF 等格式。

② 所有类型音频转换为 MP3/WMA/MMF/AMR/OGG/M4A/WAV 等格式。

③ 所有类型图片转换为 JPG/PNG/ICO/BMP/GIF/TIF/TGA/PCX 等格式。

以转换成 MP4 格式为例介绍视频格式的转换方法。

① 在格式工厂主界面（图 7-19）中，选择要转换的格式 MP4，如图 7-20 所示。

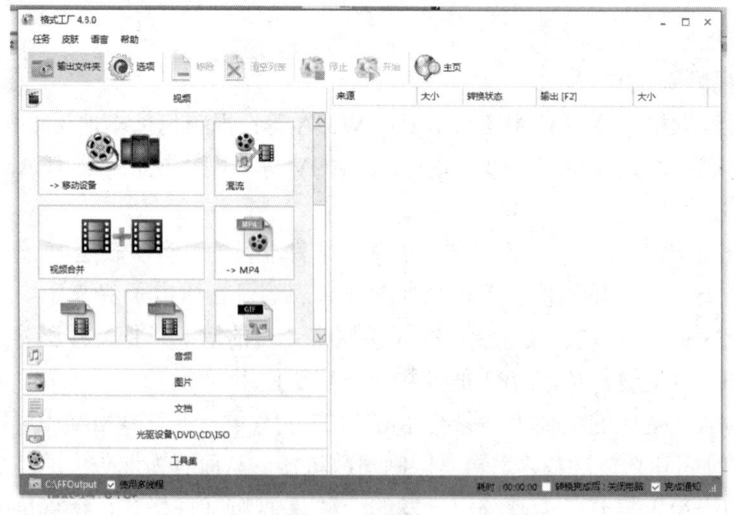


图 7-19　格式化工厂主界面

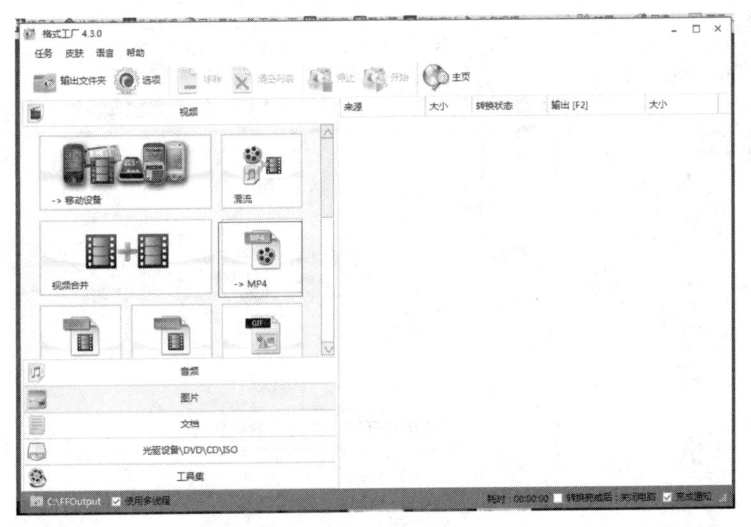


图 7-20　选择转换模式

② 选择要转换的源文件：在新窗口中单击右上角的“添加文件”按钮；也可以直接将文件拖动到窗口中。

③ 修改输出配置：在正上方有输出配置选项，可以在其中修改一些基本属性（这里默认即可，不用修改）。

④ 修改输出文件夹：单击正下方的输出文件夹选择框可以修改输出文件夹，将输出文件保存到想要的位置，如图 7-21 所示。

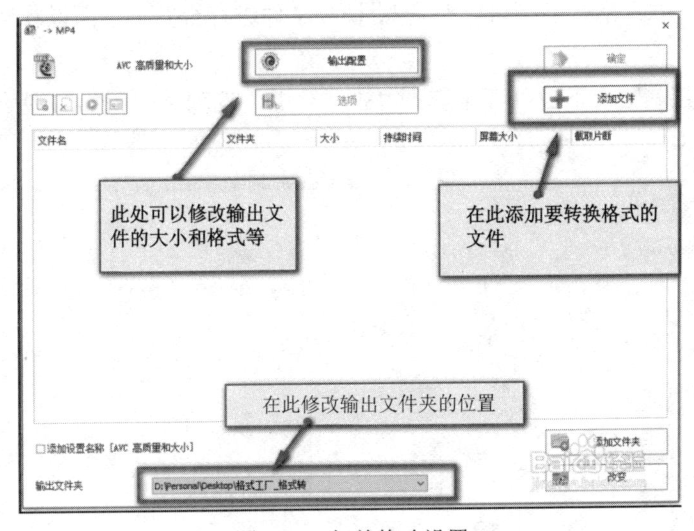


图 7-21　相关修改设置

⑤ 添加完毕后单击“确定”按钮。

⑥ 进入转换界面，做最后的确认，单击导航栏中的“开始”按钮，开始转换。

⑦ 在转换界面中可以单击左上角的“输出文件夹”按钮，进入输出文件夹。单击“清空列表”按钮可清空正在转换的任务，如图 7-22 所示。

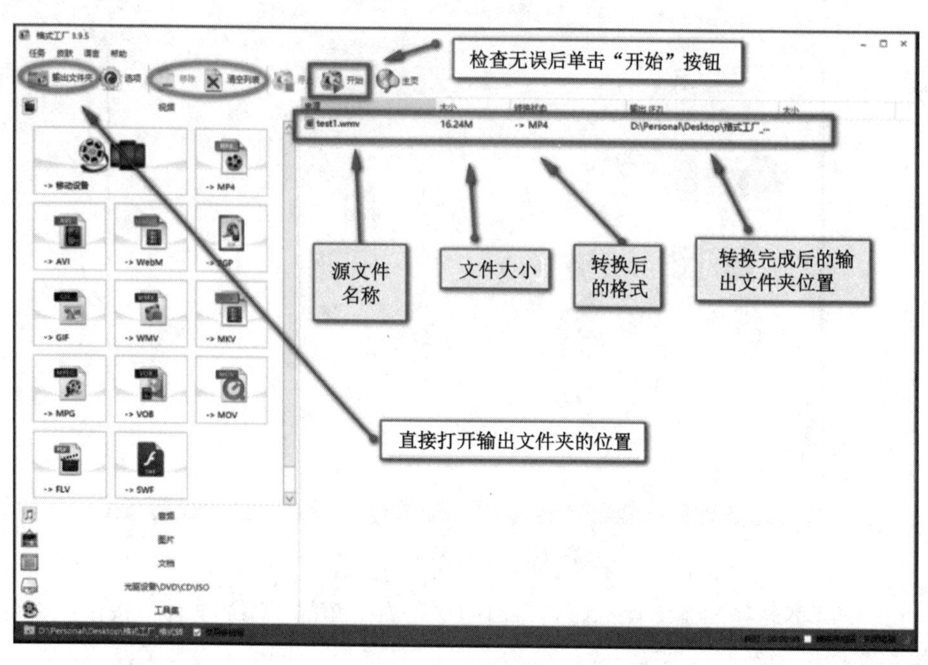


图 7-22　转换视频

⑧ 开始转换时，“转换状态”将变成转换进度条，可以直观地看到转换的进度。输出项中可以看到输出文件夹位置。

音频文件格式的转换操作与视频格式转换类似。

音/视频合并：格式工厂可以对音频/视频文件进行合并，下面以视频合并为例进行介绍。

① 在“工具集”下拉列表中选择“视频合并”选项，如图 7-23 所示，单击“视频合并”图标。

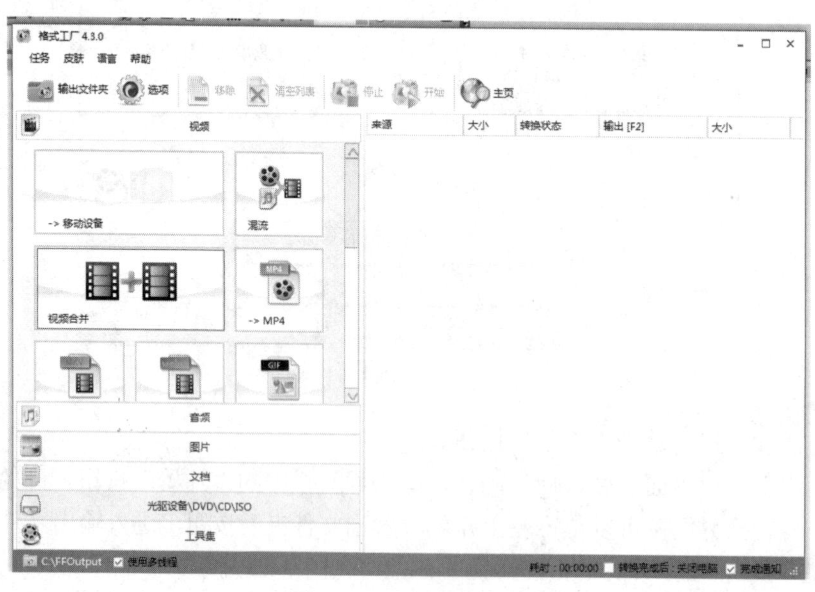


图 7-23　选择视频合并

② 在弹出的“视频合并”对话框中，在“源文件列表”下方单击“添加文件”按钮，添加视频文件，如图 7-24 所示。

图 7-24　添加视频文件

③ 视频添加完成并排好顺序，确认无误后，可以在输出配置中对导出的视频进行配置，配置完成后，单击输出配置右侧的“确定”按钮，如图 7-25 所示。

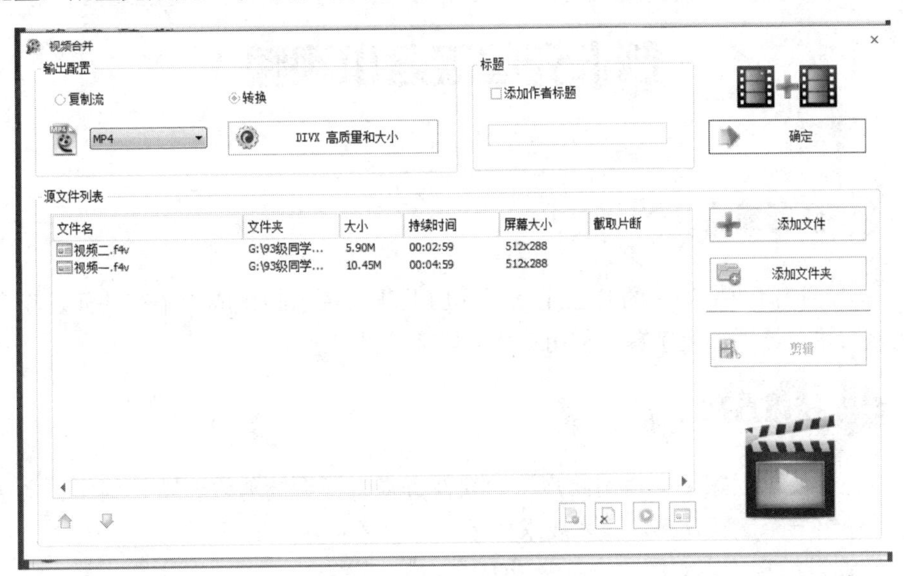


图 7-25　确定操作

④ 单击“确定”按钮后，返回到主界面，选择需要开始的任务，然后单击“开始”按钮，视频即开始合并，如图 7-26 所示。

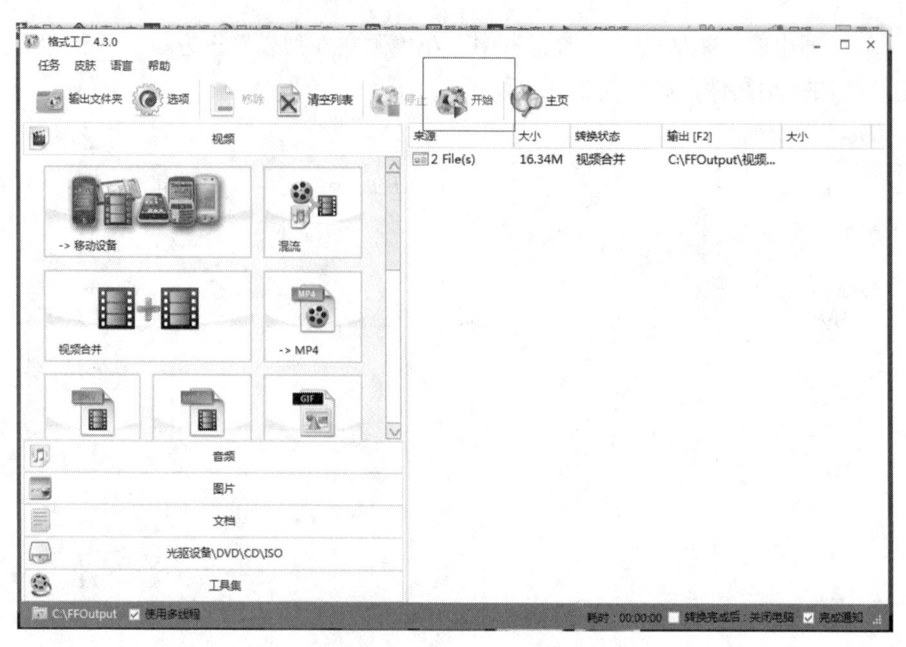


图 7-26 开始视频合成

# 任务 6

# 制作元旦晚会小视频

## 任务描述

小明想把前面批处理的几张元旦图片加上背景音乐制作成一个有关元旦晚会的小视频，并在最后加上字幕，使用会声会影完成此任务。

## 技术方案

本任务要求大家学会使用绘声绘影软件进行音视频的剪辑、特效制作、文字添加，并输出一个完整视频。技术要求如下。

✧ 通过绘声绘影对图片进行合成剪辑。

✧ 在图片与图片之间添加转场效果。

✧ 插入背景音乐。

✧ 为视频添加字幕。

✧ 渲染输出。

## 任务实现

使用会声会影制作视频。

（1）目标

将图片利用会声会影编辑成视频

（2）操作

**01** 打开会声会影 X9。

**02** 选择“媒体”中的“视频 1”片段，将其拖动到视频 1 轨道上，作为视频开头，如图 7-27 所示。

图 7-27　拖动视频

**03** 选择“文件”中的一种字体效果，将其拖动到标题轨道上，设置时长与视频 1 轨道上的开头视频同长，并修改文本为“元旦晚会”，如图 7-28 所示。

图 7-28　修改设置

**04** 添加批处理好的素材图片，操作如图 7-29 所示。

**05** 将素材图片全部选中，并拖放到视频 1 轨道上，右击素材图片，在弹出的快捷菜单中选择“调整到屏幕大小”选项，如图 7-30 所示。

图 7-29　添加图片

图 7-30　调整图片大小

**06** 选择“转场”选项卡，拖动转场效果到两个素材图片之间，以添加转场效果，按此方法依次为图片添加转场效果，如图 7-31 所示。

图 7-31　添加转场效果

**07** 右击“背景音乐”，在弹出的快捷菜单中选择“插入”→“声音轨”选项，为视频添加背景音乐，如图 7-32 所示。

图 7-32　添加背景音乐

**08** 选择“标题”选项卡，选择向上滚动的字幕样式，将其拖动到视频轨道上，修改文本内容即可，如图 7-33 所示。

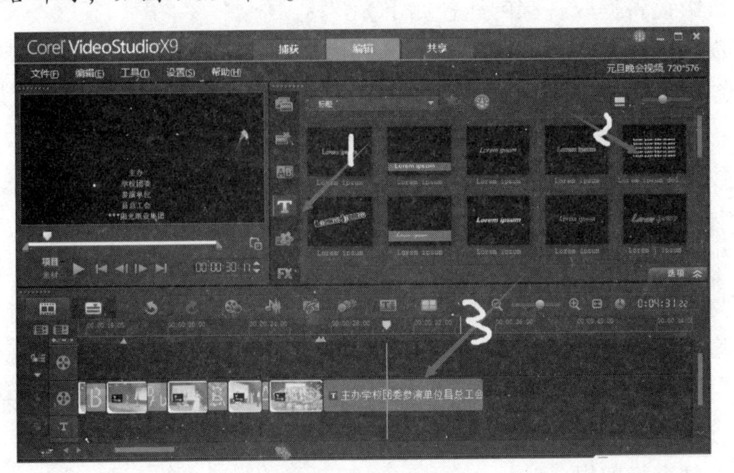


图 7-33　添加字幕

**09** 选择“共享”→“计算机”→“MPEG-4”选项，单击“开始”按钮，开始渲染输出，如图 7-34 所示。

（3）扩展知识

1）会声会影 X9。

会声会影是加拿大 Corel 公司制作的一款功能强大的视频编辑软件，具有图像抓取和编辑功能，可以抓取、转换 MV、DV、V8、TV 和实时记录抓取画面文件，并提供超过 100 种的编制功能与效果，可导出多种常见的视频格式，甚至可以直接制作成 DVD 和 VCD。

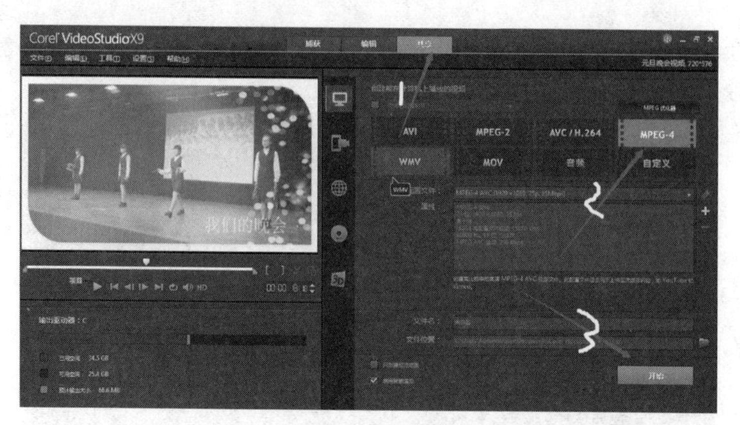


图 7-34　渲染输出

会声会影 X9 主要的特点如下：操作简单，适合家庭日常使用，具有完整的影片编辑流程解决方案，处理速度加倍。

会声会影应用非常广泛，即可以刻录光盘，制作电子相册、节日贺卡，制作 MTV，制作广告、栏目片头、宣传视频、课件等。

2）会声会影 X9 功能及应用

① 从摄影设备提取视频的途径如下。

a. 从 DV 中捕获视频。（除 DV 磁带摄像机需要视频采集卡之外，其他可直接通过 USB、光驱复制。）

b. 从移动设备捕获视频（包括手机、iPod、PSP、数码摄像机）。

c. 从数字媒体捕获视频（针对 DVD 或 VCD，可将摄像机存储在光盘中的视频文件捕获到计算机中作为视频素材）。

d. 从摄像头捕获视频（只要将 USB 接口的摄像头与计算机连接，即可通过摄像头捕获视频）。

e. 捕获模拟视频（通过 S 端子连接视频捕获卡，通过 AV 端子连接视频捕获卡）。

f. 屏幕捕获。（会声会影具有完整的计算机屏幕录制功能，可捕获并共享幻灯片、演示文稿，进行产品演示、游戏或教程演示。）

② 对视频进行剪辑。

a. 编辑影片素材（设置素材的显示方式、调整素材顺序、调整素材声音、调整素材区间及分离视频与音频以满足影片的需要）。

b. 修正素材颜色特效（拥有多种强大的颜色调整功能，可以轻松调整图像的亮度、对比度和饱和度，修正有色彩平衡、曝光不足或过度等缺陷的图像，甚至能为黑白图像上色，制作出更多特殊的图像效果）。

c. 剪辑视频素材（视频编辑中最重要的一个步骤，去除素材中多余和效果不佳的片段，以提升素材整体的效果，包括用黄色标记剪辑视频，通过休整栏剪辑视频，通过时间轴剪辑视频，通过按钮剪辑视频）。

d. 按场景分割视频（利用按场景分割功能可以将不同场景下拍摄的视频捕获成不同的文件）。

e．多重修复视频素材（多重调整视频，可以从一段视频中一次休整出多段片段，还可以在已经标记了起始和重点的休整素材上再做修整）。

③ 加入专业的字幕与音效。

a．制作影片字幕特效。（字幕是影片编辑过程中不可或缺的重要元素，能使观众更好地理解影片内容，包括字幕动画、字幕样式、字幕滤镜的应用以及谢幕文章、滚动文字等的制作。）

b．制作影片音频特效（声音是一部影片的灵魂，合适的声音素材能使整个影片更具观赏性和视听性）。

在会声会影 X9 中，可以在声音轨和音乐轨两种类型的音频轨道中添加音频素材，可以从素材库或硬盘中添加，也可添加自动音乐。

可以将不需要的音频文件分割出来，添加完音效后，可以调节整个音量，可用调节线调节音量，可使用音频暂时静音等音频文件编辑操作，也可以添加各种音频特效。）

④ 制作多样化的视频特效

a．制作影片覆叠特效（对视频素材应用覆叠特效，使视频轨上的视频与图像相互交织，组合成各种各样的视觉效果，从而制作出更具观赏性的视频）。

b．制作影片转场特效（转场是一种特殊的滤镜效果，它是在两个图像或视频之间创建某种过滤效果。应用视频转场效果，可使视频效果更具吸引力）。

c．制作影片滤镜特效（视频滤镜是会声会影的一大亮点，其提供了 13 个大类 60 种的滤镜效果。它可以掩盖由于拍摄造成的缺陷，并且使画面更加生动、绚丽多彩，从而创作出非常神奇的、变幻莫测的视觉效果）。

⑤ 视频输出与光盘刻录。

a．输出影片（渲染输出整部影片，渲染输出指定范围影片，单独输出项目中的声音，单独输出项目中的视频）。

b．导出为 HTML5、导出到移动设备中。

c．刻录 DVD。

d．运用 Nero 刻录 VCD。

e．视频回录（回录到 DV、HDV 摄像机中）。

⑥ 会声会影保存视频文件的方法如下。

a．工程文件保存：

选择“文件”→“点击保存”选项，在弹出的对话框中选择文件保存的位置，输入名称即可。这种文件是会声会影专用的 VSP 工程文件，可以再修改，但只能在会声会影中播放，其他播放器无法播放。

b．视频文件创建保存：选择“分享”→“创建视频文件”选项，选择一种格式，并选择文件保存的位置，确定后开始渲染即可。这种文件以后不能再修改，但可以在其他播放器中播放。

# 反侵权盗版声明